现代交换技术

主　审　王道乾

主　编　张　俞

副主编　罗瑶瑶　杜伟华　刘文娅

U0206145

"现代交换技术"云课堂

西南交通大学出版社

·成都·

图书在版编目（ＣＩＰ）数据

现代交换技术 / 张俞主编. 一成都：西南交通大
学出版社，2019.9
ISBN 978-7-5643-7150-0

Ⅰ. ①现… Ⅱ. ①张… Ⅲ. ①通信交换－高等职业教
育－教材 Ⅳ. ①TN91

中国版本图书馆 CIP 数据核字（2019）第 201286 号

Xiandai Jiaohuan Jishu

现代交换技术

主编　张　俞

责任编辑　　李华宇
特邀编辑　　尹　飞
封面设计　　原谋书装

出版发行　　西南交通大学出版社
　　　　　　（四川省成都市金牛区二环路北一段 111 号
　　　　　　　西南交通大学创新大厦 21 楼）
邮政编码　　610031
发行部电话　028-87600564　028-87600533
网址　　　　http://www.xnjdcbs.com
印刷　　　　四川森林印务有限责任公司

成品尺寸　　185 mm×260 mm
印张　　　　20.5
字数　　　　510 千
版次　　　　2019 年 9 月第 1 版
印次　　　　2019 年 9 月第 1 次
定价　　　　49.50 元
书号　　　　ISBN 978-7-5643-7150-0

前　言

本书以实际任务为主线，以真实项目为教学内容的载体，按任务的复杂程度，设计出"配置小型独立电话局""开通局内电话业务"和"开通局间电话业务"3个学习情境，提炼出"物理配置""本局通话""本局排故""局间通话""自环实验"5个典型工作项目，借助中兴ZXJ10程控交换仿真教学软件完全模拟一线岗位交换设备的工作环境，每个项目的实现都是一个完整的工作过程，满足了现代通信工程教育的要求。

本书教学目标明确，知识点系统全面，图文并茂，讲述由浅入深、通俗易懂。全书共分7章：第1章介绍了交换的基本知识和我国电话网的基本组成结构，为后面知识的学习奠定基础；第2章详细介绍了IPv4编址、划分子网等内容；第3章以ZXJ10为例介绍了程控交换机的基本组成，并学习配置小型独立电话局；第4章介绍我国电话号码的编码规则，学习开通局内电话业务，并利用后台维护工具进行故障定位和故障排查；第5章介绍信令及其分类、信令网的组成及其工作方式等，并学习开通局间电话业务；第6章介绍了移动交换技术、光交换技术、ATM交换技术等；第7章作为任务实施篇，根据现网下交换设备运行和维护的实际工作过程，详细地介绍了5个典型工作任务的实施步骤，让学生达到学以致用，为今后从事交换机方面的工作打下良好的专业基础。

"现代交换技术"课程被评为省级优秀精品在线开放课程，所有课程资源已上线中国三甲慕课平台"学堂在线"，为学习者提供"互联网+"的线上线下学习模式。让学生通过学习能够真正掌握程控交换机的内部结构和具备开通交换设备的能力。

本书由贵州职业技术学院张俞担任主编，罗瑶瑶、杜伟华、刘文娅担任副主编，王道乾担任主审。具体编写分工为：第1章、第4章由张俞编写，第2章、第7章由罗瑶瑶编写，第6章由刘文娅编写，第3章由张俞和罗瑶瑶共同编写，第5章由张俞和杜伟华共同编写。

本书既可作为高职高专院校通信技术、电子信息类专业及其他相关专业的教材或教学参考用书，又可作为其他相关专业工程技术人员的参考用书。由于编者水平有限，书中难免存在不足之处，敬请广大读者批评指正。

编　者
2019年9月

目 录

第 1 章　绪　论

【本章概要】

通过本章的学习，了解交换的基本知识，了解电话通信的起源、电话交换机的发展和分类，从交换基本的概念入手，了解我国电话网的基本组成结构，区分不同交换方式的特点和应用场景，为后面知识的学习奠定基础。

【教学目标】

- 了解交换技术的产生、发展和分类
- 了解我国电话网的基本结构，能区分不同的交换方式
- 掌握电话网的结构，重点掌握长途二级网和本地网的组网方式

1.1　交换的基本原理

1.1.1　交换的由来

通信的目的是实现信息的交换，而电话交换机最基本的功能就是交换。交换技术是通信网络中的关键技术，交换节点是组成通信网络的重要枢纽。众所周知，人们说话的声音是通过声波在空气中进行传播，但它传播的距离非常有限。在我国古代，就已经有了烽火台、驿站快马、飞鸽传书等通信手段。到近代，人们利用电报可以进行一些远距离的通信，但这些通信手段受多种因素的限制，存在不少弊端，难以得到进一步发展。

1.1.2　电话通信的起源

美国科学家 Bell A.G（贝尔）在做电报实验的过程中，偶然发现了一块铁片在磁铁前振动会发出微弱声音的现象，并且这种声音能通过导线传向远方。于是他在岳父的支持下，于 1876 年利用电磁感应原理发明了第一部电话机，于是真正面向大众且能实时交互的通信就此诞生，揭开了一页崭新的交换史。贝尔把声音信号转换成电信号，利用金属导线作为媒介，真正实现了远距离的实时通话。最初电话的通信只能完成一部话机与另一部话机的固定通信，如图 1-1 所示，这种仅涉及两个终端的通信称为点对点通信。

終端   終端

图 1-1   点对点通信

1877 年，第一份用电话发出的新闻电讯稿被发送到波士顿《世界报》，标志着电话为公众所采用。1878 年，贝尔电话公司正式成立。1892 年纽约芝加哥的电话线路开通。非常著名的一个历史时刻：贝尔用这个电话，连接扩音器说出了一句 "Hello Chicago!" 当这句话被扩散出去之后，世界为之震惊！因为在这之前，没有人听说过电话。我们现在所使用的无论是座机还是移动电话都是建立在贝尔的发明之上。

1.2   交换技术的基本概念

通信作为信息产业的基础，在推进社会信息化过程中发挥着先导和带头作用。随着现代通信技术的迅猛发展，通信新业务不断涌现，信息的交换更加频繁，更加便捷，信息交换的内容更加复杂，因此需要采用交换机来处理错综复杂的信息，使信息的传递更为有效。电话通信已成为现代社会应用最广泛的信息交流方式之一，是人们日常生活和工作中不可缺少的部分。

交换机的发展从人工交换机到自动交换机，从步进制交换机到纵横制交换机，从模拟交换机到数字交换机，一代代交换机的产生，使得现代交换技术无论对人们的生活、工作、休闲和娱乐等众多领域都产生了翻天覆地的变化。

所谓交换就是在公共网络的各终端用户之间，按所需目的来互传话音、数据、图像、视频等信息。对于传统的电信行业，20 世纪是一个以交换为核心的世纪。现在，人们早已把交换的概念扩展了，其外延一直延伸至广义的信息交换。

1.2.1   交换技术的发展

1.2.1.1   交换思想的诞生

最早的通信方式是点对点通信，最直接的方法是把所有终端两两相连，这种两两相连的通信方式称为全互联方式。点对点通信实现了网内任意两个用户之间的信息交换。电话呼叫是面向电路的两部电话机之间的点对点链路。但是随着终端数量的增加，传输线路的数量会急剧增加，因为每个终端都有 $N-1$ 条线与其他终端相连接，因而每个终端需要 $N-1$ 条线路接口，当增加第 $N+1$ 个终端时，必须增设 N 条线路。从图 1-2 中可以看出，5 部电话之间要实现两两之间任意互通，就需要任意两两电话之间都有连线，即连接 5 部电话需要 10 条线路，当用户数量增加到 1 000 时，需要约 50 万条线缆。我国有 4 亿个电话用户，按照这种方法计算，将得到一个庞大的数字。并且当终端间相距较远时，线路信号衰耗加大。由此可知，这种方法存在以下几个问题。

（1）管理维护不方便。传输线的数量随终端数的增加而急剧增加，不满足经济性要求，难以施工。

（2）实用化程度低。在实际连接中，每个话机不可能同时都与其他话机相连，否则打电话就变成广播了。

（3）线路投资成本高，增加第 $N+1$ 个终端时，都需要增设 N 条线路与前面的所有电话进行连线。如此一来会产生难以承担的巨额费用。

例如，有 100 个用户要实现任意用户之间的通话，采用两两相连的方式，终端数 $N=100$，则需要的线对数为：$N(N-1)/2=100×(100-1)/2=4\ 950$，而且每个用户终端需要配置一个 99 路的选择开关。

因此，在全互连方式中，线路投资成本高，繁杂的线路架设制约了该技术的发展，且随着用户数的增加和用户之间距离的扩大，网络建设成本迅速膨胀，致使用户的通信需求难以得到满足。在实际使用中，全互连方式仅适合于终端数目较少、地理位置相对集中且可靠性要求较高的场合。

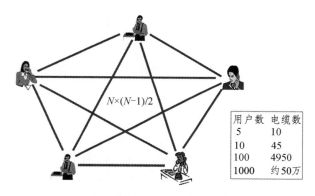

用户数	电缆数
5	10
10	45
100	4950
1000	约 50 万

图 1-2　多个终端的点对点通信

所以，当电话用户数量特别多的时候，点对点的通信是不现实的。那么什么样的方法可以解决线路占用率低、成本高的问题呢？

1878 年，美国人阿尔蒙·B·史瑞乔提出了交换的思想，其基本思想是将多个终端与一个转接设备相连，当任何两个终端要传递信息时，该转接设备就把连接这两个用户的有关电路接通，通信完毕再把相应的电路断开（也称为释放电路），把该公用线路再提供给其他用户电话使用（见图 1-3）。

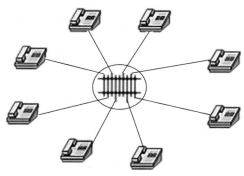

图 1-3　有交换设备的通信

1.2.1.2 交换的基本功能和要求

（1）交换机能及时发现用户的呼叫请求，并向用户发出拨号音，以指示用户可以进行下一步操作——拨被叫电话号码。

（2）交换机能及时正确理解主叫用户呼叫的目的地，即接收该用户发来的被叫电话号码。

（3）交换机能根据接收到的被叫电话号码进行分析，判别出被叫用户的位置，然后进行路由选择。

（4）交换机能判别被叫用户当前的忙闲状态。若被叫用户忙，能向主叫用户发送忙音提示；若被叫用户空闲，交换机应能向主叫用户发送回铃音，作为状态指示，同时能发送信号通知被叫用户有电话呼入，即振铃指示。

（5）交换机能及时检测被叫摘机应答信号，并选择一条内部的公用链路建立主叫用户和被叫用户之间的连接，使双方进入通话状态。

（6）通话过程中，交换机能随时监控通话状态，及时发现用户的挂机信号，并拆除这对连接通路，释放刚才选用的内部公用链路，供其他用户选用。

从总体上看，交换机完成的通话接续还应该满足以下两个基本要求：

（1）能完成任意两个用户之间的通话接续，即具有任意性。

（2）在同一时间内，能使若干对用户同时通话且互不干扰。

1.2.1.3 交换机的发展和分类

自 1876 年美国人贝尔发明电话以来，电话通信及电话交换机取得了巨大的发展，电话交换技术完成了由人工到自动的过渡。交换技术的发展经历了以下几个过程：

（1）元器件的使用经历了由机电式到电子式的过程。

（2）接续部分的组成方式由空分向时分方向发展。

（3）控制设备的控制方式由布线逻辑控制（布控）向程序控制（程控）发展。

（4）交换的信号类型由模拟信号向数字信号发展。

（5）交换的业务由电话业务向综合业务（ISDN）方向发展。

（6）交换的信号带宽由窄带向宽带发展。

电话交换技术的发展大致可划分为人工电话交换、机电式自动电话交换、程控模拟电话交换、数字程控电话交换、综合业务数字交换、异步转移交换等 6 个阶段。下面分别介绍各个阶段的主要特点，并从发展过程中体会交换的本质思想和实现原理。特别是人工交换阶段，虽然它很原始，功能很简单，但它却能最直观地反映出交换的本质思想。通过对人工交换的学习，既可以理解交换的原理，也可以了解交换的起源。

1. 人工电话交换

1878 年，世界上第一台能配合磁石电话机工作的磁石式电话交换机在美国诞生。该交换机的特点是每部话机均备有电源电池，以手摇发电机作为发起呼叫信号的工具。在交换机上以用户吊牌接收呼叫信号，以塞绳电路连接用户的通话。这种设备结构简单，容量有限。

为了适应发展的需要，接着出现了共电式电话交换机。该交换机的特点是：每个用户话机的电源由电话局统一通过用户线馈送，取消了手摇发电机。另外，利用话机环路的接通作为呼叫信号，和磁石式电话机相比，用户得到了更多的方便。尤为重要的是，共电式电话交换机可以组成容量相当大的电话局，因此发展很快。

以上两种交换机都属于人工交换方式（见图 1-4），需要耗用大量的人力，且用手工进行接续，速度慢，易出错，劳动强度大。

图 1-4　人工交换阶段

随着社会对电话通信需求的增长，用户数量成倍地增加，呼叫次数也大量增长，人工交换已不能满足需要，因此，对自动交换接续产生了迫切的需求。

人工交换机的接续过程，可以归纳出它具有如下的基本功能：

（1）检测主叫用户的呼叫请求。

（2）建立电话交换机到主叫用户的临时通路，通过此通路获得被叫用户信息。

（3）通过振铃呼叫被叫用户。

（4）为主被叫用户建立通话通路。

（5）检测通话结束，释放通路。

在人工交换系统中，话务员的工作内容可以归纳为如下三点：

（1）进行主叫检测后，判断该主叫是否有呼出权限。

（2）向被叫振铃前，判断该被叫是否正与其他用户通话。

（3）建立通路前，判断是否存在空闲的线路等。

在人工交换系统内，无论是磁石式或是共电式，其核心的工作还是由人工完成的。它具备的优点是设备简单，安装方便，成本低廉。缺点是容量小，需要占用大量的人力；话务员工作繁重，接线速度慢，易出错，劳动效率低。

虽然人工交换机的接续过程很简单，但它直观地反映了交换机的整个思想，后来发展的交换机仅是在具体实现和性能上进行了改进，其交换的原理和思想还是未变的。一些术语和用户线上的接口标准，如馈电、摘/挂机振铃、主/被叫等，一直都延用到如今的电话系统。

2. 机电式自动电话交换

为了克服人工交换机的缺点，交换机逐步向自动交换方向发展。从前面人工交换的过程分析可知，要实现自动交换，必须解决两个关键问题。

一是要为每个用户话机编号，同时话机要能发出号码。因为人工交换机靠话务员来询问被叫的号码，而自动交换不需要话务员，所以必须由主叫话机向交换机发出它能识别的号码。

二是交换机如何识别电话机发来的号码。

机电式自动交换机的典型代表是步进制交换机和纵横制交换机。

（1）步进制交换机。

1891 年美国人史瑞乔发明了第一台步进制自动电话交换机，于 1892 年在美国开通使用，开始了自动接续的时代。该话机在话路中主要是通过电磁铁控制选择机键电动机的转动，带动选择器（接线器）垂直和旋转的双重运动来实现主叫和被叫用户接续的。在控制电路中则主要用继电器接点电路构成控制逻辑，自动完成各种控制功能。后经德国西门子公司加以改进，发展成为西门子式步进制自动电话交换机。

步进制自动电话交换机的特点是：选择机键的动作幅度大、噪声大、磨损快、故障率高、传输杂音大、维护工作量大，且不能用于长途自动电话交换。

（2）纵横制交换机。

1926 年瑞典制成了第一台纵横制自动电话交换机，沿用了电磁原理，话路的主要部件使用了特殊设计的纵横接线器。这种交换机克服了步进制交换机的许多缺点，开始使用电磁力建立和保持接续。它的选择器采用交叉的"纵棒"和"横棒"选择接点，通过控制电磁装置的电流可以吸动相关的纵棒和横棒动作使其在某个交叉点接触，完成接续，因此交换机被命名为纵横制交换机。后期的选择器虽然使用了专门设计的电磁继电器构成接线矩阵，但"纵横"一词却一直被沿用下来。

3．程控模拟电话交换

早期的程控交换机所交换的信息是模拟信号，因而这一类的交换机被称作模拟程控交换机，标志事件是 1965 年美国研制和开通了第一部程控模拟交换机。在短时间内，这类交换机的发展非常迅速，欧洲各国以及美、日等国家大量安装了这类设备。

4．数字程控电话交换

后来，随着 PCM（脉冲编码调制）传输技术的发展，交换的信息由模拟信号变成数字信号，与此相对应，模拟程控交换机逐步被数字程控交换机所替代。标志事件发生在 1970 年，法国开通了第一部数字程控交换机（E10），首次在交换系统中采用了时分复用技术，数字信号直接通过交换网络，实现了传输和交换一体化，它标志着交换技术从程控模拟电话交换进入数字电话交换时代，为向综合业务数字网发展铺平了道路。

随后，各国迅速掀起了研制全数字程控交换机的热潮，许多新的数字交换机相继问世，如英国的 X 系统、日本的 D60、瑞典的 AXE-10 和美国的 ITT1240 等。我国于 1982 年在福州引进了第一台 F150 交换机。随后开始研制各种容量的程控交换机，并且从国外引进了大批程控交换机，在此基础上通过选优和定点，陆续建立了 S-1240、EWSD 等多条生产线。20 世纪 80 年代末，我国自行成功研制了 HDO4 和 DS30 程控交换机。此后，08 机、10 机、601 机相继研制成功，基本上结束了交换机依靠进口的历史。目前，我国自行研制生产的数字程控交换机的水平已经有了极大的提高，许多机型的水平已经达到或超过国外同类机的水平，在国际市场上具有很强的竞争力。

全数字电话交换机在话路中对 PCM 数字语音编码直接进行交换，控制部分则由存储程序控制的数字计算机承担。这类交换机体积小、速度快、可靠性高，具有明显的优势。

数字程控交换机作为一种现代通信技术、计算机通信技术、信息电子技术与大规模集成电路技术相结合的高度模块化的集散系统，与前几代的交换机相比有着压倒性的优势。为了满足人们日益增长的通信需求，目前国内外的主要交换机生产厂家都在不断地完善与更新自己已有的机种，并且陆续推出新的产品和配套设备，使交换机在功能、接口、组网能力、可靠性、功耗及体积等方面均有很大的改进。

5. 综合业务数字交换

所谓"综合业务"是指把话音、数据、电报、图像等各种业务都通过同设备进行处理，而"数字网"实现上述数字化了的各种业务在用户间的传输和交换。通信网的最终发展方向是要建立一个高质量、高速度、高度自动化的"综合业务数字网（ISDN）"。新型的数字交换机都开发了适应综合业务数字网的模块。

6. 异步转移交换

异步转移模式（ATM）包括了异步时分交换和快速分组交换的特征。ATM 技术能使宽带综合业务数字网 B-ISDN 处理从窄带话音和数字业务到宽带视频（包括高清晰度电视）业务范围的综合信息。

ATM 能提供动态带宽和多媒体通信方法。ATM 可按需要改变传送信息的速度，按照统计复用的原理进行传输和交换，适合任意速率的通信。此外，ATM 还具有灵活性和实用性强、能最有效地利用网络资源、交换速率快及可以和 SDH 传输速率相匹配等优势。

1.2.2　交换的作用和地位

前面提到通过交换机可以将很多用户集中连接在一起，通过它来完成任意用户之间的连接。但是一个交换机能连接的用户数和覆盖的范围是有限的，因此需要用多个交换机来覆盖更大的范围，如图 1-5 所示。这样就存在两种传输线，一种是电话机与交换机之间的连线，称为用户线；另一种是交换机与交换机之间的连线，称为中继线。用户线是属于每个用户私有的，采用独占的方式；中继线是大家共享的，属于公共资源，因此希望它的利用率高，能为更多的通话服务。二者的传输方式不同，这将在后续的章节中讲解。

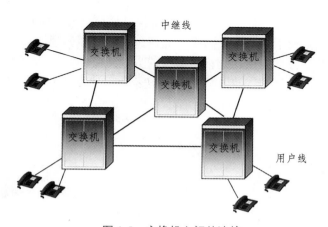

图 1-5　交换机之间的连接

交换机与交换机的连接方式有网形网、环形网、星形网和树状网，以及用这些基本网络形式构成的复合网。

1.3　交换技术的分类

前面讲述了交换机发展的不同阶段，现在从交换思想和根本方式来看，交换方式一般分为三类：电路交换、报文交换和分组交换，分别用于实现信息的交换。下面将对三种方式做详细介绍，了解交换方式的优缺点及适合的应用场景。

思考：假设有一火箭需通过铁路从制造厂运到发射厂，现有三种方案：专列专线、专列非专线、非专列非专线，请同学们将三种方案与三种交换方式一起做比较，并讨论三种方案的优劣。

1.3.1　电路交换方式

1.3.1.1　电路交换的概念

电路交换方式是最早出现的一种交换方式，如最早的电话交换机采用的就是电路交换方式。电路交换是指呼叫双方在通话之前，先由交换设备在两者之间建立一条专用电路，并在整个通话期间独占这条电路，直到通话结束再将这条电路释放。

让我们一起回顾一下拨打电话的过程，首先是主叫用户摘机拨号，当拨号完毕，交换机根据号码找到被叫用户并建立连接，这就完成了电路建立阶段；接着双方在通话时，话音信号就在已经建立的电路上进行独占带宽不受控制的透明传输，此阶段即通话阶段；等一方挂机后，交换机就把双方的线路断开，此刻即完成电路拆除。

1.3.1.2　电路交换的特点

电路交换方式是以电路连接为目的的交换方式。电话网中就是采用电路交换方式，例如，贵州的张明打电话给深圳的同学李强，整个电路交换是如何完成的呢？

拨打电话时，首先是摘下话机拨号。拨号完毕，交换机就知道了要和谁通话，并为双方建立一条专用线路，等一方挂机后，交换机就把双方的线路断开，为双方各自开始一次新的通话做好准备（见图 1-6）。因此，我们可以得出结论，电路交换的动作，就是在通信时建立电路，通信完毕时拆除电路，至于在通信过程中双方传送信息的内容，与交换系统无关。

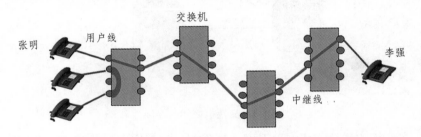

图 1-6　交换机完成一次通话的接续过程

由于电路交换是针对最早的语音通信设计的，需要实时传输，差错率被严格控制，而在电路交换中，每个用户占有的信道是周期性分配的，周期的时长固定为 125 μs。

因此，电路交换方式具有以下特征：

（1）建立点到点的物理通路，数据透明传输，交换机不对其进行任何控制。

（2）线路交换设备简单，不提供任何缓存装置。

（3）线路一旦建立，双方均进入实时通信状态，没有任何信息缓存装置。

归纳起来，电路交换具备以下四个优点：

（1）信息的实时性好、传输时延很小，对一次接续而言，传输时延固定不变。

（2）信息以数字信号的形式在数据通路中"透明"传输，交换机对用户数据信息不存储和分析处理。

（3）信息的编码方法和信息格式由通信双方协调，不受网络限制。

（4）用基于呼叫损失制的方法来处理业务流量，业务过负荷时导致呼损率增加，但不影响已建立的呼叫。

同时，电路交换存在以下五个缺点：

（1）不适合突发业务或对差错敏感的数据业务，物理连接的任何部分发生故障都会引起通信中断。

（2）电路利用率低，通路建立时间长。当传输较短信息时，通信通道建立的时间可能大于通信时间，网络利用率低。仅当呼叫建立与释放时间相对于通信的持续时间很小时才呈现出高效率。

（3）通信双方在信息传输、编码格式、同步方式、通信协议等方面要完全兼容，这就限制了以各种不同速率、不同代码格式、不同通信协议的用户终端直接互通。

（4）存在呼损，即可能出现由于交换网络负载过重而呼叫不通的情况。

（5）数据交换的可靠性弱，不同类型和特性的用户终端不能互通。

综上所述，电路交换是一种固定的资源分配方式，在建立电路连接后，即使无信息传送也占用电路，电路利用率低；每次传输信息前需要预先建立连接，有一定的连接建立时延，通路建立后可实时传送信息，传输时延一般可以忽略不计。由于电路交换实时性好、传输时延很小，特别适合像话音通信、视频之类的实时通信场合，不适合突发业务或对差错敏感的数据业务。

1.3.1.3 电路交换的 3 个阶段

电路交换的通信过程分为电路建立、通信阶段、电路拆除 3 个阶段。在通话前，必须建立起点到点的电路连接，在此阶段交换机根据用户的呼叫请求，通过呼叫信令为用户分配固定位置、恒定带宽（通常是 64 kb/s）的电路，完成逐个节点的接续，建立起一条端到端的通信电路。到了通话阶段，交换机对经过数字化的话音信号信息不存储、不分析、不处理，不进行任何干预，也没有任何差错控制的措施，仅在已建立的端到端的直通电路上，透明地完成传送。在通信结束时，将电路拆除，释放节点和信道资源。

在进行语音通信的过程中，电路交换经过以下 3 个阶段：

1. 电路建立阶段

主叫：摘机—听拨号音—拨号—听回铃音。

被叫：振铃—应答。

2. 通信阶段

透明地传送和交换数字化的话音信号信息。

3. 电路拆除阶段

主叫：前向拆线。

被叫：后向拆线。

1.3.2　报文交换方式

1.3.2.1　报文交换的概念

为了克服电路交换中各种不同类型和特性的用户终端之间不能互通，通信电路利用率低及存在呼损等方面的缺点，出现了报文交换的思想。报文交换又称为消息交换，用于交换电报、信函、文本文件等报文消息。这种交换的基础就是存储转发。在这种交换方式中，发方不需先建立电路，不管收方是否空闲，可随时直接向所在的交换局发送消息。交换机将收到的消息报文先存储于缓冲器的队列中，然后根据报文头中的地址信息计算出路由，确定输出线路，一旦输出线路空闲，即将存储的消息转发出去。电信网中的各中间节点的交换设备均采用此种方式进行报文的接收、存储、转发，直至报文到达目的地。应当指出的是，在报文交换网中，一条报文所经由的网内路径只有一条，但相同的源点和目的点间传送的不同报文可能会经由不同的网内路径。

1.3.2.2　报文交换的工作原理

报文交换的通信过程分为 4 个阶段：接收和存储报文→处理机加工处理（给报文加上报头符号和报尾符号）→将报文送到输出队列上排队→输出线空闲时发送报文。例如，A 用户向 B 用户发送信息，A 用户不需要接通 B 用户之间的电路，而只需要与交换机接通，由交换机暂时把 A 用户要发送的报文接收并存储起来，交换机根据报文中提供的 B 用户的地址在交换网中确定路由，并将报文送到下一个交换机，最后送到终端用户 B。

报文交换不需要先建立电路，不必等待收方空闲，发方就可实时发出消息，因此电路利用率高，而且各中间节点交换机还可进行速率和代码转换，同报文可转发至多个收信站点，如图 1-7（a）所示。采用报文交换方式的交换机需配备容量足够大的存储器并具有高速的处理能力，网络中传输时延较大，且时延不确定，因此这种交换方式只适于数据传输，不适合实时交互通信，如语音通信等。

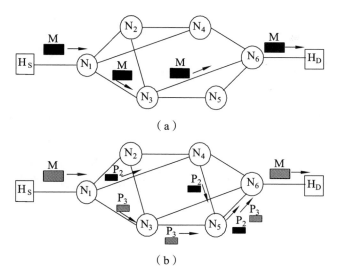

图 1-7 以两种 SAF 为基础的交换方式

1.3.2.3 报文交换的特点

公用电信网的电报自动交换是报文交换的典型应用，20 世纪 80 年代，电报因其有快捷、安全等特性而深受欢迎。进入 20 世纪 90 年代，手机、电子邮件、网络等新的通信工具迅速崛起，电报逐渐退出历史舞台，但其交换思想仍具有一定的生命力。

报文交换的基本特征是交换机要对用户的信息进行存储和处理，现在将信息从源点发送到目的点，中间经过的节点就是交换机。报文信息传输的过程，就好比我们在电商平台上的一次购物经历，当你成功付款后，卖家就会在你的包裹上写好收货地址，派快递公司将包裹送到你手上，快递员根据包裹上的地址找到你，包裹在运送的过程中，要经过很多中转站（交换机），你的包裹会在中转站进行排队，等待线路空闲时再转发给下一中转站，直至终点。

其主要优点如下：

（1）报文以存储转发方式不独占线路，也无线路建立过程，电路利用率高，很容易实现各种不同类型终端之间的相互通信。

（2）在报文交换的过程中没有电路接续过程，多个用户的数据可以通过存储和排队共享一条线路，极大地提高了线路的利用率。

（3）用户不需要通知对方就可发送报文，无呼损，并可以节省通信终端操作人员的时间。如果需要，同一报文可以由交换机转发到许多不同的收信地点，即可以发送多目的地址的报文，类似于计算机通信中的多播机制。

报文交换的主要缺点如下：

（1）信息通过交换机时产生的时延大，而且时延不固定，变化也大，不利于实时通信。

（2）交换机要有能力存储用户发送的报文，其中有的报文可能很长，这就要求交换机具有高速处理能力和足够大的存储容量。

综上所述，报文交换方式只适合于数据传输，不适合于实时交互通信，如话音通信等，需要较大的存储容量。

1.3.3　分组交换方式

1.3.3.1　分组交换的概念

随着计算机的发展，对数据通信的需求越来越大。电路交换不利于实现不同类型的数据终端之间的相互通信，而报文交换信息传输时延又太长，不能满足许多数据通信系统的实时性要求，而分组方式更好地解决了这些问题。分组交换也称包交换，它是将用户传送的数据划分成一定的长度，每个部分叫作一个分组。在分组交换中，消息被划分为一定长度的数据分组，每个分组通常含数百至数千比特，将该分组数据加上地址和适当的控制信息等送往分组交换机。

1.3.3.2　分组交换的工作原理

与报文交换一样，在分组交换中，分组也采用存储转发（SAF）技术。两者不同之处在于，分组长度通常比报文长度要短小得多。在交换网中，同一报文的各个分组可能经过不同的路径到达终点，由于中间节点的存储时延不一样，各分组到达终点的先后与源节点发出的顺序可能不同。因此，目的节点收齐分组后尚需先经排序、解包等过程才能将正确的数据送用户，如图 1-7（b）所示。在报文交换和分组交换中，均分别采用差错控制技术来对数据在通过网络中可能遭受的干扰或其他损伤进行处理。

分组交换采用报文交换的"存储转发"方式，但不像报文交换那样以报文为单位进行交换，而是把报文裁成许多比较短的且被规格化了的"分组"进行交换和传输。分组长度较短，具有统一的格式，便于在交换机中存储和处理，因此"分组"进入交换机后只在主存储器中停留很短的时间，进行排队处理，一旦确定了新的路由，就很快输出到下一个交换机或用户终端，"分组"穿过交换机或网络的时间很短（"分组"穿过一个交换机的时间为毫秒级），能满足绝大多数数据通信用户对信息传输的实时性要求。

同样以网上购物为例，卖家发货前，先将货物拆分成很多个小包裹，每个包裹都写上收货人的地址，派不同的快递公司送货（交换机），不同的快递公司发货的线路是不同的，到达目的地的速度也不一样，有的快递公司就很快，而有的快递公司就慢些，到达的时间不一样，全部到了目的地后，要重新将拆分的小包裹组装起来，才能送到客户手上。因此，这种方式不适合语音之类的实时通信场合，主要用于数据通信，如发送电子邮件、浏览网页等。

1.3.3.3　分组交换的特点

相对于电路交换的固定资源分配方式，分组交换属于动态资源分配方式，它对链路采用用统计复用的方式，不是独占的方式，因此其链路利用率高。同时，它采用差错控制等措施，使其可靠性高，但传输时延大。

分组交换主要特点有两个：

（1）可以和其他数据资源共同传输，电路资源被多个用户所共享；

（2）分组交换与报文交换一样，每个分组都要加上源、目的地址和分组编号等信息，使传送的信息量增大 5% ~ 10%，一定程度上降低了通信效率，增加了处理的时间，使控制复杂，时延增加。因此，网络交换节点之间需要进行流量、差错控制。

分组交换的优点是加速了数据在网络中的传输，当网中线路或设备发生故障时，"分组"可以自动地避开故障点。其缺点是对实时性业务支持不好，节点交换机的处理过程复杂。

此外，值得关注的是，分组交换是一大类交换方式，后来发展起来的 ATM 交换技术、IP 交换技术和 MPLS 等其他交换技术，从根本交换思想和方式上来说都属于分组交换整个大类，只是具体的技术细节有所区别。

总而言之，交换技术是组成通信系统和通信网络的主要技术之一，包括电路交换、报文交换和分组交换三种方式，与运输的三种方式对应起来：专列专线、专利非专线、非列非专线。它们各有优缺点，适合于不同的场合。电路交换广泛用于语音实时通信，诸如语音通信和视频。分组交换是报文交换的改进形式，广泛用于数据网络通信，在数据传输方面具有更强的效能，可以预防传输过程（如电子邮件信息和 Web 页面）中的延迟和抖动现象。

电路交换、报文交换、分组交换的区别如图 1-18 所示。

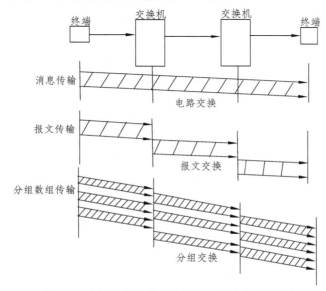

图 1-8　电路交换、报文交换、分组交换的区别

1.4　通信网与电话网

现代社会有两大基础设施：交通运输网（Transportation Network）和电信网（Telecommunication Network）。如果把社会比作人，则交通运输网就好比人的血液循环系统，而电信网则好比人的神经系统。通信技术的飞速发展为现代交换机技术提供了强有力的支持，交换机作为通信网的骨干设备更是日新月异。在社会信息化发展的过程中，电信基础设施的建设显得尤其重要。

1.4.1　通信网的概述

1.4.1.1　通信网的概念

通信网是一种使用交换设备、传输设备，将地理上分散的用户终端设备互连起来以达到实现通信和信息交换目的的系统。通信网是实现信息传输、交换的所有通信设备相互连接起来的整体。

通信网是由一定数量的节点（包括终端设备、交换设备）和连接节点的传输链路相互有机地组合在一起，以实现两个或多个规定点间信息传输的通信体系。也就是说，通信网是由相互依存、相互制约的许多要素组成的有机整体，用以完成规定的功能。

通信网的功能就是要适应用户呼叫的需要，以用户满意的程度传输网内任意两个或多个用户之间的信息。为了使通信网能快速且有效可靠地传递信息，充分发挥其作用，对通信网一般提出三个要求：

（1）接通的任意性与快速性。这是对通信网的最基本要求。所谓接通的任意性与快速性是指网内的任意一个用户都能快速地接通网内任意一个其他用户。如果有些用户不能与其他一些用户通信，则这些用户必定不在同一个网内；而如果不能快速地接通，有时会使要传送的信息失去价值，这种接通是无效的。影响接通的任意性与快速性的主要因素有以下几个方面：

① 通信网的拓扑结构：如果网络的拓扑结构不合理会增加转接次数，使阻塞率上升，时延增大。

② 通信网的网络资源：网络资源不足的后果是增加阻塞概率。

③ 通信网的可靠性：可靠性低会造成传输链路或交换设备出现故障，甚至丧失其应有的功能。

（2）信号传输的透明性与传输质量的一致性。透明性是指在规定业务范围内的信息都可以在网内传输，对用户不加任何限制。传输质量的一致性是指网内任何两个用户通信时，应具有相同或相仿的传输质量，它与用户之间的距离无关。通信网的传输质量直接影响通信的效果，不符合传输质量要求的通信网是没有意义的。因此，要制定传输质量标准并进行合理分配，使网中的各部分均满足传输质量指标的要求。

（3）网络的可靠性与经济性。可靠性对通信网是至关重要的，一个可靠性不高的网络会经常出现故障乃至通信中断，这样的网络是不可用的。但绝对可靠的网络是不存在的，所谓可靠是指在概率的意义上，使平均故障间隔时间（两个相邻故障间隔时间的平均值）达到要求。可靠性必须与经济性结合起来。提高可靠性往往要增加投资，造价太高又不易实现，因此应根据实际需要在可靠性与经济性之间取得折中和平衡。

随着通信技术的发展和通信业务的增加，电话通信网的类型和结构在发生变化。目前，我国通信网的数字化进程已基本完成，初步建立了一个现代通信网，现代通信网正在向综合化、宽带化、智能化、个人化的方向发展。

1.4.1.2　通信网的构成要素

为了使全网协调合理地工作，还规定了如信令方案、各种协议、网络结构、路由方案、资费制度与质量标准等，这些均属于软件。通信网的构成要素包括终端设备、传输系统、交换系统及实现互联互通的信令协议，即一个完整的通信网包含硬件和软件两部分。

通信网的硬件一般由交换设备、传输设备和终端设备三部分组成（见图1-9）。

图 1-9　通信网的组成结构

1. 终端设备

终端设备是通信网最外围的设备，它的主要功能是把待传送的信息与适合在信道上传送的信号进行交换，并参与控制通信工作，是通信网中的源点和终点，对应于通信模型中的信源/信宿及部分交换/反变换设备。其主要的功能是转换，它将用户（信源）发出的各种信息（声音、数据、图像等）变换成适合在信道上传输的电信号，以完成发送信息的功能。或者反之，把对方经信道送来的电信号变换为用户可识别的信息，完成接收信息的功能。终端设备的种类有很多，如电话终端、数字终端、数据通信终端、图像通信终端、移动通信终端和多媒体终端等。

终端设备的功能有以下三个：

（1）将待传输的信息和在传输链路上传送的信号进行相互转换。在发送端，将信源产生的信息转换成适合在传输链路上传送的信号；在接收端则完成相反的变换。

（2）使信号与传输链路相匹配，由信号处理设备完成。

（3）信令的产生和识别，即用来产生和识别网内所需的信令，以完成一系列控制作用。

2. 传输设备

传输设备是传输媒介的总称。它是电信网中的连接设备，是信息和信号的传输通路。如市内电话网的用户端电缆，局间中继设备和长途传输网的数字微波系统、卫星系统及光纤系统。在交换设备之间的干线传输设备中，以光纤传输设备为主，其他传输设备为辅；而在终端设备与交换设备之间的传输设备中，以缆线传输设备、无线传输设备为主，其他传输设备为辅。传输系统将终端设备和交换设备连接起来形成网络。

3. 交换设备

交换设备是通信网的核心（节点），如果说传输设备是电信网络的神经系统，那么交换系统就是各个神经的中枢，它为信源和信宿之间架设通信的桥梁。交换设备的基本功能是根据地址信息进行网内链路的连接，以使电信网中的所有终端能建立信号通路，实现任意通信双方的信号交换。对于不同的电信业务，交换系统的性能要求不同，如对电话业务网，交换系统的要求是话音信号的传输时延应尽量小，因此目前电话业务网的交换系统主要采用直接接续通话电路的电路交换设备。交换系统除电路交换设备外，还有适合于其他业务网的报文交换设备和分组交换设备等。

最简单的通信网（Communication Network）仅由一台交换机就可以组成，如图 1-10 所示，终端设备一般置于用户处，故将终端设备与交换设备之间的连接线称为用户线，而将交换设备与交换设备的连接线称为中继线。每一台通信终端通过一条专门的用户环线（或简称用户线）与交换机中的相应接口连接。交换机能在任意选定的两条用户线之间建立和释放一条通信链路。

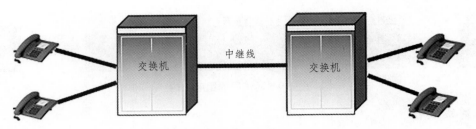

图 1-10 交换机与交换机之间的通信

当用户数量很多且分布的区域较广时，一台交换机不能覆盖所有用户，这时就需要设置多台交换机组成如图 1-11 所示的通信网。

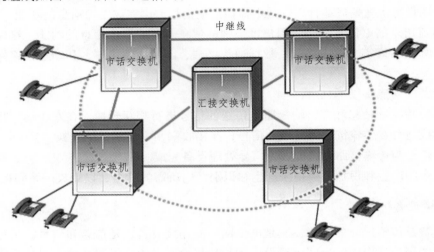

图 1-11 典型通信网的组成

有关多台交换机组成通信网的概念：

（1）市话交换机：网中直接连接电话机或终端的交换机，也称为本地交换机，相应的交换局称为端局或市话局。

（2）汇接交换机：仅与各交换机连接的交换机称为汇接交换机。当通信距离很远，通信网覆盖多个省市乃至全国范围时，汇接交换机常称为长途交换机。

（3）用户交换机：常用于一个集团的内部。集团中的电话主要用于内部通信时，采用用户交换机要比将所有话机都连到市话交换机上更经济。

由此可见，交换机在通信网中起着非常重要的作用，它就像公路中的立交桥，可以使路上的车辆（信息）安全、快捷地通往任何一个道口（交换机输出端口）。

1.4.1.3 通信网的分类

1. 按业务类别分

（1）电话网。电话网用以实现网中任意用户间的话音通信，它是目前通信网中规模最大、用户最多的一种，也是本章重点学习的内容。

（2）电报网。电报是用户将书写好的电报稿文交由电信公司发送传递，并由收报方投送给收报人的一种通信业务。电报网用来在用户间以电信号形式传送文字，现在人们对电报的使用已经越来越少，但这项业务还在一些范围内存在，如礼仪电报，它是在国内普通公众电报基础上开办的一种新业务。礼仪电报是以礼仪交往为目的的电报，它迅速、及时、充满温馨，应用范围十分广泛。

（3）传真网。传真是一种通过有线电路或无线电路传送静止图像或文字符号的技术。发送端将欲传送的图像或文件，分解成若干像素，以一定的顺序将各个像素变换成电信号，然后通过有线或无线的传输系统传送给接收端，接收端将收到的电信号转变为相应亮度的像素，并按照同样的顺序一行一行、一点一点地记录下来，合成与原稿一模一样的图像或文件。

（4）多媒体通信网。多媒体通信网可提供多媒体信息检索、点对点及点对多点通信业务、局域网互联、电子信函、各种应用系统（如电子商务、远程医疗、网上教育及办公自动化）等功能，我国的多媒体通信网可通过网关与 Internet 互联。

（5）数据网。数据网是利用数字信道传输数据信号的数据传输网，它向用户提供永久性和半永久性连接的数字数据传输信道，既可用于计算机之间的通信，也可用于传送数字化传真、数字语音、数字图像信号或其他数字化信号，在数据终端之间传送各种数据信息，以实现用户间的数据通信。数据传送的特点：抗干扰能力强，容易采用加密算法，易于实现智能化和小型化。目前有数字数据网、分组交换网、帧中继网和 ATM 网等。

（6）综合业务数字网。综合业务数字网（ISDN）是以综合数字电话网为基础发展演变而成的通信网，它能够提供端到端的数字连接用来支持包括话音与非话音在内的多种电信业务，用户能够通过标准的用户网络接口接入网内。把话音及各种非话音业务集中到同一个网中传送，实现用户到用户间的全数字化传输，有利于提高网络设备的使用效率及方便用户的使用。

2. 按适用范围分

（1）公用网。公用网也称为公众网，是向全社会开放的通信网。

（2）专用网。专用网主要是各专业部门为内部通信需要而建立的通信网。专用通信网有着各行业各自的特点，如公安通信网、军用通信网和电力通信网等。

3. 按传输信号的形式分

（1）模拟网。通信网中传输的是模拟信号，即时间与幅度均连续或时间离散而幅度连续的信号。对于大容量的通信网，很少使用模拟网络。

（2）数字网。数字网是指使用数字信号进行传输与交换，在两个或多个规定点之间提供数字连接，实现数字通信的数字节点和数字通道的集合。由于数字通信具有体积小、保密性好、易于集成化等优点，现在我们国家使用的通信网绝大多数是数字网。

4. 按传输媒介分

（1）有线网。其传输媒质包括架空明线、（同轴、对称）电缆、光缆等。

（2）无线网。包括移动通信（GSM、CDMA）、无线寻呼、卫星通信等。

1.4.2　电话网的概述

电话网目前主要由固定电话网、移动电话网和 IP 电话网组成，这里主要讲述固定电话网即公用电话交换网（Public Switched Telephone Network，PSTN）。电信机房的交换机一层一层互联起来，构成了全国乃至全球范围内庞大的电话交换机网——PSTN 网。PSTN 网采用电路交换方式，其节点交换设备是数字程控交换机，另外还应包括传输设备及终端设备。为了使全网协调工作，还应有各种标准、协议。

专家们把电话交换网络的各种交换机分为几种类型——C1、C2、C3、C4、C5，每种交换机放在交换网中不同的位置，并赋予不同使命（C 是"Class"类的意思）。由于每个国家的人口数量、经济发展情况不同，C1～C5 的分布情况也不相同，因此就构成了不同的等级结构。

1.4.2.1　本地电话网

本地电话网简称本地网，是在同一长途编号区范围内，由若干个端局，或由若干个端局和汇接局及局间中继线、用户线和话机终端等组成的电话网。本地网用来疏通本长途编号区范围内任何两个用户间的电话呼叫和长途去话、来话业务。

1. 本地电话网的类型

自 20 世纪 90 年代中期，我国开始组建以地（市）级以上城市为中心的扩大的本地网，这种扩大的本地网的特点是：城市周围的郊县与城市划在同一长途编号区内，其话务量集中流向中心城市。扩大的本地网类型有两种：

（1）特大城市和大城市本地网：它是以特大城市及大城市为中心，包括其所管辖的郊县共同组成的本地网。省会、直辖市及一些经济发达的城市组建的本地网就是这种类型。

（2）中等城市本地网：它是以中等城市为中心，包括其所管辖的郊县（市）共同组成的本地网。

2. 本地网交换中心及职能

本地网内可设置端局和汇接局，端局通过用户线与用户相连，它的职能是负责疏通本局用户的去话和来话话务，根据服务范围的不同，可以有市话端局、县城端局、卫星城镇端局和农话端局等。汇接局负责汇接本地网端局之间的话务，可兼具端局的功能。端局的职能是疏通本局用户的终端话务。汇接局与所管辖的端局相连，以疏通这些端局间的话务；汇接局还与其他汇接局相连，疏通不同汇接区端局间的话务；根据需要，汇接局还可与长途交换中心相连，用来疏通本汇接区内的长途转话话务。汇接局包括市话汇接局、市郊汇接局、郊区汇接局和农话汇接局等几种类型。

3. 本地网的汇接方式

本地网采用二级结构汇接模式，实际上是将本地网分区，分成若干个汇接区。在汇接区内设汇接局，每个汇接局下设若干个端局。汇接局之间以及汇接局与端局之间都设置低呼损的直达中继群。不同汇接局之间的呼叫通过这些汇接局之间的中继群沟通。汇接方式可以分为去话汇接、来话汇接、来去话汇接等。

1）去话汇接

去话汇接的基本方式如图 1-12（a）所示，虚线把本地网络分为两个汇接区，分别为汇接区 1 和汇接区 2。每个区内的汇接局除了汇接本区内各个端局之间的话务以外，还汇接去往另一个汇接区的话务。每个端局对所属汇接区的汇接局建立直达去话中继电路，而对全网所有汇接局都建立低呼损来话直达中继电路，即"去话汇接，来话全覆盖"。

在实际应用中，为了提高可靠性，常常在每一个汇接区内使用对汇接局来全面负责本汇接区内各端局间的来去话汇接任务，而且这一对汇接局还可以同时汇接本区内去往另一汇接区中每一端局的话务。

2）来话汇接

如图1-12（b）所示，汇接局除了汇接本区话务外，还汇接从其他汇接区发送过来的来话呼叫，本汇接区内端局之间也可以有直达路由。

3）来去话汇接

图1-12（c）所示为来去话汇接的基本结构示意图，其中每一个汇接区中的汇接局既汇接去往其他区的话务，也汇接从其他汇接区送过来的话务。每个端局仅与所属汇接区的汇接局建立直达来去话中继电路，区间只有汇接局间的直达中继电路连线。为了提高可靠性，在实际应用时往往在每个汇接区内设置一对汇接中心。每个端局与本区内的两个汇接局都有直达路由，汇接局和每一个端局与长途局之间也都可以有直达路由。

对于上述三种汇接方式，在实际应用中，可以在端局之间或端局与另一个汇接区的汇接局之间设置高效直达路由。

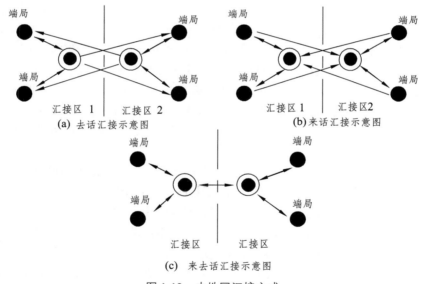

(a) 去话汇接示意图　　(b) 来话汇接示意图

(c) 来去话汇接示意图

图1-12　本地网汇接方式

1.4.3　我国电话网的基本结构

电话网是整个通信网的基础，我国固定电话网由长途电话网和本地电话网两部分组成，电话网路结构直接影响通信的服务质量、水平和效益。了解电话网路结构的演变与发展趋势，有助于我们站在全程全网的高度，有针对性地加强网络组织管理，不断提高网络设计、运营和管理的技术和水平。端局、汇接局和关口局等共同组成本地电话网。长途局组成长途电话网。

我国电话网经历了人工网和模拟自动网，进入了现在的数字程控自动电话交换网。自 1982 年 12 月我国第一个数字程控电话交换网开通后，即《电话自动交换网技术体制》（试行）由原邮电部正式颁布，明确了我国自动电话网的五级结构。目前我国电话网的等级结构由 1998 年前的五级逐步演变为三级，长途电话网由四级网演变成二级网。

1.4.3.1 长途电话网

长途电话网简称长途网，由国内长途电话网和国际电话长途网组成。国内电话网在全国各城市间用户进行长途通话的电话网，网中各城市都设一个或多个长途电话局，各长途局间由各级长途电话连接起来，提供跨地区和省区的电话业务；国际长途电话网是指将世界各国的电话网相互连接起来进行国际通话的电话网。为此，每个国家都需设一个或几个国际电话局进行国际去话和来话的连接。

1.4.3.2 我国电话网结构

1. 四级长途网络结构的弊端

我国电话网分为 8 个大区，每个大区分别设立一级交换中心 C1（省间中心，又称大区中心），C1 的设立地点为北京、沈阳、上海、南京、广州、武汉、西安和成都，每个 C1 间均有直达电路相连，即 C1 间采用网形连接。在北京、上海、广州设立国际出入口局，用以和国际网连接。每个大区包括几个省（区），每个省（区）设立一个二级交换中心 C2（省中心局，即省会的长话局），负责汇接省（自治区）内的各地区之间的通信中心。各地区设立三级交换中心 C3，位于地区机关所在地，用于汇接本地区之间的通信中心。各县设立四级交换中心 C4 用于汇接本县城镇、农村之间的通信中心。C1～C4 组成长途网，各级有管辖关系的交换中心一般按星形连接，当两交换中心已无管辖关系但业务繁忙时也可设立直达路由。C5 为端局，需要时也可设立汇接局，用来组建本地网。

原邮电部规定我国电话网的网络结构等级分为五级，包括长途电话网和本地电话网两部分，如图 1-13 所示。长途网由大区中心 C1、省中心 C2、地区中心 C3、县中心 C4 四级长途交换中心组成，本地网由第五级交换中心即端局 C5 和汇接局 Tm 组成。C1、C2、C3 是长途汇接局，负责疏通所辖区域内的转接长途话务，C5 是本地端局或汇接局，负责完成本地通话的接续及转接，是连接本地用户和端局的本地交换中心。这五种等级结构的电话网在网络发展的初级阶段是可行的，它在电话网由人工向自动、模拟向数字的过渡中起到较好的作用，然而由于经济的发展，新技术、新业务层出不穷，这种多网络结构存在的问题日益明显，主要表现在：转接段数多，延时长，传输损耗大，接通率低，网管工作过于复杂，不利于新业务（如移动电话网）的发展。

2. 长途两级网的等级结构

随着 C1、C2 间话务量的增加，C1、C2 间直达的电路增多，从而使 C1 局的转接作用减弱，当所有省会城市之间均有直达电路相连时，C1 的转接作用完全消失，因此，C1、C2 合并为省级（包括直辖市）交换中心以 DC1 表示，同时全国范围的地区扩大本地网的形成，即以 C3 为中心形成扩大本地网，C4 的长途作用已消失，C3、C4 合并为地市级交换中心以 DC2

表示。C5 构成本地网不变，因此，我国长途电话网已由四级转变为两级。因此，我国目前电话网是由长途二级网加本地网构成。

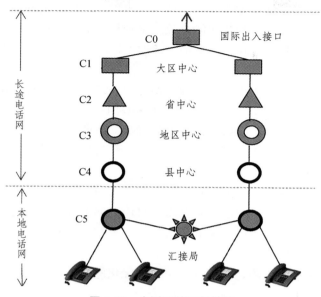

图 1-13　电话网的五级结构

　　长途两级网的等级结构如图 1-14 所示。长途两级网将国内长途交换中心分为两个等级，省级（包括直辖市）交换中心以 DC1 表示；地（市）级交换中心以 DC2 表示。DC1 构成长途两级网的高平网（省际平面）；DC2 构成长途网的低平面网（省内平面）。DC1 以网状网相互连接，与本省各地市的 DC2 以星形方式连接；本省各地市的 DC2 之间以网状或不完全网状相连，同时以一定数量的直达电路与非本省的交换中心相连。

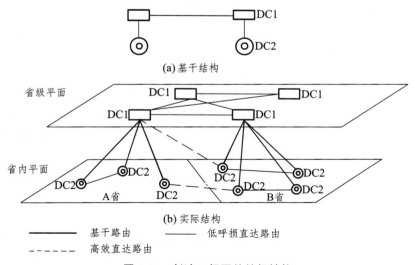

图 1-14　长途二级网的等级结构

　　以上各级交换中心为汇接局，汇接局负责汇接的范围称为汇接区。全网以省级交换中心为汇接局，分为 31 个省（自治区）汇接区。DC1 的职能主要是汇接所在省的省际长途来去话务，以及所在本地网的长途终端话务；DC2 的职能主要是汇接所在本地网的长途终端来去话务。DC1 可以兼有本交换区内一个或若干个 DC2 的功能，疏通相应的终端长途电话业务。本地网汇接局的职能是汇接本地网端局之间的话务，也可以汇接本地网端局或关口局与长话局之间的长市中继话务。本地网端局的职能是疏通本局用户的终端话务，汇接局可以兼有端局功能。不同运营商网间互通的关口局的职能是疏通不同运营商网间的话务，它也可以兼有端局或汇接局功能。

如今，我国国内电话网基本上是按三级交换的网路结构组织，即全国设若干个一级长途交换区，每个一级长途交换区设一级长途交换中心 DC1；每个一级长途交换区划分为一个或若干个二级长途交换区，每个二级长途交换区设二级长途交换中心 DC2；每个二级长途交换区划分为一个或几个本地网，本地网可以设置汇接局和端局两个等级的交换中心，也可只设置一个等级的交换中心。

现阶段交换区根据网络规模、业务量流量流向，考虑网络安全，按技术经济的原则划分为长途交换区和本地网范围。一个省、直辖市、自治区的范围不宜划分为一个以上的一级长途交换区，一个地市级的区域范围不宜划分为一个以上的本地网。国际和国内长途来话呼叫应能到达本地网内的每个用户。

随着光纤传输网的不断扩容，减少网络层次、优化网络结构的工作需继续深入。目前有两种提法：第一，取消 DC2 局，建立全省范围的 DC1 本地电话网的方案；第二，取消 DC1 局，使全国的 DC2 本地网全互联的方案。两个方案的目标都是要将全国电话网改造成长途一级、本地网一级的二级网。

3. 国际电话国内网的构成

目前我国对外设置北京、上海、广州三个国际出入口局。对外设置乌鲁木齐地区性国际出入口局。对某个相邻国家（或地区）话务量比较大的城市可根据业务主管部门的规定设置边境出入口局。地区性出入口局或边境出入口局对相邻国家和地区可设置直达路由，开放点对点的终端业务。地区性出入口局或边境出入口局至其他国家或地区的电话业务应经相关国际出入口局疏通。

我国的三个国际出入口局对国内网采用分区汇接方式。三个国际出入口局之间，以及三个国际出入口局对其汇接区内的 DC1 之间设置基干路由。在特殊情况下，DC1 可与相邻汇接区的国际出入口局相连（与相邻汇接区的国际出入口局设置直达电路群的话务门限值及其开放方向，由电信主管部门的相关文件规定）。三个国际出入口局对其汇接区内的 DC2 之间视话务情况可设高效直达电路群或低呼损直达电路群。

乌鲁木齐地区性国际出入口局（主要疏通西北方向至中亚、西亚各国的话务），与北京、上海、广州三个国际出入口局之间以低呼损电路群相连，与其汇接区（西北区）内的 DC 之间以低呼损电路群相连。

国际出入口局及地区性国际出入口局所在城市的市话端局，可与该国际出入口局之间设置低呼损直达中继群，或经本地汇接局汇接至国际出入口局，以疏通国际电话业务。

【本章小结】

本章主要讲解交换技术的基本概念和交换方式，介绍了交换机在通信网中的重要地位，并从交换机的发展和历史背景说明交换技术的根本作用，以及交换技术在通信系统中的地位。本章还介绍了现代通信网的概念、构成要素和通信网的分类，介绍了电话网的概念、本地电话网、长途电话网等基本知识，讲解了我国电话网结构图。

【思考与练习】

一、填空题

1. 电信网从逻辑是由＿＿＿＿＿＿、＿＿＿＿＿＿＿、＿＿＿＿＿＿＿及＿＿＿＿＿＿构成。

2. ＿＿＿＿＿＿＿是在通话两者之间建立一条专用通道，并在整个通话期间由通话双方独占这条通道的一种交换方式。

3. 电话网目前主要由固定电话网、移动电话网和＿＿＿＿＿＿组成。

4. 我国原先五级结构的电话网缺点主要表现在：＿＿＿＿＿＿＿，延时长，＿＿＿＿＿＿＿，接通率低，网管工作过于复杂，不利用新业务如移动电话网的发展。

5. 本地网的汇接方式分为去话汇接、＿＿＿＿＿＿＿、来去话汇接三种。

二、单选题

1. （　　）不利于实现不同类型的数据终端之间的相互通信。
   - A. 电路交换
   - B. 报文交换
   - C. 分组交换
   - D. 数据交换

2. （　　）技术在数据网络中运用最广泛。
   - A. 电路交换
   - B. 报文交换
   - C. 分组交换
   - D. 数据交换

3. 非专列非专线对应（　　）方式。
   - A. 电路交换
   - B. 报文交换
   - C. 分组交换
   - D. 数据交换

4. （　　）是我国现阶段电话网的形式。
   - A. 人工网
   - B. 模拟自动网
   - C. 模拟程控自动电话交换网
   - D. 数字程控自动电话交换网

5. 我国现阶段电话网是由（　　）组成。
   - A. 长途二级网
   - B. 本地网
   - C. 长途二级网加本地网
   - D. 其他

6. 原邮电部规定我国电话网结构是（　　）级。
   - A. 三级
   - B. 四级
   - C. 五级
   - D. 六级

7. TMN 的应用功能中，能对网路单元的配置、业务的投入、开/停业务等进行管理的是（　　）。
   - A. 故障管理
   - B. 配置管理
   - C. 性能管理
   - D. 计费管理

8. PSTN 采用（　　）方式，其节点交换设备是数字程控交换机，另外还包括传输设备及终端设备。

A. 分组交换
B. 报文交换
C. 电路交换
D. 数据交换

三、多选题

1. 电路交换的三个阶段是（　　　　）。
    A. 电路建立
    B. 通信阶段
    C. 电路拆除
    D. 信息交换

2. （　　　　）是电路交换的优点。
    A. 实时性好
    B. 传输时延很小
    C. 电路利用率高
    D. 通路建立时间短

3. （　　　　）是分组交换的优点。
    A. 高速传输数据
    B. 能实现交互通信（包括语音通信）
    C. 电路利用率高
    D. 传输时延小

4. TMN 的应用功能包括故障管理和（　　　　）。
    A. 配置管理
    B. 性能管理
    C. 计费管理
    D. 安全管理。

5. 未来我国电话网将由（　　　　）平面组成。
    A. 长途电话网
    B. 本地电话网
    C. 用户接入网
    D. 其他

6. 一个完整的通信网，包含硬件和软件两部分。电信网的构成要素包括（　　　　）。
    A. 终端设备
    B. 传输系统
    C. 交换系统
    D. 信令协议

四、判断题

1. 电路交换适用于不同用户终端终端之间的互通。　　　　　　　　（　　　）
2. 电路交换适合语音、视频等实时通信场合。　　　　　　　　　　（　　　）
3. 报文交换又称为消息交换，用于交换电报、信函、文本文件等报文消息。（　　　）
4. 分组交换是报文交换的改进形式。它解决了电路交换不利于实现不同类型的数据终端之间的相互通信，而报文交换信息传输时延太长，不满足许多数据通信系统的实时性需求的困难。　　　　　　　　　　　　　　　　　　　　　　　　　　　　　　（　　　）
5. TMN 系统是实现各种电信网络与业务管理功能的载体。　　　　（　　　）
6. 通信网与 TMN 的关系是管理与被管理的关系。　　　　　　　　（　　　）
7. DC1 构成长途二级网的高平面，称为省际平面。　　　　　　　　（　　　）
8. 为了便于我们对整个网络的开发，维护和升级，我们又把整个电信网按照功能的不同分成多个子网络，包括核心交换网、传输承载网和终端设备以及支撑系统（信令网，同步网）。　　　　　　　　　　　　　　　　　　　　　　　　　　　　　　　（　　　）
9. 交换设备的基本功能是根据地址信息进行网内链路的连接，以使电信网中的所有终端能建立信号通路，实现任意通信双方的信号交换。　　　　　　　　　　　（　　　）

五、简答题

1. 构成通信网的三个必不可少的要素分别是什么？
2. 本地电话网的汇接方式有哪些？
3. 简述我国电话网结构由四级变为二级的演变过程。
4. 请画出我国电话网结构图（分别画出本地网和长途网结构图）。
5. 简述本地网的交换中心职能。

【大开眼界】

贝尔发明电话的故事

如今，电话走进了千家万户，你知道电话是谁发明的吗？

美国科学家贝尔，就是电话的发明者。1847年，他生于英国，年轻时跟父亲从事聋哑人的教学工作，曾想制造一种让聋哑人用眼睛看到声音的机器。

1873年，成为美国波士顿大学教授的贝尔，开始研究在同一线路上传送许多电报的装置——多工电报，并萌发了利用电流把人的说话声传向远方的念头，使远隔千山万水的人能如同面对面的交谈。于是，贝尔开始了电话的研究。

那是1875年6月2日，贝尔和他的助手华生分别在两个房间里试验多工电报机，一个偶然发生的事故启发了贝尔。华生房间里的电报机上有一个弹簧黏到磁铁上了，华生拉开弹簧时，弹簧发生了振动。与此同时，贝尔惊奇地发现自己房间里电报机上的弹簧颤动起来，还发出了声音，原来是电流把振动从一个房间传到了另一个房间。贝尔的思路顿时大开，他由此想到：如果人对着一块铁片说话，声音将引起铁片振动；若在铁片后面放上一块电磁铁，铁片的振动势必在电磁铁线圈中产生时大时小的电流。这个波动电流沿电线传向远处，远处的类似装置上不就会发生同样的振动，发出同样的声音吗？这样声音就沿电线传到远方去了。这不就是梦寐以求的电话吗！

贝尔和华生按新的设想制成了电话机。在一次实验中，一滴硫酸溅到贝尔的腿上，疼得他直叫喊："华生先生，我需要你，请到我这里来！"这句话由电话机经电线传到华生的耳朵里，电话成功了！1876年3月7日，贝尔成为电话发明的专利人。

贝尔发明的电话

图 1-15　贝尔发明电话

1878 年，贝尔电话公司正式成立。1892 年纽约—芝加哥的电话线路开通。这是非常著名的一个历史时刻，贝尔用这个电话，连接扩音器说出了一句话，就是"Hello Chicago!"（你好芝加哥）！这一历史性声音被记录下来，当时这句话扩散出去之后，世界为之震惊！

贝尔一生获得过 18 项专利，与他人合作获得 12 种专利。他设想将电话线埋入地下，或悬架在空中，用它连接到住宅、乡村、工厂，这样，任何地方都能直接通电话。今天，贝尔的设想早已成为现实。

第 2 章　IPv4 编址

【本章概要】

通过第 1 章的学习，我们已经对通信网络有了宏观上的认知。由于程控交换机的前后台 TCP/IP 网络需要给每个节点分配一个 IP 地址，本章将详细介绍 IPv4 编址、划分子网等重要内容。

【教学目标】

- IP 地址的组成
- IP 地址的分类
- 子网划分
- 利用可变长子网掩码规划网络

在现实生活中，我们要定位一个建筑物，毫无疑问，用的是地址。那么，在网络中，我们如何定位接入网络的主机呢？事实上，每一台接入网络的主机都需要有一个全网唯一的 IP 地址才能实现正常通信。假如你要给朋友写一封书信，你需要知道他的详细地址，这样邮递员才可以准确地把信送到。那么网络中的 IP 地址就好比是现实生活中的家庭地址，计算机也必须知道唯一的"地址"才能准确地把信息传递到目的主机。只不过现实生活中的地址是使用文字来表示的，而计算机的地址则是用二进制的数字来表示的。

2.1　认识 IP 地址

IP 指的是网络之间互联的协议，是英文 Internet Protocol 的缩写，它是为计算机网络相互连接进行通信而设计的协议。IP 协议是一套规则，它能使连接到互联网上的所有计算机网络实现相互通信，并规定了计算机在互联网上进行通信时应当遵守的相应规则。只要是遵守 IP 协议的计算机系统，无论是否是相同厂家生产，是否是相同型号，都可以接入互联网实现互联互通。

如果我们将接入网络中的主机比作是一台座机电话，那么 IP 地址就好比是电话号码，通过与对方拨打电话的形式实现与对端的通信。IP 地址构成了整个 Internet 的基础，IP 地址资源是整个 Internet 的基本核心资源。

2.1.1　IP 地址的组成

IP 地址由 32 位二进制数组成，例如，某台互联网上的计算机的 IP 地址为：11000000 10101000 00001011 00100101。但冗长的二进制数不利于人们书写和记忆，因此通常将 32 位的 IP 地址分为四组，每组 8 bit 的二进制数采用 0 ~ 255 的十进制数表示，中间用句点隔开，因此上述的 IP 地址就变成了：192.168.11.37（见表 2-1）。这样的表示方法称为点分十进制法。

表 2-1　IP 地址的格式

二进制位数	1 ~ 8	9 ~ 16	17 ~ 24	25 ~ 32
二进制	11000000	10101000	00001011	00100101
十进制	192	168	11	37

每个网络中的主机通过其自身的 IP 地址而被唯一识别。为了便于寻址和层次化地构造网络，我们把 IP 地址分成网络部分和主机部分。网络部分称为网络地址，用于唯一地标识网段，确定了该台主机所在的物理网络，也可以表示若干网段的聚合。每一个网络都有自己的网络地址，而在同一个网段中的网络设备都拥有相同的网络地址。IP 地址的主机部分也称为主机地址，用以确定该物理网络上具体的一台主机。事实上，我们都是先获得网络地址，然后再通过这个网络 IP 地址为该网段上的各台主机进行 IP 地址分配的。

举例：

IP 地址与电话号码非常类似，电话号码也是全球唯一的。例如，电话号码 0851-68581234，前面 0851 部分代表了贵阳的区号，后面的 68581234 代表贵阳地区具体的一部电话。例如，某网络中心的服务器的 IP 地址为：192.168.13.76，对于本 IP 地址，它的网络地址和主机部分分别是：

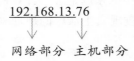

网络部分　主机部分

2.1.2　IP 地址的分类

不同的网络包含的主机数量可能不一样多，有的网络含有较多的主机，有的网络可能只有很少的主机。为了适应不同规模的网络，便于 IP 地址的管理，Internet 委员会定义了 5 种 IP 地址类型以适合不同容量的网络，包括了数量有限的特大型网络 A 类、数量较多的中等网络 B 类、数量非常多的小型网络 C 类，这三类由 Internet NIC 在全球范围内统一分配。此外，还定义了 D 类和 E 类，属于特殊的地址类。A、B、C 三类地址常用来分配给计算机使用，D 类地址用于多点传送，E 类地址用于实验室或研究。

1. A 类地址

A 类地址前 8 位代表网络地址编码，后 24 位代表主机地址编码。A 类地址前 8 位的第一位固定为 0，其首段范围是 1~126，这是因为 0 和 127 开头的 IP 地址具有保留功能，所以 A 类地址中仅有 126 个网络可以使用。由于主机地址占了 24 位，每个网络可容纳的主机数多达 16 777 214（2^{24}-2）台，所以 A 类地址通常分配给特大型网络。

2. B 类地址

B 类地址前 16 位分配给网络地址编码，后 16 位分配给主机地址编码。第一字节的前两位固定为 10，还有 14 位可以进行分配，对应的首段范围是 128~191。由于前两位已经预先定义，所以 B 类网络地址理论上允许有 16 384（2^{14}）个，而每个网络可容纳的主机数最多为 65 534（2^{16}-2）个，适用于中型网络，如大机构或大型企业。

3. C 类地址

C 类地址将前 24 位都分配给网络地址编码，为主机部分留下了后 8 位。前三位固定为 110，对应的首段范围是 192~223，网段数量多达 2 097 152 个，每个网段最多能容纳 254 台主机，适用于小型网络。

4. D 类地址

D 类地址前 4 位固定为 1110，首段范围是 224~239。这类地址不分网络地址和主机地址，用于多点传送。

5. E 类地址

E 类地址以 11110 作为开头，同样不分网络地址与主机地址，地址范围是 240~254，通常不用于实际工作环境，保留用于将来和实验使用。

2.1.3 保留的 IP 地址

结合 2.1.2 节介绍的 IP 地址分类，你可能注意到了，A 类地址首段范围是 1~126，而 B 类地址的起始范围是 128，那么 0 和 127 开头的 IP 地址到哪里去了呢？

虽然我们用 IP 地址来唯一地标识网络中的一台主机，但并不是每一个 IP 地址都是可用的，一些特殊的 IP 地址被用于特定的用途，不能用来标识具体的一台网络设备。

1. 网络地址

网络部分是有一个有效值，主机位的二进制全为"0"的 IP 地址，叫作网络地址，用来标识一个具体的网段。在已知主机 IP 地址的情况下，把主机 IP 地址的主机位全置为 0 所得到的 IP 地址就是这台主机所在网络的网络地址。例如：192.168.10.8 是一个 C 类 IP 地址，我们将它的主机位（最后一小节）的二进制码全部置为 0 所得到的 192.168.10.0 就是这台主机所在网络的网络地址。

2. 广播地址

网络部分是有一个有效值，主机位的二进制全为"1"的 IP 地址，称为广播地址，用于同时给该网段上所有的主机发送信息，也可以理解为广播地址标识了这个网段的所有主机。

例如，192.168.10.255 就是 192.168.10.0 这个网络的广播地址。网络地址和广播地址都不能分配给某一台特定的主机。

3．环回地址

在 IP 地址中，网络部分为 127 的 IP 地址保留作为本地软件的测试及本机内部通信的，叫环回地址。例如，127.0.0.1 往往用于环路测试目的。因为网络部分为 127 的 IP 地址根本不属于一个网络地址，除非出错，否则永远不会有目的地址为环回地址的 IP 数据包出现在网络上。这样一来，就有 1 700 万余个地址被浪费掉了，不能分配给主机所使用。

4．0 地址

32 位全为 0 的 IP 地址叫作 0 地址，代表了临时通信地址，即默认路由。

5．受限的广播地址

IP 地址中，32 位全为 1 的地址 255.255.255.255 是有限广播地址，用于本网广播，可以向网络的所有节点发送数据包，在任何情况下，路由器都不转发目的地址为 255.255.255.255 的数据包，这样的数据包仅可能出现在本地网络中。

2.1.4　IP 地址的基本计算

假如你的公司申请获得一个 C 类网络地址 192.168.10.0，你们公司的所有主机 IP 地址都将在这个网络地址中进行分配，如 192.168.10.1、192.168.10.2、192.168.10.3……由于网络地址和主机地址都不能分配给主机所使用，那么在这个 C 类网段中，可以分配给主机使用的 IP 地址究竟有多少个呢？

例如，C 类网络 192.168.10.0，有 8 个主机位，因此有 $2^8=256$ 个 IP 地址，如图 2-1 所示，然而网络地址 192.168.10.0 和广播地址 192.168.10.255 不能分配给主机使用，因此还剩下 254 个地址可以供主机分配。假设我们把某个网段的主机位数设为 N，那么可用主机地址的个数则为 2^N-2 个。

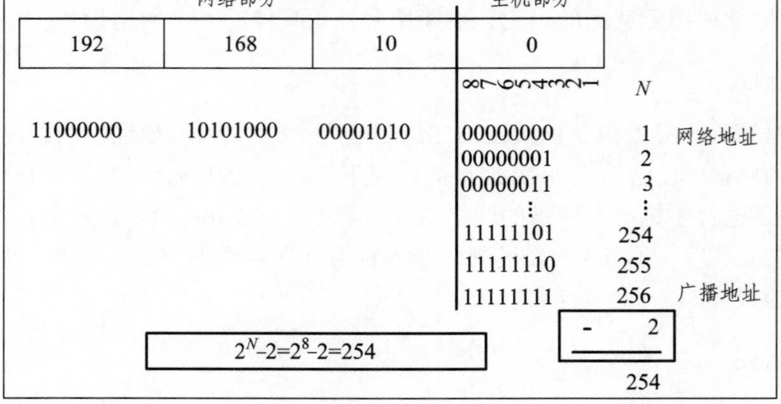

图 2-1　可用主机地址的计算

思考：

在 172.16.0.0 这个 B 类网段中，可以分配给主机使用的地址总共有多少个？

2.1.5　私有地址空间

直接连接到互联网的主机都需要使用唯一的公有 IP 地址。IPv4 地址数量有限，仅仅 32 位地址数量，因此存在分配殆尽的风险。目前解决此问题的一个办法是保留一些私有地址空间，这些地址可以随便在局域网中使用，但不能用在互联网中。私有地址可不经过申请，不需要注册，直接在内部网络中分配使用，因此也称为内部 IP 地址。私有地址不能在 Internet 上路由，因为会被 ISP 的路由器阻挡。私有地址只能在本地网络中可见，外部人员无法直接访问私有 IP 地址，因此使用私有地址可以作为一种安全措施。

不同的私有网络可以有相同的私有网段，由于私有地址不可以直接出现在公网上，当使用私有地址的主机要想访问 Internet 时，可以通过地址转换协议（NET）将私有地址转换为公有地址，即可进行通信。

规模非常大的网络可以使用 A 类私有网络，其私有地址空间是从 10.0.0.0 一直到 10.255.255.255，共 1 个网络，但可容纳 1 600 万个以上的私有地址；中型网络可以使用 B 类地址空间，从 172.16.0.0 开始，直到 172.31.255.255 结束，共 16 个网络，可容纳的地址超过 65000 个；C 类 IP 地址的私有地址空间则是始于 192.168.0.0，最后一个是 192.168.255.255，共 256 个网络，适用于家庭和小型企业，可容纳最多 254 台主机。

2.2　子网划分

2.2.1　划分子网的意义

我们知道，例如 172.16.0.0 这个 B 类网络，可以容纳 65 000 多台主机，但事实上没有一个单位能够同时运用并管理这么多主机，而且有些网络对连接在上面的主机数目有严格限制，根本达不到这么大的数值，因此就大大降低了 IP 地址的利用率。比如有些单位考虑到了将来的发展，申请到了一个 B 类地址网络，但是所连接的主机数量并没有多少，甚至还没有 C 类 IP 网络可连接的主机数量多，这种情况下产生了极大的浪费，甚至会让本就消耗殆尽的 IP 地址空间过早地被用完。还有一种情况，当一个公司需要在新的工作场所开通一个新的网络，但是由于新 IP 地址还需要一段时间周期去申请才能获得，那么新的工作场所就不能马上连接到因特网上工作，如果有一种方法能让一个公司能够随时根据自身需要灵便地增加或者删减本公司的网络，则可以极大地提高工作效率。

因此，我们需要把类似 172.16.0.0 这样的大网络进一步划分成更多更小的网段进行管理，这样的网段称为子网，不同的子网之间要想实现通信，需要借助路由器来完成。也就是说划分子网之后，原来的一个大的广播域就变成了很多小的广播域，这样一来，不但可以隔离介质访问冲突和广播风暴，同时还能保护网络安全。例如，公司的财务部、市场部和档案部的网络与其他部门的网络分割开来，外部进入财务部、市场部、档案部的数据通信受到了限制，对公司的重要数据起到了保护作用。

2.2.2　子网掩码

通常主机位可以被细分为子网位和主机位。我们用子网掩码来确定 IP 地址中哪些部分为网络位，哪些部分为子网位，剩下哪些部分为主机位。IP 地址在没有匹配子网掩码的情况下是没有存在的意义的。

子网掩码（Subnet Mask）又叫网络掩码，用来标识 IP 地址中的网络位和主机位，它与 IP 地址一样，也是由 32 位二进制数码表示。子网掩码的网络部分和子网部分全部为 1，主机部分全部为 0。

子网掩码的表示方法通常有两种：

（1）点分十进制形式。例如：255.255.0.0 或 255.255.255.224。

（2）网络前缀形式。在 IP 地址后加上"/"符号，后面附上 1~32 范围内的数字来表示子网掩码中网络位的长度，如果数字是 24，则表示该子网掩码中网络位为 24 位。

例如：一个 B 类网络 172.16.0.0，默认子网掩码是 255.255.0.0，用网络前缀的形式表示则为：172.16.0.0/16。

在没有划分子网的情况下，A 类网络的默认子网掩码为 255.0.0.0，B 类网络的默认子网掩码为 255.255.0.0，C 类网络的默认子网掩码为 255.255.255.0，见表 2-2。

表 2-2　默认子网掩码

地址类	默认子网掩码			
A 类	二进制形式	网络位	主机位		
		11111111	00000000	00000000	00000000
	点分十进制形式	255.0.0.0			
B 类	二进制形式	网络位		主机位	
		11111111	11111111	00000000	00000000
	点分十进制形式	255.255.0.0			
C 类	二进制形式	网络位			主机位
		11111111	11111111	11111111	00000000
	点分十进制形式	255.255.255.0			

除了默认的子网掩码，还有一种情况就是自定义子网掩码，这是将一个网络划分为多个子网，每一个子网使用不同的子网号，其实就是将原来 IP 地址中的主机部分借位作为子网位来使用，那么主机位的位数也相应减少。这个借位的顺序必须是从主机位的最高位开始从左到右连续借位，因此子网掩码中的 1 都是靠左连续的，0 都是靠右连续的，1 和 0 相间排列的子网掩码是不存在的。这样一来，两级的 IP 地址就变成了三级 IP 地址：网络号、子网号和主

机号。值得注意的是，划分子网只是把 IP 地址的主机部分进行了再划分，并没有改变 IP 地址原来的网络部分，因此网络位的数量并没有发生改变。

例如：默认情况下 B 类 IP 地址的网络位是 16 位，但是我们看 172.16.10.1/26 这个 IP 地址，网络前缀是/26，得知子网掩码为 255.255.255.192，这就意味着网络位向主机位借了 10 位作为子网位，主机位则由默认的 16 位减少到了 6 位，而网络位依然是 16 位不变，见表 2-3。

表 2-3　自定义子网掩码

IP 地址位数	1		8	9		16	17		24	25		32
IP 地址	网络位						主机位					
	172			16			10			0		
默认子网掩码	网络位						主机位					
	255			255			0			0		
	1 1 1 1 1 1 1 1			1 1 1 1 1 1 1 1			0 0 0 0 0 0 0 0			0 0 0 0 0 0 0 0		
10 位子网掩码	网络位						子网位			主机位		
	255			255			255			0		
	1 1 1 1 1 1 1 1			1 1 1 1 1 1 1 1			1 1 1 1 1 1 1 1			1 1 0 0 0 0 0 0		

因特网的标准规定：所有网络都必须使用子网掩码，即使没有划分子网，为了便于路由表的查询，也要使用子网掩码。网络中使用子网掩码的好处体现在：不管有没有进行子网划分，只要把子网掩码与 IP 地址的每一位进行"与"逻辑运算（AND）就可以得到一个新的 32 位的地址，这便是网络地址。

2.2.3　子网中的 IP 地址分配

子网划分技术有效地提高了 IP 地址的使用效率，对于需要进行网段划分的企业或者单位，进行 IP 地址的规划设计是必不可少的。如果划分的网络中所有子网的子网掩码都是相同的，这样划分的子网大小一样，我们称为基本子网划分。我们将 B 类 IP 地址和 C 类 IP 地址进行基本子网划分，见表 2-4 和表 2-5，表中下划线部分表示网络位向主机位借位部分，即子网位。

表 2-4　B 类 IP 地址的基本子网划分

子网号位数	子网掩码（二进制）	子网掩码（十进制）	子网数量	每个子网可分配的主机 IP 地址数量
1	11111111.11111111.10000000.00000000	255.255.128.0	2	32766
2	11111111.11111111.11000000.00000000	255.255.192.0	4	16382
3	11111111.11111111.11100000.00000000	255.255.224.0	8	8190
4	11111111.11111111.11110000.00000000	255.255.240.0	16	4094
5	11111111.11111111.11111000.00000000	255.255.248.0	32	2046
6	11111111.11111111.11111100.00000000	255.255.252.0	64	1022
7	11111111.11111111.11111110.00000000	255.255.254.0	128	510

子网号位数	子网掩码（二进制）	子网掩码（十进制）	子网数量	每个子网可分配的主机IP地址数量
8	11111111.11111111.<u>11111111</u>.00000000	255.255.255.0	256	254
9	11111111.11111111.<u>11111111</u>.10000000	255.255.255.128	512	126
10	11111111.11111111.<u>11111111</u>.11000000	255.255.255.192	1024	62
11	11111111.11111111.<u>11111111</u>.11100000	255.255.255.224	2048	30
12	11111111.11111111.<u>11111111</u>.11110000	255.255.255.240	4096	14
13	11111111.11111111.<u>11111111</u>.11111000	255.255.255.248	8192	6
14	11111111.11111111.<u>11111111</u>.11111100	255.255.255.252	16384	2

表 2-5　C 类 IP 地址的基本子网划分

子网号位数	子网掩码（二进制）	子网掩码（十进制）	子网数量	每个子网可用主机数量
1	11111111.11111111.11111111.<u>1</u>0000000	255.255.255.128	2	126
2	11111111.11111111.11111111.<u>11</u>000000	255.255.255.192	4	62
3	11111111.11111111.11111111.<u>111</u>00000	255.255.255.224	8	30
4	11111111.11111111.11111111.<u>1111</u>0000	255.255.255.240	16	14
5	11111111.11111111.11111111.<u>11111</u>000	255.255.255.248	32	6
6	11111111.11111111.11111111.<u>111111</u>00	255.255.255.252	64	2

从表中可以看出，当网络位向主机位借 1 位的时候，网络从没有子网变成了有两个子网，即 $2^1=2$，借 2 位时，子网数量就变成 $2^2=4$ 个，以此类推，在允许的范围内借用 M 位的话，子网数量就是 2^M 个。但是每当网络位向主机位借 1 位，主机位自然就少 1 位，该网络中的主机地址就相应减少一半。因此，我们可根据网络的具体情况（如需要划分的子网个数、每个子网中最多需要容纳多少个主机）来作为选择合适子网掩码的原则。

例题 2-1：某公司分到了一个 C 类地址，为了工作方便给各个部门划分了基本子网，子网掩码为 255.255.255.192，其中有一台主机的 IP 地址为 192.168.80.125，请问公司总共划分了几个子网？在每个子网中最多能有多少个 IP 地址可以分配给主机使用？计算出这个主机所在子网的网络地址及广播地址，并请将各个子网的网络地址、广播地址和主机地址范围记录到地址表中。

解题思路及步骤：

步骤 1：总共划分了几个子网？

该公司的 IP 地址是 C 类地址，子网掩码为 255.255.255.192，转换成二进制是 11111111.11111111.11111111.11000000，可以看出子网位数是 2 位，因此得出子网数量等于 $2^2=4$ 个。

步骤 2：每个子网中最多能有多少个 IP 地址可以分配给主机使用？

没有划分子网的情况下，C 类地址的主机位数是 8 位，但是本例中网络位向主机位借了 2 位作为子网位，主机位只剩下 8-2=6 位，因此每个网络可以使用的主机数量只有 $2^6-2=62$ 个，减掉的 2 个 IP 地址分别是子网的网络地址和广播地址，在前面保留的 IP 地址一节中已经提到过这两个地址是不能分配给主机使用的。

步骤 3：计算该主机所在子网的网络地址。

前面已经讲到过主机位全 0 的 IP 地址为网络地址，首先将该主机的十进制 IP 地址 192.168.80.125 转换成二进制的形式：11000000.10101000.01010000.01111101，然后将子网掩码也写成二进制的形式：11111111.11111111.11111111.11000000，把子网掩码与 IP 地址对应的每一位进行"AND"逻辑运算，得到一个新的 32 位地址为：11000000.10101000.01010000.01000000，可以看出后面 6 位的主机位都为 0，转换成十进制是：192.168.80.64，即为该主机所在子网的网络地址。

步骤 4：计算该主机所在子网的广播地址。

我们知道广播地址的主机位部分是全部为 1，网络位部分和所在网段的网络地址网络位相同，因此我们只需将该网段的网络地址中主机位的部分全部置为 1，即可得出广播地址。根据上一步骤得出的网络地址 11000000.10101000.01010000.01000000，我们将其后 6 位主机位部分全部置 1，得到 11000000.10101000.01010000.01111111 这个地址，转换成十进制为：192.168.80.127。

步骤 5：将各个子网的网络地址、广播地址和主机地址范围记录到地址表中，见表 2-6。

表 2-6　地址表

子网	网络地址/前缀	主机地址范围	广播地址
1	192.168.80.0/26	192.168.80.1 ~ 192.168.80.62	192.168.80.63
2	192.168.80.64/26	192.168.80.65 ~ 192.168.80.126	192.168.80.127
3	192.168.80.128/26	192.168.80.129 ~ 192.168.80.190	192.168.80.191
4	192.168.80.192/26	192.168.80.193 ~ 192.168.80.254	192.168.80.255

从本题中可以看出子网的第一个可用主机地址等于网络地址加 1，最后一个可用主机地址等于广播地址减 1。

例题 2-2：有两台主机，IP 地址为 142.16.229.78 的主机 A，子网掩码为 255.255.224.0；IP 地址为 142.16.243.93 的主机 B，子网掩码为 255.255.224.0，请问这两台主机是否属于同一子网呢？如果是，请写出这一子网的网络地址。如果不是，请写出它们各自所属子网的网络地址。

分析：判断两个主机是否属于一个子网，主要看两个主机的网络地址是否相同，相同则来自同一子网，不相同则不属于同一子网。因此本题的重点在于根据 A、B 两台主机的 IP 地址和子网掩码计算出各自的网络地址，再进行比较。

解题步骤：

（1）先计算主机 A 的网络地址。

③

142.16.229.78	10001110	00010000	111|00101	01001110	---主机地址 ①
255.255.224.0	11111111	11111111	111|00000	00000000	---子网掩码 ②
142.16.224.0	10001110	00010000	111|00000	00000000	---网络地址 ④

⑤

步骤如下所示：

① 将 IP 地址 142.16.229.78 转换为二进制表示在第一排；

② 将子网掩码 255.255.224.0 转换成二进制表示在第二排，与第一排二进制 IP 地址的每一位对齐；

③ 在子网掩码的 1 与 0 之间画一条竖线隔开，位于竖线左边的部分全部都是 1，即为网络位，且包含了子网位，竖线右边全是 0 的部分为主机位。

④ 将竖线右边的主机位全部置 0，网络位照写就得到了子网的网络地址。

⑤ 将网络地址转换成十进制表示出来。

因此得出主机 A 的网络地址为：142.16.224.0。

（2）用同样的方法计算出主机 B 的网络地址为：142.16.224.0。

经判断，主机 A 与主机 B 的网络地址相同，因此这两台主机属于同一个子网，子网的网络地址为 142.16.224.0。

通常工作单位（如机关单位或者企业）都是先从网络服务商 ISP 那里先申请一个 IP 网段，称为主网地址，如"192.168.65.0"，这是一个没有划分子网的网络地址。之后单位的网络管理员需要在这个网络地址的基础上，根据单位实际需要将该网络划分成多个子网供各个部门使用，这才需要向主机位借位形成子网，最后再为每个子网中的主机分配 IP 地址。主网地址不用匹配子网掩码也能直接通过首段地址范围区分出是哪个类别的 IP 地址，例如，A 类主网地址是 x.0.0.0，B 类主网地址是 x.x.0.0，C 类主网地址是 x.x.x.0。

例题 2-3：某公司申请到了一个 C 类 IP 地址 210.196.65.0，需要分配给 5 个部门：市场营销部、财务部、人力资源部、生产部、研发部，其中人力资源部只需要 6 台主机，但研发部最少要能容纳 26 台主机，子网掩码应该如何选择才最合适呢？

分析：要满足该公司的要求，首先我们需要为这 5 个部门分配 5 个子网地址，同时还要看剩余的主机位数是否有足够数量的可用主机 IP 地址以保证研发部分配使用。然后根据所选的子网掩码确定各子网的子网网络地址、IP 地址分配范围和子网的广播地址。

步骤 1：计算网络位需要向主机位借位的位数。

设借位的位数为 M，子网数量最少为 5 个，则计算 $2^M \geq 5$，得出 $M \geq 3$，只要借 3 位就能满足子网数量的需求，因此子网掩码为 11111111.11111111.11111111.11100000，转换为能够对外发布的十进制表示：255.255.255.224。

步骤 2：计算剩余主机位数能否满足公司对主机数量的要求。

由于网络位向主机位借了 3 位，主机位还剩 5 位，最多可以容纳的主机数为：$2^5 = 32$ 台，完全满足了最少容纳 26 台的需求，因此该子网掩码可用。

步骤 3：由于该地址为 C 类地址，前 3 段都相同，将主网地址 210.196.65.0 前三段保留十进制写法，最后一段转换为二进制写在第一排，用相同的方法将子网掩码写在第二排，再根据借位的位数为各个子网编码如下（下划线部分表示子网位）：

主网地址：210.196.65.0 0 0 0 0 0 0 0；

子网掩码：255.255.255.1 1 1 0 0 0 0 0；

子网 1 的地址：210.196.65.0 0 0 0 0 0 0 0；

子网 2 的地址：210.196.65.0 0 1 0 0 0 0 0；

子网 3 的地址：210.196.65.0 1 0 0 0 0 0 0；

子网 4 的地址：210.196.65.0 1 1 0 0 0 0 0；

子网 5 的地址：210.196.65.1 0 0 0 0 0 0 0。

步骤 4：将子网地址转换为能发布的十进制数形式。

子网 1 的地址：210.196.65.0；

子网 2 的地址：210.196.65.32；

子网 3 的地址：210.196.65.64；

子网 4 的地址：210.196.65.96；

子网 5 的地址：210.196.65.128。

步骤 5：计算出每个子网的广播地址，并转换成十进制形式。

子网 1 的广播地址：210.196.65.0 0 0 1 1 1 1 1　　　十进制：210.196.65.31；

子网 2 的广播地址：210.196.65.0 0 1 1 1 1 1 1　　　十进制：210.196.65.63；

子网 3 的广播地址：210.196.65.0 1 0 1 1 1 1 1　　　十进制：210.196.65.95；

子网 4 的广播地址：210.196.65.0 1 1 1 1 1 1 1　　　十进制：210.196.65.127；

子网 5 的广播地址：210.196.65.1 0 0 1 1 1 1 1　　　十进制：210.196.65.159。

通过观察，我们发现每一个子网的广播地址其实刚好是下一个网段的网络地址减 1，待读者学会熟练计算 IP 地址之后，可以不用转换成二进制便能快速计算出 IP 地址的网络地址和广播地址。

步骤 6：列出各个子网的可用主机地址范围。

子网 1 的可用主机地址范围：210.196.65.1 ~ 210.196.65.30；

子网 2 的可用主机地址范围：210.196.65.33 ~ 210.196.65.62；

子网 3 的可用主机地址范围：210.196.65.65 ~ 210.196.65.94；

子网 4 的可用主机地址范围：210.196.65.97 ~ 210.196.65.126；

子网 5 的可用主机地址范围：210.196.65.129 ~ 210.196.65.158。

2.2.4　可变长子网

通过例 2-3 大家可能会发现，采用基本子网划分的方法虽然可以使每个子网的掩码都相同，可用主机数都相同，但是每个子网的主机数需求不同，例如，对于只有 6 台主机的部门而言，如果都采用固定长度子网掩码，还是会造成大量的 IP 地址浪费。因此，还有一种更节约的方式是使用可变长子网掩码（VLSM，Variable Length Subnet Masking）技术。

例 2-4：在图 2-2 所示的网络拓扑中有 6 个子网，每个子网需要使用的主机数量不同，我们需要将 210.233.70.0/24 这个主网地址分配给各个子网使用，采用 VLSM 划分子网的具体步骤如下：

（1）写出各网段需要的 IP 地址数量：

A 区，48；B 区，10；C 区，5；D 区，6；E 区，13；F 区，116；G 区，2。

（3）将它们按照主机数量从大到小的顺序排列，见表 2-7。

（4）按照顺序进行 VLSM 子网划分（先分大地址块再分小地址块），见表 2-8 和图 2-3。

F 区是需求主机数最多的网络，共需要 116 台，设主机的位数为 N，利用公式 $2^N-2 \geq 116$，

得到 N 最少等于 7，网络位数=32-主机位数=32-7=25，即只需 1 位子网位即可满足 F 区使用，该子网的网络地址和可用主机地址范围及广播地址见表 2-8。其中下划线部分表示主机位。

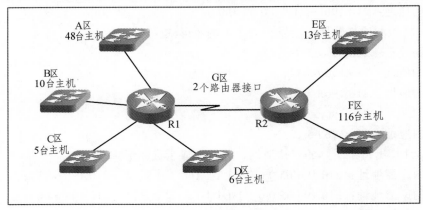

图 2-2　网络拓扑

表 2-7　主机数量排序

排序	F 区	A 区	E 区	B 区	D 区	C 区	G 区
数量	116	48	13	10	6	5	2

（5）划分完 F 区之后就到了 A 区，共需要 48 台主机，根据公式 $2^N-2 \geqslant 48$，计算出主机位数满足 6 位即可，网络位数则等于 32-6=26 位，子网位数 2 位，该子网的详细信息见表 2-8。

（6）接着规划 E 区和 B 区地址，经过计算得出这两个子网只要主机位有 4 位就可满足，子网详细信息见表 2-8。

（7）继续规划剩余子网，经过计算我们得出 D 区、C 区的主机位有 3 位就能满足需求，因此一起规划，详细的子网信息见表 2-8。

（8）最后还剩下 G 区，它的主机位只需要 2 位即可实现，详细的子网信息见表 2-8。

（9）最后将各个子网的网络地址、子网掩码、可用主机 IP 地址及广播地址的二进制形式转换成十进制形式，填写在 IP 地址表中，见表 2-9，地址空间分配见图 2-3。

表 2-8　8 个子网的详细信息

子网	详细信息	二进制
F 区	网络地址	11010010.11101001.01000110.00000000
	子网掩码	11111111.11111111.11111111.10000000
	第一个主机地址	11010010.11101001.01000110.00000001
	最后一个主机地址	11010010.11101001.01000110.01111110
	广播地址	11010010.11101001.01000110.01111111
A 区	网络地址	11010010.11101001.01000110.10000000
	子网掩码	11111111.11111111.11111111.11000000
	第一个主机地址	11010010.11101001.01000110.10000001
	最后一个主机地址	11010010.11101001.01000110.10111110
	广播地址	11010010.11101001.01000110.10111111

子网	详细信息	二进制
E 区	网络地址	11010010.11101001.01000110.1100<u>0000</u>
	子网掩码	11111111.11111111.11111111.1111<u>0000</u>
	第一个主机地址	11010010.11101001.01000110.1100<u>0001</u>
	最后一个主机地址	11010010.11101001.01000110.1100<u>1110</u>
	广播地址	11010010.11101001.01000110.1100<u>1111</u>
B 区	网络地址	11010010.11101001.01000110.1101<u>0000</u>
	子网掩码	11111111.11111111.11111111.1111<u>0000</u>
	第一个主机地址	11010010.11101001.01000110.1101<u>0001</u>
	最后一个主机地址	11010010.11101001.01000110.1101<u>1110</u>
	广播地址	11010010.11101001.01000110.1101<u>1111</u>
D 区	网络地址	11010010.11101001.01000110.1110<u>0000</u>
	子网掩码	11111111.11111111.11111111.1111<u>1000</u>
	第一个主机地址	11010010.11101001.01000110.1110<u>0001</u>
	最后一个主机地址	11010010.11101001.01000110.1110<u>0110</u>
	广播地址	11010010.11101001.01000110.1110<u>0111</u>
C 区	网络地址	11010010.11101001.01000110.1110<u>1000</u>
	子网掩码	11111111.11111111.11111111.1111<u>1000</u>
	第一个主机地址	11010010.11101001.01000110.1110<u>1001</u>
	最后一个主机地址	11010010.11101001.01000110.1110<u>1110</u>
	广播地址	11010010.11101001.01000110.1110<u>1111</u>
G 区	网络地址	11010010.11101001.01000110.1111<u>0000</u>
	子网掩码	11010010.11101001.01000110.1111<u>1100</u>
	第一个主机地址	11010010.11101001.01000110.1111<u>0001</u>
	最后一个主机地址	11010010.11101001.01000110.1111<u>0010</u>
	广播地址	11010010.11101001.01000110.1111<u>0011</u>

表 2-9　VLSM 子网划分的 IP 地址

子网	主机数	网络地址	子网掩码	可用主机 IP 地址	广播地址
F 区	116	210.233.70.0	255.255.255.128	210.233.70.1 ~ 210.233.70.126	210.233.70.127
A 区	48	210.233.70.128	255.255.255.192	210.233.70.129 ~ 210.233.70.190	210.233.70.191
E 区	13	210.233.70.192	255.255.255.240	210.233.70.193 ~ 210.233.70.206	210.233.70.207
B 区	10	210.233.70.208	255.255.255.240	210.233.70.209 ~ 210.233.70.222	210.233.70.223
D 区	6	210.233.70.224	255.255.255.248	210.233.70.225 ~ 210.233.70.230	210.233.70.231
C 区	5	210.233.70.232	255.255.255.248	210.233.70.233 ~ 210.233.70.238	210.233.70.239
G 区	2	210.233.70.240	255.255.255.252	210.233.70.241 ~ 210.233.70.242	210.233.70.243

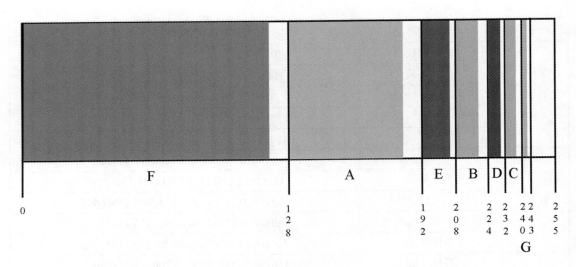

图 2-3　地址空间分配

其实可变长子网掩码的构成基础就在于它有效地建立了"子网的子网"，并保留其他子网，这样一来 IP 地址得到了最大限度的利用。所以我们通常先定义一个基本的子网掩码，利用它划分出第一级子网，然后再用第二级掩码将它继续划分成 1 个或多个二级子网，这种寻址方案所节省出来的 IP 地址可以用在其他子网上，节约了大量的 IP 地址。

【本章小结】

本章讲解了 IP 协议作为一套规则，它能使连接到互联网上的所有计算机网络实现相互通信，它是由 32 位的二进制数组成，可以分为 A、B、C、D、E 五类，其中 A、B、C 三类是常用的 IP 地址，D 类地址用于多点传送，E 类地址保留用于将来和实验使用。保留的 IP 地址不能直接分配给主机使用，如网络地址、广播地址、环回地址、0 地址及受限的广播地址。私有地址可不经过申请，不需要注册，直接在内部网络中分配使用，A 类私有地址空间是 10.0.0.0 ~ 10.255.255.255，B 类私有地址空间是 172.16.0.0 ~ 172.31.255.255，C 类私有地址空间是 192.168.0.0 ~ 192.168.255.255。子网划分技术有效地提高了 IP 地址的使用效率，划分子网的实质就是网络位向主机位进行借位获得子网位，子网掩码就是用来标识 IP 地址中的网络位、子网位及主机位的。划分子网之后，原来的一个大广播域就变成了很多小的广播域，不但可以隔离介质访问冲突和广播风暴，同时还能保护网络安全。

【小故事】

IPv6 秘史

当前，IPv6 技术有效解决了 IPv4 地址紧缺的问题。在互联网技术的发展历程中，从 1992年 IPv6 工作组成立至今，IPv6 已经存在了整整 27 年，它也经历了不少曲折和坎坷。除了广为人知的 IPv4 和 IPv6 兄弟俩，还有不少不为人知的，接下来就让我们见识一下，了解一下 IPv6秘史。

IPv6 是第六代 TCP/IP 协议，同样，IPv4 就是第四代 TCP/IP 协议。截至目前，TCP/IP 协议已经发展到第十代了，但是，不同版本的 TCP/IP 协议之间并没有关联，也不是简单 IP 地址长度的长短。

TCP/IP 协议来自 DARPA（Defense Advanced Research Projects Agency，美国国防高级研究计划局）。1973 年夏天，DARPA 的卡恩和瑟夫开发出了一个基本的改进网络协议，就是 TCP/IP 的雏形，很快在 1974 年，DARPA 和 BBN（位于美国马萨诸塞州剑桥的高科技公司）、斯坦福和伦敦大学签署了协议开发不同硬件平台上均可支持的运行版本。当时总共有四个版本被开发出来，最开始有 TCPV1 和 TCPV2。1975 年，在斯坦福和伦敦大学之间进行了测试；1977 年 11 月，在美国、英国和挪威三个国家之间又进行了测试，在这个过程中不断对 TCP/IP 协议做修补。到了 1978 年春天，TCP/IP 被分成为 TCPV3 和 IPv3 的改进版本，后来一版就是稳定的 TCP/IPv4 版本，IPv4 从此走向上历史舞台，世界迎来了网络时代，IPv4 因此也统治了互联网近 50 年。

在 IPv4 之前有 IPv1～IPv3 三个版本，这些版本的内容现在鲜有人知，也鲜有资料对这些版本定义的内容做介绍。IPv3 和 IPv4 最为接近，IPv4 在 IPv3 的基础上又做了些修改。1983 年 1 月 1 日 IPv4 得以正式部署，1984 年，美国国防部将 TCP/IP 作为所有计算机网络标准，后来 IPv4 很快成为互联网的网络标准协议。

随着科技的不断进步，IPv5 很快出现。IPv5 又被称为因特网流协议，目的是为了提供服务质量 QoS，支持多媒体（语音\视频和实时数据流量），在互联网上实时传输，IPv5 由用于数据传输的 ST 协议和流控制消息协议 SCMP（Stream Control Message Protocol）组成，又称为 ST2。IPv5 设计的目的并不是要取代 IPv4，而是希望多媒体应用同时使用这两类协议，采用 IPv4 传送传统数据包，IPv5 则用于传送承载了实时数据的数据包。RFC 1700 就是 IPv5 标准定义的雏形，虽然从未真正实现过，IPv5 最终被融入 IPv4 协议当中。在 IPv4 中有个资源预留标准是传输层协议 RSVP，可实现在 IPv4 上由接收端发起的资源预留请求，有关 RSVP 在 RFC 2205 中有详细阐述。

众所周知，IPv6 的设计主要是为解决 IPv4 地址短缺问题，但 IPv6 并不是将 IPv4 推倒重来，更像是一种升级，IPv6 中大多数协议的处理都继承了 IPv4，并对缺陷进行改进。

在 IPv6 出现之前，其实早有 IPv7 出现了，只不过 IPv6 定义出来得早些，先抢了一个版本号。IPv7 是在 1992 年就由 Robert Ullmann 提出来了。1993 年，在 RFC 1475 中进行了更详细描述，其标题为"TP/IX：下一代 Internet"，TP/IX 设计有 64 位地址，后来 TP/IX 演变成了 RFC 1707 中定义另一个协议 CATNIP（Common Architecture for the Internet）。按照当时的预估 IPv7 的 64 位 IP 地址数量也不少，当时是足够用了，毕竟 IP 地址设计得越长，数据包载荷就越短，传输效率会更低。

由于 IPv4 网络发展速度出人意料之快，这两年 IPv4 地址已被分光，物联网又有迫切发展的需要，IPv6 被推上历史舞台，全网展开了 IPv6 改造 IPv4 的热潮。但 IP 协议依旧没有停止发展的脚步，IPv8、IPv9 很快出现，2017 年，IPv10 也出现了。IPv10 用一个非常简单和有效的方法解决了使用 IPv6 协议主机与使用 IPv4 协议主机之间相互通信的问题，在两者之间使用 IPv10 进行通信，无须协议转换。

从 IPv1 到 IPv10，见证了互联网网络协议的发展史。这里很多协议故事鲜为人知，成为封存已久的秘史。再次重提，多有几番韵味。原来，网络协议不仅仅只有 IPv4 和 IPv6。

【思考与练习】

一、填空题

1. IP 地址为 127.0.0.100 的地址是用于＿＿＿＿＿＿＿＿＿＿的地址。

2. IP 地址＿＿＿＿＿＿＿＿＿＿＿＿＿＿代表临时通信地址，也可表示默认路由。

3. A 类 IP 地址的默认子网掩码是＿＿＿＿＿＿＿＿＿＿＿＿。

4. 一个子网网段地址为 10.32.0.0，掩码为 255.224.0.0 的网络，它允许的最大主机地址是＿＿＿＿＿＿＿＿＿＿＿＿＿。

二、选择题

1. 私有地址可不经过申请，不需要注册，直接在内部网络中分配使用，以下不属于私有网段的是（　　　　）。

    A. 10.255.0.0/16　　　　　　　　　　　　B. 172.16.240.0/20

    C. 192.168.10.224/27　　　　　　　　　　D. 224.10.7.0/24

2. （　　　　）地址可能出现在公网。

    A. 172.31.10.1　　　B. 192.168.95.6　　　C. 10.62.31.5　　　D. 172.6.31.5

3. 没有任何子网划分的 IP 地址 126.2.80.7 的网络地址是（　　　　）。

    A. 126.2.80.0　　　B. 126.2.80.64　　　C. 126.0.0.0　　　D. 126.2.0.0

4. 对于 C 类 IP 地址，子网掩码为 255.255.255.240，能提供的子网数为（　　　　）。

    A. 8　　　　　　　B. 16　　　　　　　C. 32　　　　　　　D. 64

5. 子网掩码为 255.255.128.0，以下（　　　　）选项 IP 地址与其余三个不在同一网段中。

    A. 172.36.93.72　　　　　　　　　　　　B. 172.36.80.64

    C. 172.36.15.201　　　　　　　　　　　　D. 172.36.163.5

6. 在一个 C 类地址的网段中要划分出 15 个子网，以下（　　　　）选项子网掩码比较合适。

    A. 255.255.255.0　　　　　　　　　　　　B. 255.255.255.128

    C. 255.255.255.240　　　　　　　　　　　D. 255.255.255.248

三、计算题

1. 某公司一台主机的 IP 地址为 172.30.5.138，掩码为 255.255.255.192，请计算此计算机所在子网的网络地址、广播地址、第一台可用主机地址、最后一台可用主机地址。

2. 规划一个 C 类网，需要将网络分为最少 9 个子网，每个子网最多需要容纳 12 台主机，应该怎么规划才最合适呢？

3. 某公司有两个主要部门：市场部和技术部。技术部又分为硬件部和软件部两个部门。该公司申请到了一个完整的 C 类 IP 地址段：192.65.210.0/24。为了便于分级管理，该公司采用了 VLSM 技术，将原主网络划分称为两级子网（未考虑全 0 和全 1 子网），请为该公司规划子网。

第3章 走近 ZXJ10 程控交换机

【本章概要】

在配置小型独立电话局之前，我们先对交换机房做一个了解，认识常见的线缆，了解常见线缆的标准制式，学会对其进行测试。然后了解程控交换机的基本组成，掌握程控交换机的前后台组网方式，并根据前台机房的单板和连线情况，对后台的数据进行相应的配置。配置结束后，通过后台告警监控和维护前台的设备情况，学会运用后台告警提示对数据配置故障进行排查。

【教学目标】

- 常见的有线传输介质
- 程控交换机的工作原理
- ZXJ10 程控交换机的组网方式
- ZXJ10 8K PSM 的基本组成
- 8K PSM 物理配置典型任务实施

3.1 常见的有线传输介质

机房的程控交换设备、计算机和以太网交换机通过网线相连，用户电话通过电话线连接到程控交换机上。交换设备和交换设备之间则是通过 E1 线相连的，E1 线也称为中继线。常用的有线传输介质包括双绞线、同轴电缆及光纤。

3.1.1 双绞线

双绞线是局域网中最常用的电缆，生活中的电话线也是双绞线。双绞线是由一对相互绝缘的金属导线绞合而成，当电线中有电流通过时会产生电磁场，这会对电缆中其他线产生干扰，因此采用金属导线绞合这种方式时，相互缠绕的线对中的电流相反，不仅可以抵御一部分来自外界的电磁波干扰，也可以降低多对绞线之间的相互干扰。实际使用时，双绞线是由多对双绞线一起包在一个绝缘电缆套管里的。典型的双绞线由 8 根线组成，标记为不同颜色的 4 对，放在一个电缆套管里的（见图 3-1）。

图 3-1　双绞线

双绞线有非屏蔽双绞线（UTP）和屏蔽双绞线（STP）两大类，如图 3-2 和图 3-3 所示。

非屏蔽双绞线外面只有一层绝缘胶皮，里面有 4 对绝缘塑料胶皮包着的铜线，8 根铜线每 2 根互相扭绞在一起，形成线对。这 4 对线中有 2 对作为数据通信线，另外 2 对作为语音通信线，因此在电话网和计算机网络的综合布线中，一根非屏蔽双绞线电缆可以同时提供 1 条计算机网络线路和 2 条电话通信线路。这类双绞线质量小，直径细，易弯曲，且具有阻燃性，因而易于布放，组网灵活，价格便宜，是星形局域网的首选电缆。

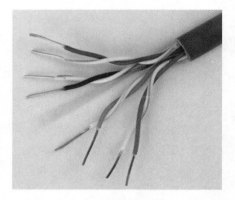

图 3-2　非屏蔽双绞线

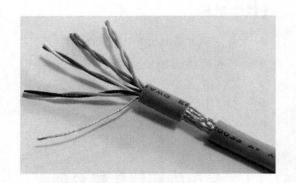

图 3-3　屏蔽双绞线

屏蔽双绞线的最大特点在于封装于其中的双绞线与外层绝缘皮之间有一层金属屏蔽网，它结合了屏蔽、线对扭绞和电磁抵消的技术，可以完全消除线对之间的电磁干扰，可以有效地防止外界对线路数据的窃听，而且还具有较高的数据传输速率。优点虽多，但是屏蔽双绞线的价格昂贵，对组网设备和工艺的要求都较高，安装较为复杂，所以一般只在电磁辐射严重且对外传输质量要求较高的场合进行布放。一般无特殊用途要求，都使用非屏蔽双绞线。

双绞线常见的有三类线、五类线、超五类线及六类线，前者线径细而后者线径粗，见表 3-1。

表 3-1　双绞线分类

双绞线种类	简写	频宽	用途
1 类	CAT1	750 kHz	用于报警系统，或只适用于语音传输（一类标准主要用于 20 世纪 80 年代初之前的电话线缆），不用于数据传输
2 类	CAT2	1 MHz	用于语音传输和最高传输速率 4 Mb/s 的数据传输，常见于使用 4 Mb/S 规范令牌传递协议的旧的令牌网

双绞线种类	简写	频宽	用途
3 类	CAT3	16 MHz	最高传输速率为 10 Mb/s，主要应用于语音、10 Mb/s 以太网（10BASE-T）和 4 Mb/s 令牌环
4 类	CAT4	20 MHz	于语音传输和最高传输速率 16 M（指的是 16 Mb/s 令牌环）的数据传输，主要用于基于令牌的局域网和 10BASE-T/100BASE-T
5 类	CAT5	100 MHz	用于语音传输和最高传输速率为 100 M 的数据传输，主要用于 100BASE-T 和 1000BASE-T 网络，最大网段长为 100 m，采用 RJ 形式的连接器。这是最常用的以太网电缆
超 5 类	CAT5e	100 MHz	衰减小，串扰少，并且具有更高的衰减与串扰的比值（ACR）和信噪比（SNR）、更小的时延误差，性能得到很大提高。超 5 类线主要用于千兆位以太网（1 000 Mb/s）
6 类	CAT6	250 MHz	它提供 2 倍于超五类的带宽，传输性能远远高于超五类标准，最适用于传输速率高于 1 Gb/s 的应用
超 6 类	CAT6A	500 MHz	还没有出台正式的检测标准，只是行业中有此类产品，各厂家宣布一个测试值
7 类	CAT7	600 MHz	传输速度为 10 Gb/s，单线标准外径 8 mm，多芯线标准外径 6 mm，是欧洲提出的一种屏蔽电缆的标准，目前还没有制定出相应的测试标准

双绞线电缆在使用时两端需要端接连接器，即我们熟悉的水晶头。常见的水晶头有 RJ45 水晶头、RJ11 型水晶头和 RJ48 型水晶头，如图 3-4 所示。RJ45 型常用于网线制作，接头前面有 8 个槽，槽内有 8 个引脚，其中真正起到作用的只有 4 个引脚，1、2 引脚用来传送数据，3、6 引脚用来接收数据。RJ11 型水晶头多用于电话线制作，其双绞的线芯只有一对或者两对；RJ48 型水晶头用于 2 Mb/s 线的制作，它的外观和 RJ45 型水晶头几乎一样，线序也一致，但是引脚的信号定义不同。

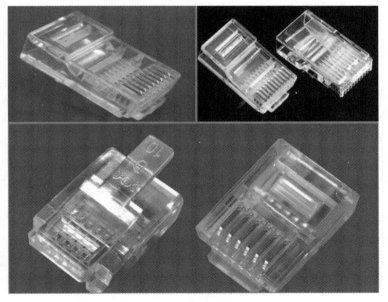

图 3-4 常见水晶头

插入 RJ45 型连接器的双绞线，其线序有两个标准：TIA/EIA T568A 和 T568B。平常用得较多的是 T568B 标准。这两种标准本质上并无区别，只是线序不同，见图 3-5 和表 3-2。

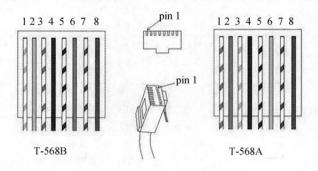

图 3-5　T568A 和 T568B

表 3-2　T568A 和 T568B 线序

	1	2	3	4	5	6	7	8
T568A	绿白	绿	橙白	蓝	蓝白	橙	棕白	棕
T568B	橙白	橙	绿白	蓝	蓝白	绿	棕白	棕

从表中可以看出，T568A 和 T568B 的区别只在于 1、3 线和 2、6 线的线序不同。利用非屏蔽双绞线可以制作直通线、交叉线和全反线三种电缆。其中，直通线也叫平行线，两端相同，都按 T568A 或 T568B 线序，一般用于不同类设备之间相连，如 PC 与集线器、PC 和交换机、交换机与路由器等。交叉线则两端不同，一端是 T568A，另一端是 T568B，用于同类设备之间相连，如 PC 和 PC 相连、交换机和交换机相连、PC 和路由器直接相连等。

3.1.2　同轴电缆

同轴电缆中以硬铜线为芯，由内向外第二层是内绝缘层，第三层是金属网作为接地电路和屏蔽层来减少干扰，最外层是塑料的电缆外皮，见图 3-6。

同轴电缆屏蔽性好，抗干扰能力强，常用的同轴电缆有两类：50 Ω 和 75 Ω 的同轴电缆。50 Ω 同轴电缆主要用于基带信号传输，传输带宽为 1 ~ 20 MHz。75 Ω 同轴电缆常用于 CATV 网，故称为 CATV 电缆，传输带宽可达 1 GHz，目前常用 CATV 电缆的传输带宽为 750 MHz。虽然同轴电缆可以在相对长的无中继器的线路上支持高带宽通信，但是其体积大，占用大量

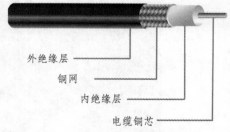

图 3-6　同轴电缆的结构

空间，且不能承受缠结、压力和严重的弯曲，严重影响信号的传输，加之铜芯成本高，因此在现在的局域网环境中，基本已被双绞线所取代。

3.1.3 光 纤

光纤是光导纤维的简称，由非常透明的石英玻璃拉成丝制造成纤芯，外面加上包层而构成，利用光的全反射原理传输光信号的传输介质，如图3-7所示。

光纤通信传输的是光信号，不会引起电磁干扰也不受电磁干扰的影响，同时还具备多项优点：传输频带宽、通信容量大；衰减少、传输距离远；安全性好、可靠性高；线径细、质量小；资源丰富等。由于这些优点，光纤在传输网络得到了越来越多的应用，一般用来连接主干网。当然，光纤也有致命的弱点，如质地脆、机械强度低，随着技术的发展，这些问题会逐渐解决。

图 3-7 光纤

常用的光纤主要有两种类型：单模光纤和多模光纤。

单模光纤使用激光二极管作为发光设备，只传输主模，即光线只沿着光纤的内芯进行传输，只有一条光线，不会发生色散，衰减较小，传输数据的质量更高，频带更宽，适用于大容量、长距离的光纤通信。

多模光纤使用发光二极管作为发光设备，在一条光纤中存在多条不同角度的入射光线，所以到达末端的光线的角度和时间也都不相同。这种色散导致了信号的损失，限制了多模光纤所能实现的带宽和传输距离，与单模光纤相比，频带较窄，传输容量较小，传输距离也比单模光纤的传输距离短，适用于距离相对较近的区域进行网络连接，如一栋办公楼内。

3.2 程控交换机的工作原理

3.2.1 呼叫接续的处理过程

前面对程控交换机的结构原理进行了介绍，在熟悉结构原理的基础上，我们看看各部分是如何完成任意两个电话之间的通话接续的。

虽然人工电话交换机已经被后续的程控交换机替代了，但是自动交换机只是通过设备替代了接线员的工作，整个由接线员实现的通话过程还是不变的，我们先通过人工电话交换过程说明完成一次通话的接续过程。

人工电话交换机为了完成一次通话接续，其交换和通话过程可简述如下：

（1）首先，主叫用户发出呼叫信号，这种呼叫信号通过信号灯显示。主叫用户摘机，电路接通，信号灯亮。

（2）话务员看见信号灯亮，就将应答插塞插入主叫用户塞孔，并询问被叫用户。

（3）得知被叫用户后，查找被叫用户位置，找到被叫用户的塞孔，进行忙闲测试，当确认被叫空闲后，便将呼叫塞子插入被叫用户塞孔，向被叫送铃流，向主叫送回铃音。

（4）被叫用户应答后，便可通过塞绳将主、被叫之间的话路接通。

（5）通话完毕，用户挂机，话务员发现话终信号灯亮后，即进行拆线。

通过上面呼叫接续过程的叙述，可以看出一部程控交换机至少应具有以下几项基本功能：

（1）在众多用户中及时发现哪一用户有呼叫；

（2）自动记录被叫号码；

（3）及时找到被叫用户并自动判别被叫用户当前的忙闲状态；

（4）若被叫空闲，则应准备好空闲的通话回路；

（5）向被叫振铃，向主叫送回铃音；

（6）被叫应答，接通话路，双方通话；

（7）通话结束后，即时自动完成拆线，做释放处理；

（8）同交换机间不同用户能自由通话；

（9）同一时间能允许若干用户同时通话且互不干扰。

以上人工交换机的几项功能分别对应到程控交换机的各个部分一一实现了。

程控数字交换机的基本组成如图 3-8 所示。它的话路系统包括用户电路、用户集线器、数字交换网络、模拟中继器和数字中继器。此外还专门设置了多频收/发码器、按钮收号器和音信号发生器，还有一些为非话业务服务的接口电路。由此看出它不仅增加了许多新的功能，而且加强了对外部环境的适应性。

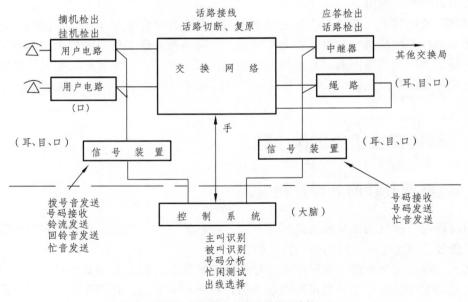

图 3-8　程控交换机的功能结构

拥有以上功能的程控交换机，它的呼叫接续过程是怎么完成的呢？

在开始时，用户处于空闲状态，交换机对用户机进行扫描，监视用户线状态。用户摘机后就开始了处理机的呼叫处理，处理过程如下：

1. 主叫用户 A 摘机呼叫

（1）交换机检测到用户 A 的摘机状态；

（2）交换机调查用户 A 的类别，以区分其是同线电话、一般电话、投币电话机还是小交换机等；

（3）调查话机类别，弄清是按钮话机还是号盘话机，以便接上相应的收号器。

2．送拨号音，准备收号

（1）交换机寻找一个空闲收号器以及它和主叫用户间的空闲路由；

（2）寻找一个空闲的主叫用户和信号音源间的路由，向主叫用户送拨号音；

（3）监视收号器的输入信号，准备收号。

3．收　号

（1）由收号器接收用户所拨号码；

（2）收到第一位号后，停拨号音；

（3）对收到的号码按位存储；

（4）对"应收位"和"已收位"进行计数；

（5）将号首送向分析程序进行分析（称为预译处理）。

4．号码分析

（1）在预译处理中分析号首，以决定呼叫类别应该收几位号（本局、出局、长途、特服等），并决定应该收几位号；

（2）检查这个呼叫是否允许接通（是否限制用户等）；

（3）检查被叫用户是否空闲，若不空闲，则予以示忙。

5．接至被叫用户

测试并预占空闲路由，包括：

（1）向主叫用户送铃音路由；

（2）向被叫送铃流回路（可能直接控制用户电路振铃，而不用另找路由）；

（3）主、被叫用户通话路由（预占）。

6．向被叫用户振铃

（1）向用户 B 送铃流；

（2）向用户 A 送回铃音；

（3）监视主、被叫用户状态。

7．被叫应答和通话

（1）被叫摘机应答，交换机检测到后，停振铃和停回铃音；

（2）建立 A、B 用户间通话路由，开始通话；

（3）启动计费设备，开始计费；

（4）监视主、被叫用户状态。

8. 话终，主叫先挂机

（1）主叫先挂机，交换机检测到以后，路由复原；

（2）停止计费；

（3）向被叫用户送忙音。

9. 被叫先挂机

（1）被叫挂机，交换机检测到后，路由复原；

（2）停止计费；

（3）向主叫用户送忙音。

3.2.2　程控交换机的基本硬件结构

实现电话通信，需要为通话双方两点之间建立传输通道，在电话交换中使用的是电路交换方式。

虽然不同类型、不同用途的数字程控交换机的具体结构不同，但是基本结构都是由两大主要部分组成：控制系统和话路系统，见图 3-9。本书后续章节内容主要以中兴程控交换机 ZXJ10 为例进行详细讲解，但无论是哪个型号的程控交换机，基本上也是按照这个结构原理图进行设计的。

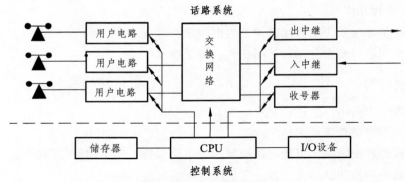

图 3-9　程控交换机结构

控制系统由 CPU、存储器、I/O 设备这些硬件部分和软件部分——程序组成，就相当于一台计算机。控制程序存储在存储器中，CPU 将控制信息传送到交换网络，交换网络再将控制信息传送到其他话路部分完成交换机的各项工作。

话路系统包含了用户电路、用户集线器、中继电路、收号器及数字交换网络。终端设备，如座机电话，通过用户电路连接到程控交换机，并且一个用户电路只服务于一个用户。用户电路主要用于对用户状态的监视、馈电和振铃功能，此外还增加了模/数转换和数/模转换功能。这是因为在用户线上传输的信号是模拟信号，但是交换网络传输的是数字信号，所以在进入交换网络交换之前，要先进行模/数转换。每个用户电路都有一个与之对应的单路编译码器，出来的就是数字信号，因而用户集线器也只能采用数字接线器了。中继电路是与其他电话交换机的接口电路，这里有数字中继器和模拟中继器两种，主要是在和其他交换机或交换局相连时使用的。收号器可以属于接口电路抑或是控制电路，具体根据所设置的位置而定。交换网络负责交换机内部所有信号的交换，就好比是程控交换机的心脏，信号就好比是血液，也就是说，所有的信号只有通过交换网络才能完成交换。

程控交换机实质上是通过计算机的"存储程序控制"来实现各种接口的电路接续、信息交换及其他的控制、维护和管理功能。控制系统只处理控制信息，话路系统除了处理控制信息，还要负责对通话阶段的话音信号进行传递。控制信息和话音信号都必须在交换网络进行交换，才能从一个部分传输到另一个部分。

中兴程控交换机 ZXJ10 也是基于图 3-9 的结构原理图进行设计的，接下来我们走进大梅沙端局虚拟交换机房一起了解一下 ZXJ10 程控交换机，如图 3-10 所示。虚拟机房中有机柜、机架、模拟电话及后台网管计算机。图 3-11 展示了程控交换机的前后机架，机架上有 6 个机框，每个机框前面有 27 个槽位，可以插入不同功能的单板，机框后面都有一块背板，背板提供连接槽位，各个单板通过背板连线进行通信。

图 3-10　大梅沙端局虚拟机房

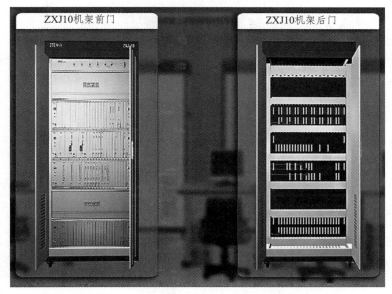

图 3-11　大梅沙端局虚拟机房 ZXJ10 程控交换机前后机架

程控交换机机架从下往上的第 4 个框是主控框，其中位于槽位 6、7、8 和槽位 10、11、12 的两块单板称为模块处理器板，简称 MP 板，两块 MP 板互为主备用，见图 3-12。MP 板是控制整个程控交换机的，我们在后台网管计算机所配置的数据就是通过 MP 单板后面连接的网线传给 MP，MP 再根据我们预先配置的数据进行控制操作。如果说交换网络相当于程控交换机的心脏，MP 就是整个程控交换机的大脑。

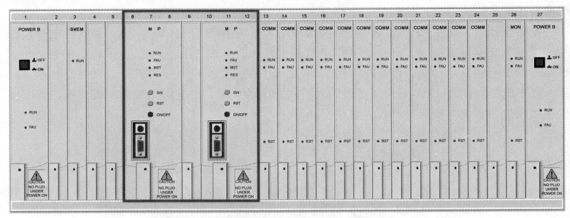

图 3-12　大梅沙端局虚拟机房程控交换机主控框

3.2.3　程控交换机的基本软件结构

程控交换机的软件系统分为程序和数据两个部分：

1. 程序部分

程序部分包括运行程序和支援程序。

（1）运行程序也可称为联机程序，分为以下 4 个部分：

① 执行管理程序（操作系统）：是多任务、多处理机的高性能操作系统。

② 呼叫处理程序：完成用户的各类呼叫接续。

③ 系统监视和故障处理程序及故障诊断程序：共同保证程控交换机不间断地运行。

④ 维护和运行程序：提供人机界面，完成程控交换机的运行控制和测试等。

（2）支援程序也可称为脱机程序，其数量较大，分为以下 4 个部分：

① 软件开发支援系统：主要是指语言工具。

② 应用工程支援系统：完成交换网规划及安装测试。

③ 软件加工支援系统：主要是指数据生成程序。

④ 交换局管理支援系统：完成交换机运行资料的收集、编辑和输出程序等。

2. 数据部分

数据部分包括系统数据、局数据和用户数据。

（1）系统数据：指仅与交换机系统有关的数据。

（2）局数据：指与各局设备的具体情况有关的数据。

（3）用户数据：指用户类别、用户设备号码等数据。

3.3 ZXJ10 的组网方式

3.3.1 模块和局的概念

ZXJ10 采用模块内分级、模块间全分散的控制结构。模块内分为不同级别，各个模块之间互不控制，独立工作。"模块"是由一对 MP 单板，即模块处理器单板控制的若干个程控交换机机柜组成的，控制柜的数量具体根据程控交换机本身的处理能力和容量来决定，可以只有一个控制柜，也可以由一个控制柜加多个用户柜组成。

我们把后台统一配置数据的一个或多个模块组成的范围称为"局"，这个"局"里所有的数据都是集中在一个后台统一配置的。成局的模块可以分布在不同的地方，但都需要有一个后台进行统一的配置和管理。

模块成局方式有单模块成局和多模块成局两种方式。多模块成局有两种情况：第一种是中心模块 CM 作为网络第一级；第二种是外围交换模块 PSM 作为网络第一级。下面以 CM 作为第一级中心模块为例讲解多模块成局的一个典型情况，如图 3-13 所示。图中看到一个交换局的前台由若干个程控交换机组成的不同模块组成，后台通常由网管服务器和网管主机组成，我们称为后台操作维护模块（OMM，Operation Maintenance Module）。所有的前台模块需要使用的运行数据首先都是由后台操作维护模块 OMM 统一配置,然后采用 TCP/IP 网络间的 UDP 链接进行通信，将数据通过网线传送到前台，当前台的第一级模块收到配置数据后，再将配置数据传送到下一级模块，这样，整个局的所有模块都可以在后台进行统一配置和维护了。

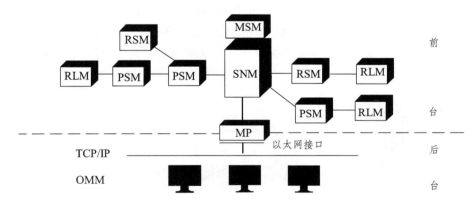

图 3-13　多模块组网

表 3-3 分别对几个重要模块进行了详细介绍。

表 3-3　模块介绍

模块	缩写	作用
操作维护模块	OMM	也称作后台操作系统，采用集中维护管理的方式，采用 TCP/IP 协议，Windows 2000 或 NT 的操作系统，用于监控和维护前台交换机的数据、业务、话单和测试等
交换网络模块	SNM	模块系统的核心模块，它完成跨模块呼叫的连接，并且根据网络的容量不同，我们可以将 SNM 分为几种不同的类型

模块	缩写	作用
消息交换模块	MSM	完成模块间消息的交换，控制消息首先被送到 SNM，然后由 SNM 的半固定连接将消息送到 MSM
外围交换模块	PSM	用于 PSTN、ISDN 的用户接入和处理呼叫业务，连接到中心模块作为多模块系统的一部分
远端交换模块	RSM	和 PSM 内部结构完全相同，区别是与上级模块的连接方式不同

3.3.2　前台网络组网

ZXJ10 程控交换机无论以哪种方式组网，每一个模块都有一个模块号。组网方式上采用了多级树形组网方式，但前台组网的树形结构最多只能有 3 级，3 级中最多不能超过 64 个模块，模块从 1 号开始编号到 64 号。

在树形组网中，相邻两级互联的模块构成父子关系，每个模块只能有一个父模块。同一级的两个模块间也可以互联起来。同一级互联的两个模块构成兄弟关系。两个兄弟模块间的呼叫优先通过兄弟连接建立接续，在兄弟连接不可用时，才通过父子连接建立接续。各模块地位平等，时钟源可以设于任何模块，而不必局限于中心模块。这种树形组网就好比是我们的家庭树，两个兄弟之间谁有困难了，就优先考虑请另一个兄弟帮忙解决，只有当另一个兄弟实在是帮不了忙的时候，才请他们的父亲帮忙。

多模块成局的模块之间是全分散控制，但是在模块内实行分级控制。每个模块的处理器只能控制和处理本模块的资源和数据，而单元处理器运行交换机的一部分功能。

PSM 既可以单模块成局又可以多模块成局，单模块成局时其模块号固定为 2，成局方式如图 3-14 所示。

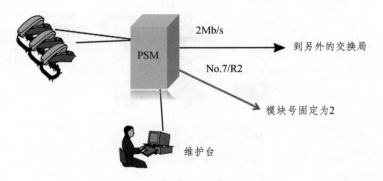

图 3-14　PSM 单模块成局

多模块成局时，PSM 可以作为中心模块进行组网，模块号固定为 2；CM 也可以作为中心模块进行组网，其中 CM 是由消息交换模块 MSM 和交换网络模块 SNM 构成，组网时 MSM 的模块号固定为 1，SNM 的模块号固定为 2。两种多模块成局组网见表 3-4、图 3-15、图 3-16。

表 3-4　多模块成局

组网方式	PSM 作为中心模块	CM 作为中心模块
第一级模块	PSM	MSM 和 SNM
第一级模块号	2	MSM-1　　SNM-2
其余模块编号	3~64	3~64
第一级能否携带用户	能	不能

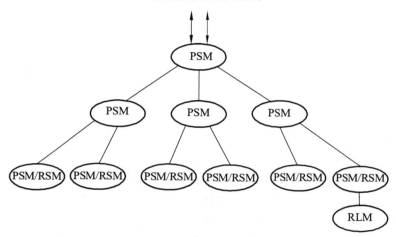

去PSTN市话或者长话局

图 3-15　PSM 作为中心模块的多模块组网

去PSTN市话或者长话局

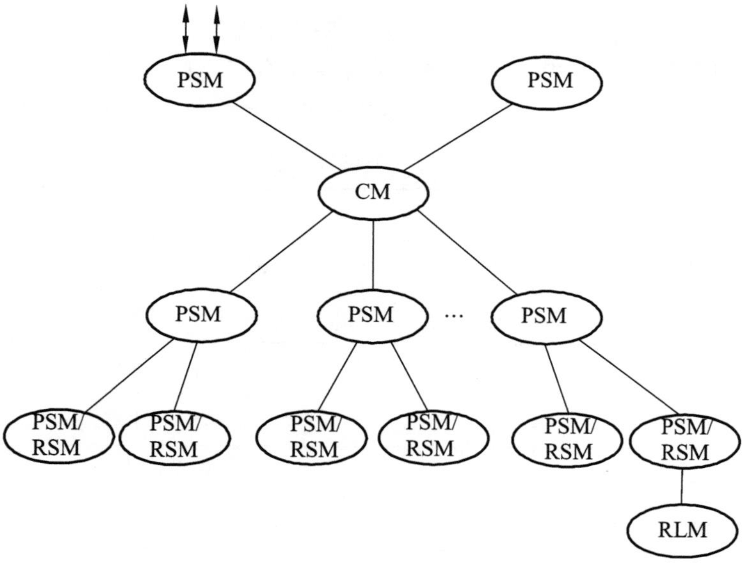

图 3-16　CM 作为中心模块的多模块组网

从树形组网图中可以看到，PSM、RSM 可以再携带 RLM 远端用户模块，增加局的覆盖范围。远端交换模块 RSM 是 PSM 或中心模块（CM）的延伸，RSM 的结构与 PSM 基本相同，用户在使用时与在 PSM 中使用没有任何区别。只是 PSM 使用 FBI 连接上级模块，而 RSM 采用下列便于远距离传输的方式连接到其他模块：

（1）通过数字中继接口，以 PCM 形式通过 PCM 传输终端将 RSM 接入系统。

（2）通过 PSM、RSM 两端的光纤接口（ODT）直接相连，这种连接方式为 ZXJ10 的组网提供了方便。

（3）通过内置 SDH 传输将 RSM 接入系统。

值得注意的是，RLM 没有 MP 单板，从严格意义上来讲不是一个独立的模块，只能算作一个用户单元。

ZXJ10 模块成局不仅可组成本地网，还可构成长途局或汇接局，也可以作为 SP（信令端接点）、低级信令转接点（LSTP）和高级信令转接点（HSTP）。可在一个地区范围内通过光传输系统灵活组建覆盖半径达 50 km 的网络结构。由于 RSM，RLM 可以增强网络的渗透能力，郊区乡镇用户也可以享受到相应业务。

3.3.3　后台组网

如果前台网络是采用多模块成局的组网方式，则 OMM 只需要与多模块成局的第一级中心模块的主/备 MP 连接，例如，第一级是 CM，那么就与 2 号模块 SNM 的主/备 MP 连接，如果第一级是 PSM，就与 PSM 的主/备 MP 连接，这样就可以操作维护整个交换局的所有模块。OMM 也提供只对某一个模块进行操作维护的远端服务器。程控交换机前台 MP 单板则提供以太网口，通过网线连接到后台网络。由于 ZXJ10 前台与后台采用 TCP/IP 网络间的 TCP 链接进行通信，前后台 TCP/IP 网络需要给每个节点分配一个 IP 地址，为了方便后台网络集中维护和扩展，ZXJ10 交换机的所有节点的 IP 地址需要统一编排。

首先我们要知道在这个 TCP/IP 网络中，节点主要有三类：前台各模块的主/备 MP、后台服务器、后台维护终端。每个节点都有一个独立的节点号，节点号分配原则见表 3-5。

表 3-5　节点号分配

节点号	分配情况
1 ~ 128	64 个模块的主/备 MP
129 ~ 133	后台 NT 服务器
134 ~ 187	任意终端
188 ~ 249	专用终端
250 ~ 253	保留节点号
254	告警箱

值得注意的是，节点号 1 ~ 128 分配给了 64 个模块的主/备 MP，那么怎么知道究竟是给的主用 MP 还是备用 MP 呢？于是我们规定在机架上位于左侧的 MP，其节点号就是该 MP 的

模块号，而在机架上位于右侧的 MP，其节点号等于该 MP 的模块号加 64。前面我们提过，前台网络的树形组网最多包含 64 个模块，编号也是从 1 到 64，因此这样的节点号编号方式能够有效区分模块，并能帮助我们轻松判断出两个模块是否属于一对主/备 MP。例如，模块号为 4，位于机架左侧的 MP，其节点号为 4，而右侧的 MP 节点号则为 68。

后台服务器的 IP 地址不能随意命名，它是根据计算机名称生成的，在后台终端安装的时候要注意输入正确的计算机名，它的定义规则为"ZX"加上本地 C3 局区号、本局局号及本机节点号。若区号为 0851，局号为 8，节点号为 131，则计算机名为 ZX851008131。

那么前台主/备 MP 的节点 IP 地址怎么计算呢？

节点 IP 地址采用 C 类地址，由交换局的区号、交换局的局号及各个节点的节点号这 3 部分信息共同决定这个 32 位 IP 地址的不同比特位，从而得出相应的节点 IP 地址。

前 3 位"110"是 C 类地址的固定标识，第 4~13 位，共 10 位，由本地所在 C3 网的长途区号来决定，也就是说，将这个十进制表示的长途区号转换成 10 位的二进制数填入 IP 地址的第 4~13 比特位。第 14~16 位作为保留项，暂不使用，后期如果还需要扩充的话，再对这三位进行利用。第 17~24 位这 8 位由交换局编号确定，其十进制取值范围 0~255。最后 8 位，即 25~32 比特位由节点号确定，见图 3-17。

1	2	3	4	5	6	7	8	9	10	11	12	13	14	15	16	17	18	19	20	21	22	23	24	25	26	27	28	29	30	31	32
1	1	0	\multicolumn{10}{c}{长途区号}											保留项			交换局编号								节点号							

图 3-17　节点 IP 地址比特位分布

例题 3-1： ZXJ10 在贵阳（长途区号 851）所开的第 10 个多块局（编号为 9），其 13 号模块左面的 MP 和右面的 MP 的 IP 地址分别为多少？其后台服务器的计算机名为：ZX851009131，请问后台服务器的节点 IP 地址是多少？

解题思路：

要想计算节点 IP 地址，首先要确定节点 IP 地址的三个要素：交换局的区号、交换局的局号和节点号。题中已经明确给出交换局的区号是 851，局号是 9，但左面 MP 和右面 MP 的节点号具体是多少就要根据前面说的，左面 MP 的节点号就等于它的模块号，右面 MP 的节点号是模块号加上 64，那么该模块是 13 号模块，所以左面 MP 的节点号就是 13，右面 MP 的节点号就是 13+64=77。服务器与 MP 工作在一个网段中，因此服务器 IP 地址的网络号与 MP 的 IP 地址的网络号一致，服务器的 IP 地址的主机号即为服务器的节点号。

解题步骤：

步骤 1：左面的 MP 和右面的 MP 的 IP 地址。

（1）列出节点 IP 地址比特位分布表，长途区号部分的比特位我们用字母 A 表示出来，交换局编号部分的比特位用字母 B 表示，节点号部分的比特位用字母 C 表示，如图 3-18 所示。

（2）分别把区号、局号、节点号由十进制转换成二进制形式。

区号：$(851)_{10} = (1101010011)_2$

局号：$(9)_{10} = (00001001)_2$

节点号：13 号模块左面的 MP 的节点号：$(13)_{10} = (00001101)_2$

13 号模块右面的 MP 的节点号：$(77)_{10} = (01001101)_2$

（3）将结果填入表中相应位置，获得二进制形式的 32 位节点 IP 地址，如图 3-18 所示。

（4）将 32 位的节点 IP 地址转换成十进制形式得到：219.152.9.13，即为左侧 MP 的节点 IP 地址，如图 3-18 所示。

（5）重复以上步骤计算右侧 MP 的节点 IP 地址，得出 219.152.9.77。

	1 2 3	4 5 6 7 8 9 10 11 12 13	14 15 16	17 18 19 20 21 22 23 24	25 26 27 28 29 30 31 32
	C类标识	长途区号	保留项	交换局编号	节点号
	1 1 0	871	0 0 0	9	13
步骤1	1 1 0	A A A A A A A A A A	0 0 0	B B B B B B B B	C C C C C C C C
步骤2	1 1 0	1 1 0 1 0 1 0 0 1 1	0 0 0	0 0 0 0 1 0 0 1	0 0 0 0 1 0 0 1
步骤3	1 1 0	1 1 0 1 0 1 0 0 1 1	0 0 0	0 0 0 0 1 0 0 1	0 0 0 0 1 0 0 1
步骤4	219	152		9	13

图 3-18　例 3-1 节点 IP 地址比特位分布

步骤 2：后台服务器要与 MP 共同在一个网络段中才能实现通信，根据计算机名：ZX851009131，我们得出服务器的节点号为 131，后台服务器 IP 地址的主机号即为服务器的节点号，因此服务器的 IP 地址为 219.152.9.131。

通过以上步骤，我们可以清晰地看到，模块上位于机架右侧的 MP 的节点 IP 地址和左面 MP 的 IP 地址都是在同一网段的，仅最后一小节不同，相差 64，将来在计算的时候，右面 MP 的节点 IP 地址可以直接用左面 MP 节点 IP 地址的最后一小节加 64 即可获得，无须重复计算。服务器的节点号取值范围为：129～133，在不知道服务器名时，服务器 IP 地址的网络地址和前台 MP 的网络地址一致，主机地址可设置为这个范围内的任意地址。

3.4　ZXJ10 8K PSM 的基本组成

8K PSM 程控交换机采用模块内分级、模块间全分散的控制结构。模块内部分为不同级别，各个模块直接相互独立。8K PSM 中，单板构成单元，多个单元构成模块，一个或多个模块组成交换局。单板指的是 PCB 电路板，包括模块处理器、电源板、用户接口板及时钟板等。单元是由一定功能的一块或多块单板组成。模块则是由一对模块处理器控制的若干从处理器 SP 及一些单板组成。

1 个 8K PSM 最多可以有 5 个机架，其中 1 号机架为控制柜，配有所有的公共资源和两层数字中继、1 个用户单元，可以独立工作，如图 3-19 所示；2 到 5 号机架为纯用户柜，只配用户单元，根据用户线数量增加。一般用户柜的数量要根据程控交换机本身的处理能力和容量来决定。根据用户线数量，单模块结构分为单机架、2 机架到 5 机架。

每个机柜的机架都有 6 个机框，从下往上依次是机框 1 到机框 6，其中，控制柜机框如图 3-20 所示。每个机框都会根据所插单板的类型不同而选用不同的背板。机框 1 和机框 2 称为用户框，其单板构成用户单元，机框 1 的背板名称为 BSLC0，机框 2 的背板名称为 BSLC1；机框 3 是数字交换网框，其单板构成数字交换单元、时钟单元，背板名称为 BNET；机框 4 叫作主控框，它的单板构成主控单元，背板名称是 BCTL；机框 5、6 结构相同，为中继框，其单板构成数字中继单元、模拟信令单元，背板名为 BDT。图 3-21 给出了 8K PSM 的机架背板排列。

	1	2	3	4	5	6	7	8	9	10	11	12	13	14	15	16	17	18	19	20	21	22	23	24	25	26	27
6	POWB		DTI	DTI		DTI	DTI		DTI	DTI		DTI	DTI		DTI	DTI		DTI	DTI		DTI	DTI		ASIG	ASIG		POWB
5	POWB		DTI	DTI		DTI	DTI		DTI			ASIG	ASIG		DTI	DTI		DTI	DTI		DTI	DTI		DTI	DTI		POWB
4	POWB		SMEM			MP					MP		MPMP	MPPP	MPPP	MPPP	MPPP	MPPP	MPPP	MPPP	STB	STB	STB	V5	PEPD	MON	POWB
3	POWB		CKI	SYCK			SYCK			DSN		DSN	DSNI	DSNI	DSNI	DSNI	DSNI	DSNI	DSNI	DSNI	FBI	FBI					POWB
2	POWA		SLC	SLC	SLC	SLC	SLC	SLC	SLC	SLC	SLC	SLC	SLC	SLC	SLC	SLC	SLC	SLC	SLC	SLC	SLC	SLC					POWA
1	POWA		SLC	SLC	SLC	SLC	SLC	SLC	SLC	SLC	SLC	SLC	SLC	SLC	SLC	SLC	SLC	SLC	SLC	SLC	SLC	SLC	MTT	TDSL	SP	SP	POWA

图 3-19　8K PSM 控制架

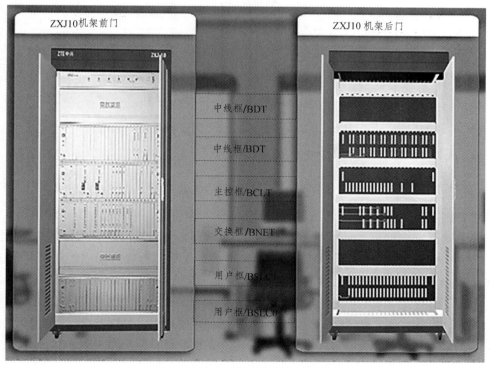

图 3-20　8K PSM 机框及背板名称

机柜 机框	1#	2#	3#	4#	5#
6	BDT	BSLC1	BSLC1	BSLC1	BSLC1
5	BDT	BSLC0	BSLC0	BSLC0	BSLC0
4	BCTL	BSLC1	BSLC1	BSLC1	BSLC1
3	BNET	BSLC0	BSLC0	BSLC0	BSLC0
2	BSLC1	BSLC1	BSLC1	BSLC1	BSLC1
1	BSLC0	BSLC0	BSLC0	BSLC0	BSLC0
	控 制 柜	用 户 柜			

图 3-21　8K PSM 单模块成局机架排列

PSM 是 ZXJ10 中基本的独立模块，其主要功能是：完成本交换模块（PSM）内部的用户之间的呼叫处理和话路交换，将本交换模块（PSM）内部的用户和其他外围交换模块的用户之间的呼叫的消息和话路接到 SNM 中心换模块上。对于 8K PSM，其结构如图 3-22 所示。

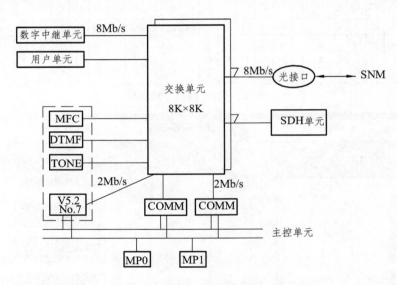

图 3-22　PSM 单模块成局结构

8K PSM 程控交换机的用户单元、数字中继单元、模拟信令单元统称为功能单元。功能单元与交换单元、主控单元之间通过线缆相连接，完成整个话音或者消息信号的接续。所有功能单元与交换网单元的 DSNI 板相连接，通常使用 HW 线连接功能单元与交换网单元。HW 线是交换设备内部通信用的高速通路，遵循高速数据链路协议，主要用来传输话音，速度为 8 Mb/s，与 DSNI-S 相连。所有的信号需要通过 DSN 完成接续，包括最终传向主控单元的消息信号，消息信号通过消息线在主控单元和交换网单元传递。消息线是经过降速的 HW 线，用来传送控制类的消息，速度为 2 Mb/s，与 DSNI-C 相连，如图 3-23 所示。

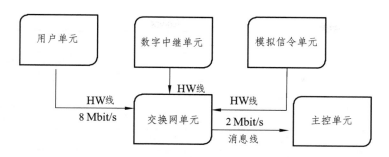

图 3-23　功能单元、交换网单元和主控单元的联系

3.4.1　用户框

用户框中的用户板 SLC、多功能测试板 MTT、数字用户测试板 TDSL、用户处理器板 SP、跨层用户处理器接口板 SPI、电源 A 板、用户层背板 BSLC 组成了用户单元，结构如图 3-24 所示。用户单元是交换机与用户之间的接口单元，分布在 PSM、RSM 和 RLM 中。每个用户单元占用 2 个机框，数字用户板 DSLC 和模拟用户板 ASLC 可以混插。BSLC 板是为用户单元各单板安装和连接的母板。用户单元中的每个单板称为一个子单元。

POWA		SLC	SLC	SLC	SLC	SLC	SLC	SLC	SLC	SLC	SLC	SLC	SLC	SLC	SLC	SLC	SLC	SLC	SLC	SLC	SLC		SPI	SPI	POWA
1	2	3	4	5	6	7	8	9	10	11	12	13	14	15	16	17	18	19	20	21	22	23	24	25	26	27
POWA		SLC	SLC	SLC	SLC	SLC	SLC	SLC	SLC	SLC	SLC	SLC	SLC	SLC	SLC	SLC	SLC	SLC	SLC	SLC	SLC	MTT	TDSL	SP	SP	POWA

图 3-24　用户框单板配置

1. 用户板

用户板又称为用户接口电路，用于将用户连入程控交换机，分为模拟用户板 ASLC 和数字用户板 DSLC，处于用户框 3～22 槽位。模拟用户板的作用是连接模拟用户与交换网，一般来讲，一块模拟用户板可以最多接入 24 个模拟用户，即连接 24 部模拟电话，而一块数字用户板最多可以连接 12 个数字用户。在主控柜机架中用户框满配置情况下，一个用户单元可以插入 40 块模拟用户板，容量为 960 个模拟电话，或者是插满 40 块数字用户板，最多接入 480 个数字电话。

思考：要接入 315 个模拟电话用户，请问最少需要多少块模拟用户板？

用户板的用户槽位（3～22）也可以混插二线实线中继 ABT、载波中继（2400/2600 Hz SFT）、E&M 中继等模拟中继。

ASLC 有七大主要功能，如表 3-6 所示。

表 3-6　模拟用户板的主要功能

功　　能	内　　容
馈电	由交换机给用户电话机等终端-48 V 或-60 V 恒流的方式馈电
过压保护	使得雷击、市电触碰或其他方式的过电压侵扰用户线路时，用户电路及交换机内其他部分不受破坏
振铃	向用户电话机等终端馈送通知铃流
监视	扫描用户线状态并检测摘挂机信号
编解码	完成话音信号的 A/D 变换和 D/A 变换
混合电路	二/四线混合转换
测试接口	为用户电路的内外线测试而设置的接口电路

ASLC 板的指示灯非常简单，主要有运行灯和故障灯。单板正常运行时，运行灯为绿色常亮；当有故障时，故障灯为红色。表 3-7 给出了模拟用户板的指示灯。

表 3-7　模拟用户板指示灯

RUN（绿灯）	FAU（红灯）	状态
1 Hz 闪	灭	正常
与红灯同步 1 Hz 闪	1 Hz 闪	上 12 路无铃流，下 12 路正常
与红灯交替 1 Hz 闪	1 Hz 闪	下 12 路无铃流，上 12 路正常
1 Hz 闪	常亮	上、下 12 路均无铃流
不闪	常亮	无时钟
10 Hz 闪		与 SP 通信中断或数据未配

DLSC 提供基本速率接口（BRI，Basic Rate Interface），负责接收、发送交换机侧的 2B+D 数据（一个 B 信道的带宽是 64 kb/s，用来传输数据，D 信道带宽是 16 kb/s，主要用来传输控制指令）。它主要用于 N-ISDN 业务，如数字传真、拨号上网业务等。表 3-8 给出了数字用户板的指示灯情况。

表 3-8　数字用户板指示灯

灯名	颜色	含义	说明	正常状态
RUN	绿	正常运行指示灯	1 Hz 闪：表示与 SP 通信正常 5 Hz 闪：表示与 SP 通信故障 无规律闪烁：表示接收到用户信令	1 Hz 闪（空闲或占用）或无规律闪烁（呼叫）
FAU	红	故障状态指示灯	亮：表示故障 5 Hz 闪：表示单板初始化状态或时钟丢失灭：表示单板运行正常	灭

2. 用户处理器板和用户处理器接口板

用户处理器板 SP 是交换机的前置设备，一个用户单元配两块，互为主/备用的工作方式，占据下一层的 25、26 板位。SP 板向用户板及测试板提供 8 MHz、2 MHz、8 kHz 时钟；提供两条双向话路（一条电缆）使用的 8 Mb/s HW 线，连接至 T 网，另外，SP 还有 4 条 2 Mb/s HW 线供两块多功能测试板高阻复用，提供测试通路和资源板信号通路。需要的时候，实现用户单元内的话路接续。

SPI 板是用户处理器接口板，为 SP 与另一层 SLC、MTT 提供联络通道。SPI 板把 SP 发向 SLC 的信号经转换、驱动送到 SLC。SPI 主备切换，支持热插拔，SP 板可对 SPI 实行监控从而能检测到每板的工作状态，其主/备状态由 SP 板决定。从 SP 接受 8 MHz、8 kHz 系统时钟并转换成 SLC、MTT 所需的 2 MHz/8 kHz 和 4 MHz/8 kHz 时钟。

3. 多功能测试板

多功能测试板 MTT 板位于 23、24 板位，实现用户线、用户话机的硬件测试（用户久不挂机，可向用户送催挂音），还可对交换机用户单元进行自诊断测试。在 RLM 自交换时可作为 DTMF 收号器、TONE 音资源使用。在远端用户单元 RLM 中，当 RLM 与母局间的连接发生故障时，MTT 使单元内部用户之间的呼叫接续得以实现，并对用户呼叫进行计费暂存储，待故障恢复后转发给母局 MP，这时 MTT 实现了信号音和 DTMF 收号的功能。但以上两项功能不能同时进行，任意时候只允许有一项任务进行。MTT 板如果无时钟，则故障灯和运行灯交替闪亮；在正常状态下，运行灯处于均匀慢闪态。

4. POWA 板

POWA 板是用户层集中供电的电源板，由机架汇流条供电，三路输入，包括-48 V、地（-48 V GND）和保护地（GNDP）。POWA 板可提供 75 V 铃流电压，并提供-48 V/5 A 直流馈电。同层左右电源能并联使用，采用同层 1+1 备份方案，即一块电源板能单独提供一层供电。铃流输出通过继电器控制，单电源板时供整层铃流，双电源板时，左边板供上半层铃流，右边板供下半层铃流。电源板的输入、输出具有保护功能，即能对输入过压、过流及反接保护。输出+5 V、-5 V、-75 V 可微调电压。

用户单元与 T 网的连接是通过两条 8M 的 HW 线实现的。每条 HW 线的最后两个时隙（TS126、TS127）用于与 MP 通信；倒数第三个时隙（TS125）是忙音时隙；两条 8M 的 HW 线的其余 250 个工作时隙是由 SP 通过 LC 网络动态分配给用户使用，SP 根据某用户在摘机队列中的次序分配时隙给该用户，一旦时隙占用满，由 SP 控制通过忙音时隙给后续的起呼者送出忙音，因此用户单元可以实现 1:1~4:1 的集线比。用户单元时隙动态分配示意图如图 3-25 所示。

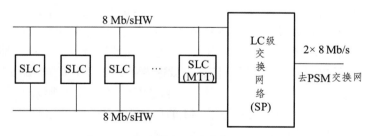

图 3-25 用户单元时隙动态分配示意图

3.4.2 交换框

交换框位于控制架的第三框，位于第三槽位的基准时钟板 CKI 和 4、7 槽位的同步振荡时钟板 SYCK 组成了时钟单元，位于 10、12 槽位的一对 DSN 交换网板、13-20 槽位的 4 对驱动板 DSNI、21、22 槽位的 1 对光纤接口板 FBI 及交换网背板 BNET 组成了数字交换单元。其机框结构如 3-26 所示。数字交换网板 DSN 是交换网的核心，好比人的心脏；DSNI 和 FBI 是连接 DSN 的接口单板，好比连接心脏的血管，把来自功能单元的信息在主控单元的消息控制下在 DSN 完成交换并输出。数字交换实质上就是把与 PCM 系统有关的时隙内容在时间位置上进行搬移，因此数字交换也叫时隙交换。

1	2	3	4	5	6	7	8	9	10	11	12	13	14	15	16	17	18	19	20	21	22	23	24	25	26	27
P O W B		C K I	S Y C K			S Y C K			D S N		D S N	D S N I	D S N I	D S N I	D S N I	D S N I	D S N I	D S N I	D S N I	F B I	F B I					P O W B

图 3-26　交换网框单板配置

数字交换单元的主要功能体现在：

（1）支持 64 kb/s 的动态话路时隙交换，包括模块内、模块间及局间话路接续。

（2）支持 64 kb/s 的半固定消息时隙交换，实现各功能单元与 MP 的消息接续。

（3）支持 n×64 kb/s 动态时隙交换，可运用于 ISDN H0 H12 信道传输及可变宽模块间通信（$n \leq 32$）。

1. 数字交换网板及交换网络

DSN 板单板容量为 8K×8K，可成对地独立用于外围交换模块中组成一个 T 网，也可由若干对组成多平面作为 S 网使用。

交换网络相当于一个由若干入线和若干出线构成的开关矩阵。每条入线和出线构成的交叉接点类似于开关电路，平时是断开的，当选中某条入线和出线时，对应的交叉接点才闭合。实际中的开关矩阵叫接线器，接线器的入线接主叫用户接口电路。数字交换网络由数字接线器组成，有两种形式的数字接线器：时间（T）接线器和空间（S）接线器。时间（T）接线器完成时隙交换，空间（S）接线器完成不同 PCM 总线上的交换。

时间接线器又叫 T 接线器，其主要部件是动态随机存储器 RAM，包括话音存储器（SM，Speech Memory）和控制存储器（CM，Control Memory）及计数器三部分。

SM 是用来暂时存储话音脉冲信息的，故又称"缓冲存储器"，每个单元存放一个时隙的内容，即存放一个 8 bit 的编码信号，故 SM 的单元数等于 PCM 复用线上的时隙总数。

CM 是用来寄存话音时隙地址的，又称为"地址存储器"或"时址存储器"。其作用是寄存话音信息在 SM 中的单元号，如某话音信息存放在 SM 的 2 号单元中，那么在 CM 单元中就应该写入"2"。通过在 CM 中存放地址，从而控制话音信号的写入或读出。一个 SM 单元号占用 CM 的一个单元，故 CM 的单元数等于 SM 的单元数。CM 每单元的字长则由 SM 总单元数的二进制编码字长决定。

时分接线器的工作方式有两种：一种是"控制写入，顺序读出"；另一种是"顺序写入，控制读出"。"顺序写入和顺序读出"的"顺序"是指按照话音存储器地址的顺序，可由递增计数器来控制；而"控制读出和控制写入"的"控制"是指按照控制存储器中已规定的内容（即话音存储器的地址）来读或写话音存储器。至于控制存储器的内容则是由处理机根据呼叫处理程序在来话分析被叫摘机后写入，在双方挂机后清除。这也是程控交换机程序控制电话交换的核心内容。

以"顺序写入，控制读出"方式为例，时分接线器的工作原理如下：设图 3-27 中的 T 型接线器的输入和输出线为同一条有 72 个时隙的 PCM 复用线。如果占用 TS_7 的用户 A 要和占用 TS_{20} 的用户 B 通话，在 A 讲话时，就应该把 TS_7 的话音脉冲信息交换到 TS_{20} 中去。在计数器 A 产生的地址信息的控制下，在 TS_7 时刻把输入线上的 8 位码写入 SM 内的地址 7 的存储单元内，即用户 A 的话音脉冲信息在 TS_7 被暂存到了 SM 的第 7 个单元中。而脉冲信息的读出是受 CM 控制的，在 TS_{20} 时刻，由于计数器的作用，CM 的 20 单元要起作用，其内容是"7"，表示在该时刻要从 SM 的第 7 单元中读取信息到输出 PCM 复用线上。这样，通过在 TS_{20} 时刻用 CM 的数据输出"7"去控制 SM 的地址选通，用户 A 的话音脉冲就被读出在 PCM 复用线上，并且这个话音脉冲信息经过 T 型接线器后占用了 TS_{20}。由于 TS_{20} 是被分配给用户 B 的，于是就完成了用户 A 到用户 B 方向的话音交换。同理，用户 B 讲话时，应该把 TS_{20} 的话音脉冲信息交换到 TS_7 中去，这一过程和上述过程相似，只是写入 SM 的时刻是 TS_{20}，读出的时刻是 TS_7，暂存话音脉码的 SM 单元号是 20。

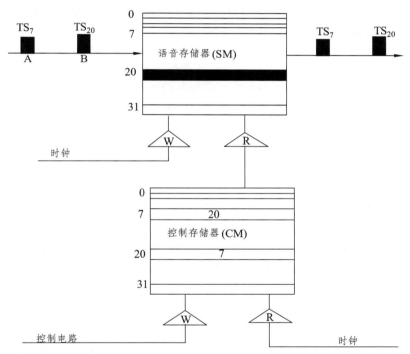

图 3-27　T 型接线器（顺序写入，控制读出）

在时分接线器进行时隙交换的过程中，话音脉码信息要在 SM 中暂存一段时间（这段时间小于 1 帧）。这说明在数字交换中会出现时间延迟，另外也可得知，PCM 信码在时分接线器中需每帧交换一次，如果用户 A（TS_7）和用户 B（TS_{20}）的通话时间为 2 min，上述时隙交换就要进行 96 万次之多。

"控制写入，顺序读出"的方式是通过利用 CM 事先设定输入顺序，当不同时隙的内容进入 SM 时不再是依次从 1 单元、2 单元……放入，而是根据 CM 的控制，放在指定的单元里，读出的时候，依次输出就可以了。

两种方式的 T 型接线器可以实现相同的结果，一般我们采用顺序写入、控制读出的方式较多。

SM 和 CM 的存储单元数相同，都是由输入或输出 PCM 复用线内每帧的时隙数所决定的，两者数量相同。SM 的每个单元的位数取决于每个时隙中所含的码位数。图 3-27 所示为 30/32 路系统，每个时隙 8 位码，所以 SM 共有 32 个单元，每个单元长为 8 位。CM 的单元需存储 SM 的地址数，因此在本例中只需 5 位长，因为 $2^5=32$，用 5 位二进制数即可区分 32 个 SM 单元。

应当指出，对于时分接线器，无论哪一种工作方式，都是将属于不同时隙的信码存入到不同位置的 SM 单元中去，即把在时间上区分的信码存入到不同位置的 SM 单元中，也就是把时间上区分的信码转化为空间上区分的信码，这意味着时分接线器是由空间的改变来实现时隙交换的，所以可以说时分接线器是按空分方式工作的。

目前时分接线器中的存储器可采用通用高速 RAM，交换的时隙数可高达 4 096 个。其中大容量交换机一般采用数字交换集成芯片，以扩大容量，提高效率，增强可靠性并降低成本。

不难看出，交换的时隙越多，交换的能力越强，所以我们可以用交换时隙来表示交换的容量。DSN 单板容量为 8K×8K=8192 时隙，而 HW 总线速度为 8 Mb/s，有 128 个时隙，因而 DSN 提供 64 条 HW 线，HW 号为 HW0 ~ HW63。

2. DSNI 板

DSNI 数字交换网接口板是提供 MP 与 T 网和各功能单元与 T 网之间信号的接口，并完成 MP、SP 与 T 网之间各种传输信号的驱动功能。DSNI 可以分为 MP 级别的 DSNI 板——DSNI-C 和 SP 级别（也称为功能级别）的 DSNI 板——DSNI-S。DSNI-C 用于 MP 与 T 网的通信，位于第三框的 13、14 槽位，采用负荷分担的方式；DSNI-S 用于 SP 与 T 网的通信，位于第三框的 15 ~ 22 槽位，采用主/备用的工作模式。DSNI-S 板和板 DSNI-C 工作方式和功能都不相同，通过跳线可以转换。

当 T 网主/备倒换，SP 级驱动接口板只有一块时，运行状态不变；当 SP 级驱动板有两块板时，驱动板随 T 网的主/备倒换相应倒换。DSNI-C 采用负荷分担方式，正常情况下不存在倒换问题；MP 一旦发现中间一块驱动板工作不正常，强制另一块驱动板全负荷工作。考虑到工作时的可靠性，DSNI 接口板还具有手动主/备倒换、时钟故障自动倒换功能。当备板为故障板时，主用板不能倒换为备用板。

3. FBI 板

第三框 21、22 槽位可用于光接口板 FBI 的接入，FBI 板实现光电转换功能，提供 16 条 8 Mb/s 的光口速率，当两模块之间的信息通路距离较远，而传输速率又较高的时候，ZXJ10 机提供 FBI 光纤传输接口实现模块间连接。

4. CKI 板

程控交换机的时钟同步是实现通信网同步的关键。ZXJ10 的时钟单元由基准时钟板 CKI 和同步振荡时钟板 SYCK 组成。CKI 板位于交换框的第 3 槽位，SYCK 位于 4、7 槽位，成对存在，互为主备用。DSNI-C 向控制框提供时钟驱动。该同步时钟系统为整个系统提供统一的时钟，又能对高一级的外时钟进行同步跟踪。时钟单元与数字交换网单元共用机框 3 交换网框，BNET 板为其提供支撑及板间连接。CKI 提供外部时钟基准的接口（BITS），SYCK 为整个 BNET 框的所有单板提供时钟，并通过 DSNI 向模块中的其他单元提供时钟。

CKI 板是基准时钟板，可以为 SYCK 板提供 2.048 Mb/s（跨接或通过）、5 MHz、2.048 MHz 的接口，其主要功能如下：

（1）接收从 DT 或 FBI 平衡传送过来的 8 kHz 时钟基准信号。

（2）循环监视各个时钟输入基准是否降质、各路时钟基准有无的状态，并通过 FIFO 传送到 SYCK 板。SYCK 将此信息通过 RS485 接口上报给 MON，再报告给 MP。SYCK 根据基准输入的种类通知 CKI 选取某一路时钟作为本系统的基准。

（3）实现手动选择时钟基准信号，将信号输出给 SYCK。

SYCK 从交换机的监控板获得选择基准命令，若要选择 CKI 的某一基准，则必须通过一定途径将信息传给 CKI 以控制它输出某一基准。另一方面，CKI 也须不断地通过 SYCK 向监控板报告当前基准的状况。这就要求 CKI 必须要与 SYCK 进行通信。

SYCK 与 CKI 板的通信是通过 FIFO 芯片 IDT7282 实现的，利用该芯片构成的电路可以实现数据双向流动，即 SYCK 与 CKI 可同时读写 IDT7282，从而在 SYCK 与 CKI 之间建立了一条双向的通信链路。

5. SYCK 板

SYCK 板是时钟振荡同步板，与基准时钟板 CKI 配合，负责同步于上级局时钟或者是 BITS 设备，为整个系统提供统一的时钟，为本模块各个单元提供时钟。

同步振荡时钟板 SYCK 的主要功能：

（1）可直接接收数字中继的基准，通过 CKI 可接收 BITS 接口、原子频标的基准。

（2）为保证同步系统的可靠性，SYCK 板采用两套并行热备份工作的方式。

（3）ZXJ10 同步时钟采用"松耦合"相位锁定技术，可以工作于四种模式，即快捕、跟踪、保持、自由运行。

（4）本同步系统可以方便地配置成二级时钟或三级时钟，只需更换不同等级的晶振和固化的 EPROM，改动做到最小。

（5）整个同步系统与监控板的通信采用 RS485 接口，简单易行。

（6）具有锁相环路频率调节的临界告警，当时钟晶体老化而导致固有的时钟频率偏离锁相环控制范围（控制信号超过时钟调节范围的 3/4）时发出一般性告警。

（7）SYCK 板能输出 8 MHz/8 kHz 时钟信号 20 路，16 MHz/8 kHz 的帧头信号 10 路。为了提高时钟的输出可靠性及抗干扰能力，采用了差分平衡输出。

ZXJ10 单模块独立成局时，本局时钟由 SYCK 同步时钟单元根据由 DTI 或 BITS 提取的外同步时钟信号或原子频标进行跟踪同步，实现与上级局或中心模块时钟的同步。为保证同步系统的可靠性，SYCK 板采用两套并行热备份工作的方式。

多模块局时，本局同步时钟基准信号由 SNM 模块提供，各外围模块（PSM，RSM）由与 SNM 模块对接的 DTI 域 FBI 从传输线路上提取此基准时钟信号（E8K），将此基准时钟送至本外围模块的时钟同步单元进行跟踪同步，从而达到外围模块与 SNM 模块时钟的同步。在这种成局方式下，其中一个模块从局间连接的 DTI 或从 BITS 提取到外同步信号或原子频标，实现与外时钟同步，其基本形式如图 3-28 所示。然后通过模块间连接的 DTI 或 FBI，顺次将基准时钟传递到其他模块。这里的外基准同步信号可能是 DTI 提取的时钟、BITS 时钟等。CKI 板提供 BITS 时钟接口，如果不使用 BITS 时钟，则系统可以不配置 CKI 板。本系统最高时钟等级为二级 A 类标准。

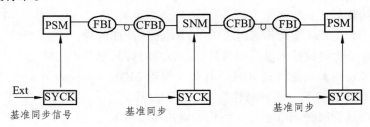

图 3-28　时钟同步示意图

SYCK 板本身具有时钟接收电路，可以接收四路来自数字中继板 DTI 和光接口板 FBI 平衡传送过来的 8 kHz 时钟基准信号。这样，在没有 BITS 等时钟基准的情况下，可以不使用时钟基准板 CKI。另外也可以通过 CKI 板接收 BITS 时钟，SYCK 同步于接收进来的时钟，并通过时钟处理电路为本模块的各个单元提供所需要的时钟。图 3-29 给出了 SYCK 的基本原理。

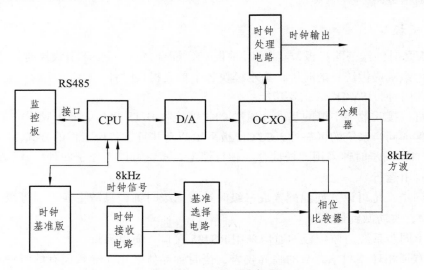

图 3-29　SYCK 原理框图

值得注意的是，SYCK 板可以带电插拔，但严禁拔主用板。如果要拔主用板，要先将它倒换为备用。

6. POWB 板

POWB 为 ZXJ10（V10.X）控制层、交换网层及数字中继层集中供电，采用-48 V 直流输入，提供+5V（60A），+12V（2A），-12V（2A）直流输出。单层并联使用，具备 1+1 备份功用。要把电源启动时的浪涌电压抑制吸收，并做到安全带电插拔，最大输入浪涌电流小于 14 A。由弱电开关控制电源输出通断，并且+12 V 输出相对+5 V 输出有几十毫秒延时；当输出电压超出标称值的+10%范围时发生告警，直流输出纹波小于 60 mV，输出高频噪声小于 500 mV。

当输入反接或负载短路时，EA 熔丝可靠熔断，有过压保护。

这里要注意与用户框的电源 POWA 进行区分，POWA 只用在用户框，可以为用户提供铃流，而 POWB 没有提供铃流的作用，所以 POWB 不能替代 POWA。

3.4.3 主控框

主控框位于控制架的第 4 框，其单板构成主控单元，如图 3-30 所示。主控单元由 1 对主备模块处理器板 MP、共享内存板 SMEM、通信板 COMM、监控板 MON、环境检测板 PEPD 和控制层背板 BCTL 组成。BCTL 为个单板提供总线并为各单板提供支撑。

	1	2	3	4	5	6	7	8	9	10	11	12	13	14	15	16	17	18	19	20	21	22	23	24	25	26	27
4	POWB		SMEM			MP				MP			MP	MP	MP	MP	MP	MP	MP	MP	STB	STB	STB	V5	PEPD	MON	POWB

图 3-30 主控框单板配置

所有交换机单元、单板都受到主控单元的监控，主控单元在各个处理器之间建立消息链路，为软件提供运行平台，满足各种业务需要。主处理器板 MP 就像是交换机的大脑，控制着整个交换机的工作，通过以太网接收后台对本模块的配置升级并向后台报告状态，完成模块内部通信的处理及模块间的通信处理，如图 3-31 所示。

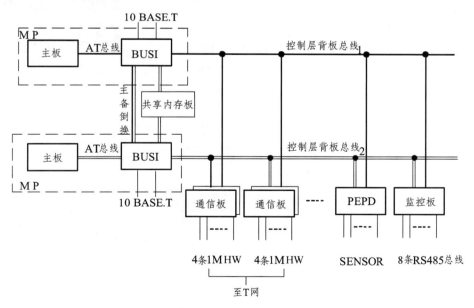

图 3-31 主控单元的原理

1. MP

模块处理器 MP 是交换机各模块的核心部件，它相当于一个功能强大且低功耗的计算机，位于程控交换机的控制层，该层有两个 MP，占据槽位 6、7、8 和槽位 10、11、12，互为主/

备用。目前常用的 MP 硬件版本包括 MP B0111、MP B9908、MP B9903。各种硬件版本 MP 的功能基本相同，但是硬件配置和性能随着硬件版本的升级而逐步增强。

（1）MP 的主要功能：

① 控制交换网的接续，实现与各外围处理单元的消息通信；

② 提供总线接口电路，提高 MP 单元对背板总线的驱动能力，并对数据总线进行奇偶校验、总线监视和禁止；

③ 分配内存地址给通信板 COMM、监控板 PMON、共享内存板 SMEM 等单板，接收各单板送来的中断信号，经过中断控制器集中后由 MP 处理；

④ 提供两个 10M 以太网接口，一路用于连接后台终端服务器，另一路用于扩展控制层间连线；

⑤ 负责前后台数据命令的传送；

⑥ 提供主备状态控制，主/备 MP 在上电复位时采用竞争获得主/备工作状态，主备切换有四种方式：命令切换、人工手动切换、复位切换、故障切换；

⑦ 其他服务功能，包括 Watchdog 看门狗功能、节点号设置、各种功能的使能/禁止等。

（2）MP 面板按钮及信号灯。

MP 面板有 3 个按钮，如图 3-32 所示。SW：倒换按钮。只有主用板才能倒换，按倒换按钮 FAU 灯会闪亮一次。RST：复位按钮。ON/OFF：电源开关，按下电源打开。

图 3-32　MP 面板及信号灯

面板下方有一个小盖板，其中有键盘和显示器接口，用于调试。正常使用时应将小盖板装上。

MP 的面板信号灯说明，如表 3-9 所示。

表 3-9　MP 的面板信号灯说明

灯名	颜色	含义	说明	正常状态
RUN	绿	运行指示灯	常亮：表示电路板没有运行版本或不正常； 常灭：故障； 1 s 亮 1 s 灭：表示电路板运行正常	1 s 亮 1 s 灭
FAU	红	状态或故障指示灯	常亮：表示 MP 故障； 灭：表示 MP 正常	灭或闪亮
MST	绿	主用指示灯	常亮：表示本板为主用板	主用时常亮
RES	绿	备用指示灯	常亮：表示本板为备用板	备用时常亮

（3）拨码开关，各硬件版本 MP 的单板上都只有一个拨码开关，位于 MP 板中间偏右下方，

为 8 位拨码开关。开关"ON"代表"0";"OFF"代表"1"。

MP B0111 和 MP B9908 板上拨码开关的功能是相同的，拨码开关的不同组合有下列 3 个功能；而 MP B9903 只有下列第一、第二个功能，不具备第三个功能，即硬件狗的功能。

① 模块号：拨码开关按二进制编码，开关第 1 位为低位，第 7 位为高位，组成的二进制数范围为 0000001B ~ 1111111B，即模块号为 1 ~ 127 号。

② 初始化：将 8 位拨码开关拨成组合为"10000001"（十进制的 129）后开机，MP 将格式化硬盘，并装载初始版本。大约 5 min 完成，之后再关机并拨回到原来的模块号。值得注意的是，这样一来，C 盘内原数据将全部丢失，而且也没有任何提示！另外还需重新设置区号、局号等配置文件中的信息。

③ 硬件狗：拨码开关的第 8 位"ON"启动硬件狗(版本没有正常运行时会复位 MP)，"OFF"时禁止，用于调试。注意：当 MP 为 1 号模块时，第 8 位不能置成"OFF"。1 号模块没有调试模式，硬件狗始终是启动的。如果 1 号模块又将第 8 位置"OFF"时即为上面的第二功能——将格式化硬盘。

（4）MP 上目录文件。在 MP 硬盘的 C 盘根目录下，存放有以下几个主要目录：

① 操作系统目录：C:\DOS、C:\DOSRMX。两个目录分别用于存放 DOS 操作系统和 IRMX 操作系统的相关文件。启动→按住 Shift 键，可进入 DOS 操作系统。

② 版本文件目录：C:\IVERSION，用于存放 MP 版本文件 ZXJ10B。

③ 数据文件目录：C:DATA，用于存放后台传送到前台的配置文件。在 DATA 目录下还有 3 个目录，分别是 TEMP、V0100、V0101。其中 TEMP 称为临时目录，保存后台传送到前台的数据文件，当 MP 作为备机时，该目录保存主机同步到备机的数据；这两个目录保存交换机运行的所有数据（包括动态数据，如激活的新业务等），互为备份，正常情况下该两个目录内容一致正常情况下，这两个目录下的文件应该完全一致。

④ 配置文件目录，C:\CONFIG，用于存放 MP 配置文件 TCPP.CFG。该文件存放的配置信息如表 3-10 所示，包括交换局的区号、局号及后台服务器的点号等信息，必须与后台设置一致。

表 3-10 MP 配置文件目录包含信息

LOCAL AREA CODE	区号
ZXJ10B NUMBER	局号
TCP-PORT	5000
NTSERVER	129
JFSERVER	130

2. SMEM 板

SMEM 板占据主控层的第 3 板位，提供主备 MP 间通信通道，实现数据同步。

3. COMM 通信板

（1）通信板分类。

通信板位于 13 ~ 24 板位，包括模块间通信板 MPMP、模块内通信板 MPPP、No.7 信令板

STB、V5 信令板和 U 卡通信板（IDSN 话务台通信板）。

①MPMP 固定在 13、14 槽位，在多模块连接时提供各模块 MP 之间的消息传递通道。

②MPPP 提供模块内 MP 与各外围子单元处理机（PP）之间的信息传递通道。其中固定由 15、16 槽位的一对 MPPP 提供 MP 对交换网板的时隙交换，接续控制通道。

MPMP 和 MPPP 都是成对出现，提供的消息传递通道称为通信端口，通信端口是由通信时隙构成的，这些通信时隙也称为 HDLC 信道。每块 COMM 通信板都能提供 32 个时隙，每块 MPMP 或 MPPP 最多可同时处理 32 个 HDLC（高速数据链路协议）信道。1 对 MPMP 板可以处理 8 个模块的消息（单模块成局时可不配置），1 对 MPPP 板能处理 32 个模块内通信端口。

③No.7 信令板 STB，每板提供 8 条链路，即提供 8 个 No.7 信令信息的处理通道。

④V5 信令板每板提供 16 条链路，即提供 16 个 V5.2 信令信息的处理通道。

⑤ISDN UCOMM 板每板提供 32 条链路，即提供 32 条 ISDN 话务台用户与 MP 之间的消息传递通道。

（2）通信板指示灯。

运行灯绿灯为正常运行指示灯，故障灯红灯为错误状态指示灯。当 COMM 板故障或没配数据时，故障灯常亮或运行灯快闪。上电自检时，MPMP 和 MPPP 板在上电时运行灯和故障灯一起闪，周期约为 0.5 s，正常后运行灯慢闪。模块间通信正常时，运行灯有规则慢闪，如果模块间通信中断，运行灯无规则闪。No.7 信令板：上电时运行灯快闪 4 s，然后运行灯慢闪；每块信令板上的 8 条七号链路中，有链路激活时，运行灯快闪，否则运行灯慢闪。V5 信令板上电时运行灯快闪 1 s，然后运行灯慢闪；每块信令板上的 16 条 V5 链路中，任意一条链路激活时，运行灯无规则闪动。

4. 监控板 MON

对所有不受 SP 管理的单板（如电源板、光接口板、时钟板、交换网驱动板等）进行监控，并向 MP 报告。监控板只有一块。提供 10 个异步串口，包含 8 个 RS485 接口和 2 个 RS232 接口。每个 RS485 串口可接若干个单板，与各单板通信采用主从方式，监控板为主，单板为从。每次都先由监控板主动发出查询信号，之后才由要查询的单板发出响应及数据信息。监控板对发来的数据进行处理判断，如发现异常，向 MP 报警。监控板上电复位时，运行灯快闪，故障灯常亮，正常后运行灯慢闪，故障灯灭。

5. 环境监测板 PEPD

PEPD 板位于控制层 25 槽位，对环境进行监测，并把异常情况上报 MP 作出处理。其主要功能：

（1）对机房环境进行监测：温度、湿度、烟雾、红外；

（2）通过指示灯显示异常情况类别，并及时上报 MP。

3.4.4 中继框

中继框位于 ZXJ10 程控交换机的中继层，机框 5 和 6，为数字中继接口板 DTI、模拟信令接口板 ASIG 及光接口板 ODT 提供支撑，同时背板提供保护地。

数字中继单元主要由数字中继板 DTI 和中继层背板 BDT 构成，模拟信令单元由模拟信令板 ASIG 和背板 BDT 组成，在物理上数字中继单元与模拟信令单元共用相同机框，中继单元与模拟信令单元数量的配比将根据系统容量及要求具体确定。BDT 是 DTI 板和 ASIG 板安装连接的母板，其单板配置如图 3-33 所示。BDT 背板支持 DTI 或 ASIG 板的槽位号为 3N 和 3N+1（N=[1，2，3，4，5，6，7，8]）。

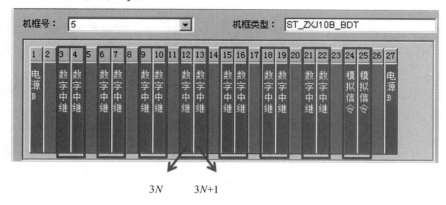

3N　　　3N+1

图 3-33　中继框单板配置

1. 数字中继板 DTI

DTI 板是数字中继接口板，一般在中继框的 3N 和 3N+1 板位插入，可用于局间数字中继、ISDN 基群速率接入（PRA）及多模块内部的互联链路。其功能主要有码型变换、帧同步时钟的提取、帧同步及复帧同步、信令插入和提取及检测告警等，如表 3-11 所示。每块 DTI 板电路板有 4 条中继出入电路（E1 接口），容量为 120 路数字中继用户。每个 E1 称为一个子单元。数字中继单元与 T 网通过一条 8 Mb/s 的 HW 相连，HW 的最后两个时隙作为 DTI 板与 MP 的通信时隙。

表 3-11　数字中继单元的功能

数字中继的功能	说明
码型变换功能	将入局 HDB3 码转换为 NRZ 码，将局内 NRZ 码转换为 HDB3 码发送出局
帧同步时钟的提取	即从输入 PCM 码流中识别和提取外基准时钟并送到同步定时电路作为本端参考时钟
帧同步及复帧同步	根据所接收的同步基准，即帧定位信号，实现帧或复帧的同步调整，防止因延时产生失步
信令插入和提取	通过 TS16 识别和信令插入提取，实现信令的收
检测告警功能	检测传输质量，如误码率、滑码计次、帧失步、复帧失步、中继信号丢失等，并把告警信息上报 MP

在接收侧，DTI 通过中继接口芯片及外围电路接收线路上送来的 2048 kb/s 的基带信号，在 E1 方式下，此基带信号的传输码型为 HDB$_3$ 码。同时中继接口电路对信号进行均衡、码型变换，并恢复数据和时钟，提取网管、信令、告警等信息并进行成帧处理。CPU 读取中继接口的信令及告警等信息做适当的处理，并达成 HDLC 包送到相应的 HDLC 通道，通过单板内部交换网的交换使之和话路（或数据）进行组合，最后以 8.192 Mb/s HW 差分方式送到 DSNI 板。

在发送侧，DTI 接收 DSNI 板以差分方式送来的 8.192 Mb/s HW，通过本地交换分离话路（或数据）和信令及网管消息。信令和网管消息以 HDLC 包的形式由通信处理单元处理，并且本局需要将信令或网关信息插入到中继接口芯片的发送码流中。话路信号（或数据）分别送到中继接口芯片，进行发送成帧处理后转换成 HDB₃ 码给对端。

2. 模拟信令板

为实现信号音的产生、发送与接收功能，以及实现三方会议电话的功能，ZXJ10 交换机特意采用 ASIG 板来作为交换机的公共资源提供给交换机的各个接口电路使用。ASIG 板与 DTI 板二者单板插针引脚相同，故可任意混插，也位于中继框的 3N 和 3N+1 板位。

模拟信令单元可以提供的主要功能包括 MFC（多频互控）、DTMF（双音频收/发器）、TONE（信号音及语音电路）、CID（主叫号码显示）、CONF（会议电话）等，具体取决于 ASIG 板的软硬件版本。一块 ASIG 板分成两个子单元。每块 ASIG 板提供 120 个电路，分为 2 个子单元，对于 DTMF、MFC 的接收和发送，一个 ASIG 子单元可配置 60 路。一个 ASIG 子单元也可为 TONE 信号音及话音通知音的发送或者会议电话功能 CONF 配置 60 路。但是一个子单元只能为有 CID 主叫号码显示的话机送出主叫信息配置 30 路。

模拟信令板从 CPU 处理芯片上分为 Intel 386 和 Motorola 860 两种，通常称之为 386 或 860 的模拟信令板。对于 386 的模拟信令板又分为音板（TONE）和双音多频板（DTMF），对于 DTMF 板的两个子单元可分别作双音多频、多频记发器或主叫号码显示资源；而 TONE 板的两个子单元可分别作双音多频、多频记发器、主叫号码显示、会议电路（是 30 路的会议电路）、音子单元（是 4M 的音单元）或音检测电路资源，但是两个子单元中只能有一个单元设置为会议电路（是 30 路的会议电路），即一块 386 的 TONE 板只能提供一个 30 路的会议电路资源。对于 860 的模拟信令板目前有 3 种硬件单板，分别称作 Asig-1、Asig-2、Asig-3。Asig-1 模拟信令板元器件全部装焊，两个子单元可分别作双音多频、多频记发器、主叫号码显示、音检测电路、60 路会议电路、64M 音板、多频 MF 或 FSK 资源。Asig-2 模拟信令板因无 FLASH 和会议芯片，两个子单元可分别作双音多频、多频记发器、主叫号码显示、音检测电路、多频 MF 或 FSK 资源。Asig-3 模拟信令板因只第一个子单元有 FLASH，无会议芯片，两个子单元可分别作双音多频、多频记发器、主叫号码显示、音检测电路、64M 音板、多频 MF 或 FSK 资源，其中只能有 1 个子单元能配置成 64M 音板资源。

通常模拟信令单元采用与数字中继单元完全一样的方式实现 T 网连接和与 MP 通信，即 ASIG 单元到 T 网为一条 8 Mb/s 的 HW 线，占用 HW 的最后 2 个时隙与 MP 通信。

3. 光中继板 ODT

中继层也可以支持光中继板（ODT 板），ODT 板的功能和 DTI 的功能相同，但是 ODT 板提供光接口，且一块 ODT 板的传输容量为 512 个双向时隙，相当于 4 块 DTI 板的传输容量，所以一块 ODT 需要占用 4 条 8 Mb/s HW 线与 T 网连接。

4. 16 路数字中继板 MDT

中继层也支持 16 路数字中继板（MDT 板），MDT 板的功能和 DTI 的功能相同，但是 MDT 板传输容量也是 512 个双向时隙，相当于 4 块 DTI 板的传输容量，即能提供 16 个 E1 接口。

3.4.5 背板连线

1. HW 线

程控交换机的用户单元、数字中继单元及模拟信令单元通过 HW 线与交换单元的 DSNI 板相连接。T 网的交换容量为 8K×8K，共有 64 条 8 Mb/s 的 HW 线，编号为 HW0～HW63。

（1）HW0～HW3。

DSN 板提供的 64 条 8 Mb/s 的 HW 线中，HW0～HW3 共 4 条 HW 线用于消息通信，通过 DSNI-C 板连接到 COMM 板。这 4 条 8 Mb/s HW 线经 DSN-C 板后降速成 32 条 1 Mb/s HW 线，从 DSNI-C 的后背板槽位引出分别接入各 COMM 板，如图 3-34 所示。在背板上 32 条 1Mb/s HW 的接头分别用标号 MPC0～MPC31 来表示，MPC0 与 MPC2 合成一个 2M 的 HW 连接到 COMM#13，MPC1 与 MPC3 合成一个 2 Mb/s 的 HW 连接到 COMM#14，MPC4 与 MPC6 合成一个 2 Mb/s 的 HW 连接到 COMM#15，MPC5 与 MPC7 合成一个 2 Mb/s 的 HW 连接到 COMM#16，以此类推，由此可知一个 COMM 板具有 32 个通信时隙的处理能力（STB 和 V5 板除外）。两块 DSNI-C 板是负荷分担方式工作。

COMM 和 DSNI-C 板的连接存在"奇对奇，偶对偶"的关系，也就是说 13、14 槽位的 DSNI-C 板和 COMM 板连通传消息时，13 槽位对应奇数槽位的 COMM 板，14 槽位对应偶数槽位的 COMM 板。如果这种连接中断，整个系统将瘫痪。

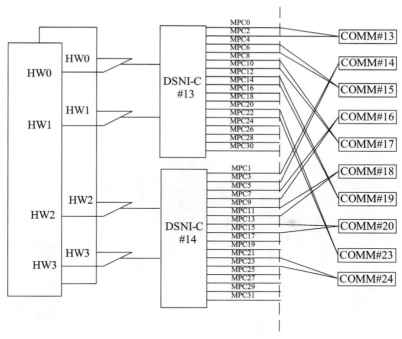

图 3-34　DSN 到 COMM 的连接

（2）HW4～HW62。

DSN 板其他的 8 Mb/s HW 线主要用来传送话音（HW 中的个别时隙用于传送消息，以实现功能单元与 MP 通信或模块间 MP 通信），可以灵活分配，分别通过 3 对 DSNI-S 板连接到各功能单元，以及通过一对 FBI 板连接到中心模块 CM 或其他近端外围交换模块 PSM。FBI

板和 DSNI-S 板都是热主/备用的。

一对 DSNI-S 或一对 FBI 能处理 16 条 8 Mb/s HW，HW4～HW62 与槽位的对应关系如表 3-12 所示。

表 3-12　一对 DSNI-S 或 FBI 与 HW 线的对应关系

DSNI-S 槽位	HW 号	说明
21/22 槽位 （或 FBI 板）	4～19HW	一般情况下用于模块间的连接。用于模块内单元的连接时，FBI 板应换成 DSNI 板
19/20 槽位	20～35HW	① 从 HW20 开始，用于同用户单元的连接，依次增加，每个用户单元占用两条 HW 线。 ② 从 HW61 开始，用于同数字中继与模拟信令单元的连接，依次减少，每个单元占用一条 HW 线。 ③ HW62 一般备用，也可以用于同各单元的通信
17/18 槽位	36～51HW	
15/16 槽位	52～62HW	

（3）HW63 用于自环测试

2. 功能单元背板连线

数字交换单元是程控交换机的交换中心，向上连接主控单元，向下连接用户单元、数字中继单元、模拟信令单元，这些连接关系都是通过 HW 线来实现的，如图 3-35 所示。HW4～HW62 在背板的标识分别用数字交换单元的 SPC0～SPC58 表示，HW 编号=SPC 编号+4。背板连线除了 HW 线之外，还有监控线、消息线、时钟线、用户电缆线（连接座机电话）和 T 网接续线。

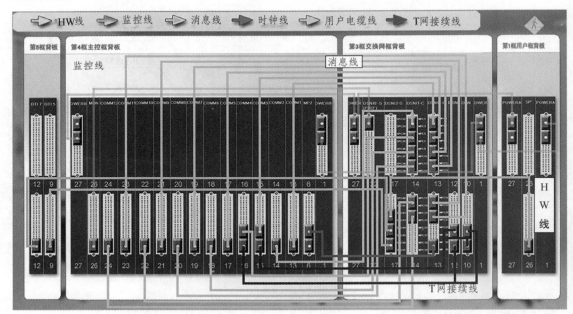

图 3-35　交换框背板连线

（1）用户框背板连线。

用户单元的背板连线有 HW 线、用户线和监控线等，以机房 1 用户框背板为例，如图 3-36

所示。SP 位于槽位 26，从图中可以看出，HW 线从 SP 连出来连接至用户单元和数字交换单元，3 条电话线从模拟用户板背板接口引出连接 3 部座机电话。1 个用户单元占用 2 个模块内通信端口，采用 2 条 8 Mb/s 的 HW 线组成一个 D 电缆共用一个插头插到背板插槽上，再连接到数字交换单元，所以在图中只看到了一条 HW 线。

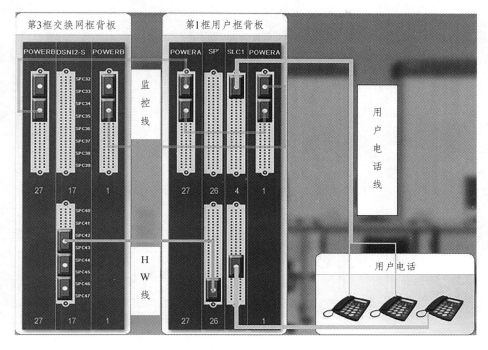

图 3-36　机房 1 用户框背板连线

（2）中继框背板连线。

数字中继单元及模拟信令单元背板接口如图 3-37 所示，在奇数槽位单板旁边有两列 E1 接口。同样，3N 和 3N+1 槽位的两块单板的 HW 线组成一个 D 电缆连接到数字交换单元。但是，连续的 3N 和 3N+1 两个槽位，如果一块放 DTI 板，一块放 ASIG 板，怎么知道所对应的两个 SPC 号哪个是 DTI 板的，哪个是 ASIG 板呢？对于这个问题，我们规定物理电缆中小的 HW 号（小 SPC 号）必须分配给 3N 槽位的单元使用，而大的 HW 号（大 SPC 号）必须分配给 3N+1 槽位的单元使用。这就是我们遵循的"大对大，小对小"原则，根据这个原则就很容易知道这两个板位各自对应的 HW 编号了。

我们为 3N 和 3N+1 槽位依次编号，可以得到相应的 DTI 板编号，如图 3-38 所示。

两块 DTI 单板提供 8 路 2Mb/s 的 PCM 链路。通过同轴电缆插座，负责电缆的引入和接出。以 DTI13 和 DTI14 为例，如图 3-39 所示，可以看到 8 路 PCM 链路，每个都有一个 IN 口一个 OUT 口用于连线。DTI13 和 DTI14 的 PCM 子单元 1、2 的接口在上方，子单元 3、4 的接口在下方。

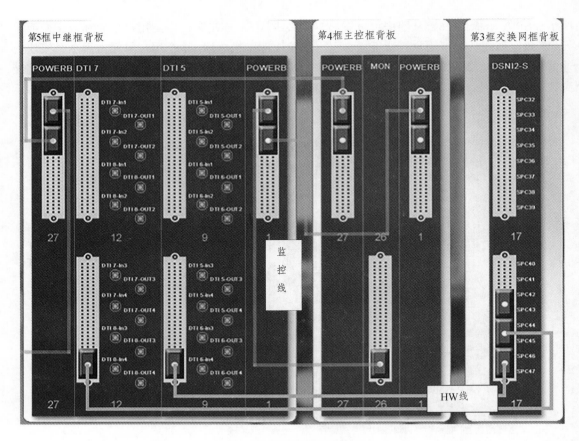

图 3-37　中继框背板连线

1	2	3	4	5	6	7	8	9	10	11	12	13	14	15	16	17	18	19	20	21	22	23	24	25	26	27
电源B		数字中继	数字中继		数字中继	数字中继		数字中继	数字中继		数字中继	数字中继		数字中继	数字中继		数字中继	数字中继		数字中继	数字中继		模拟信令	模拟信令		电源B

1	2	3	4	5	6	7	8	9	10	11	12	13	14	15	16	17	18	19	20	21	22	23	24	25	26	27
POWB		DTI1	DTI2		DTI3	DTI4		DTI5	DTI6		DTI7	DTI8		DTI9	DTI10		DTI11	DTI12		DTI13	DTI14		DTI15	DTI16		POWB

图 3-38　DTI 单板序号

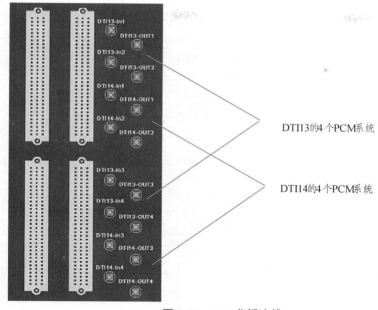

图 3-39　DTI 背板连线

3.5　8K PSM 物理配置典型任务实施

通过前面的学习，我们熟悉了机房，也认识了程控交换机，了解了程控交换机的组网方式，下一步工作就是进行物理配置。物理配置部分实际上是将前台的模块成局方式、模块的内部结构——对应到后台的数据配置中。配置结束后，通过后台告警来查看前台的设备情况，并进行监控和维护。图 3-40 列出了物理配置的基本流程，主要有七大步骤。

图 3-40　物理配置基本流程

我们以机房 2 为例进行物理配置典型任务分析。

进行实际的物理配置操作之前，需要对局容量数据和交换局数据进行配置。一个交换局在开通之前必须根据实际情况进行整体规划，确定局容量。ZXJ10 交换机作为一个交换局在典型网上运行时，必须和网络中其他交换节点联网配合才能完成网络交换功能，这就需要对交换局的局向号、测试码、交换局网络类别等进行设置。

1. 单板配置

在进行 ZXJ10 仿真实验平台物理配置的时候，需要按照模块→机架→机框→单板的顺序进行配置，删除操作与配置操作顺序相反。在仿真软件虚拟机房的交换机上，第二框、第六框没有配置单板，因此在后台机框配置的时候可以不用添加这两个机框。按顺序添加完模块、机架、机框后，单板的配置需要按照如图 3-41 所示前台机架上的实际板位来进行插入配置，得到如图 3-42 所示的机框单板。所以熟练操作前后台的切换，熟悉各单板的英文名称，可以有效地帮助同学们提高配置效率。

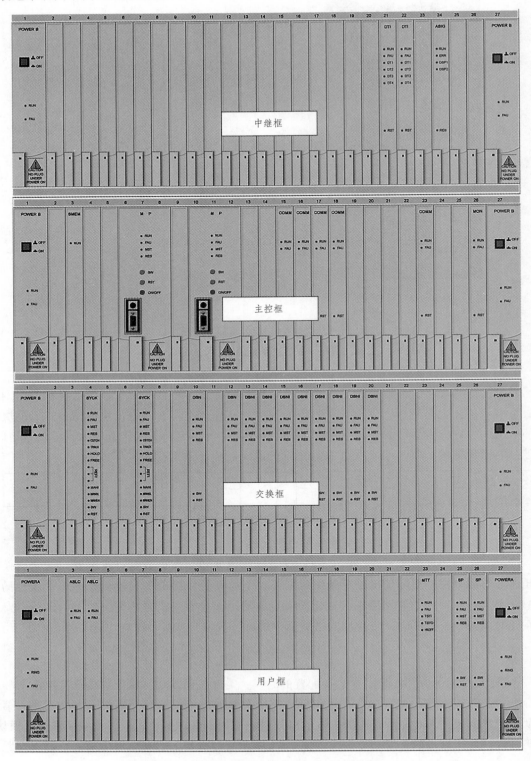

图 3-41 机房 2 前台机架实际板位

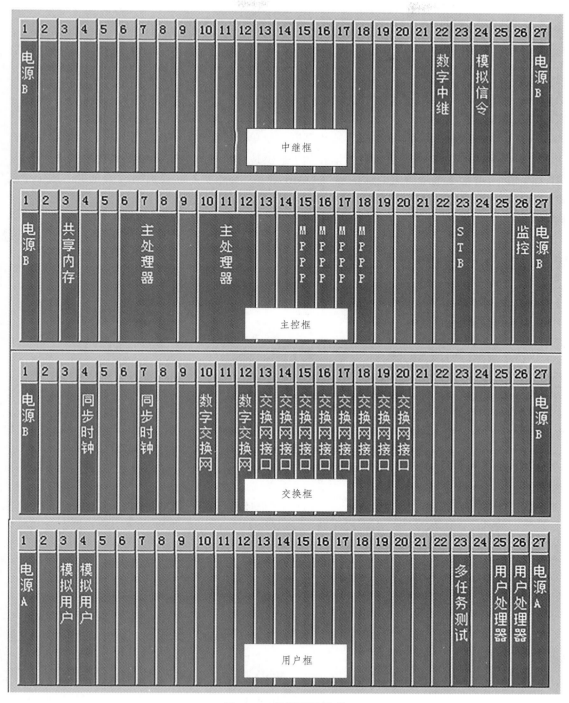

图 3-42　单板配置情况

很多单板都是成对使用的，它们的工作方式主要分为两种：

（1）1∶1工作方式：即主/备用方式，一旦主用板发生故障，立即进行主备板倒换，让备板接替主板工作；

（2）1+1 工作方式：即负荷分担方式，每个单板完成一部分处理功能。

2. 通信板配置

添加完所有的单板，接下来需要进行通信端板的配置。通信板的配置实际上是将 COMM 通信板的通信端口进行分配。根据通信端口的用途，通信端口分为模块间通信端口、模块内通信端口和控制 T 网接续的通信端口。模块间的通信端口用于两互联模块 MP 之间的通信，模块内通信端口用于 MP 与模块内功能单元通信，超信道用于 MP 控制 T 网接续。

我们要为用户单元、数字中继单元及模拟信令单元分配通信端口，其中 1 个用户单元占用 2 个模块内通信端口，1 个数字中继单元和 1 个模拟信令单元分别占用 1 个模块内通信端口。MP 控制 T 网占用 2 个超信道的通信端口（Port 号 1、Port 号 2）。模块间通信至少占用 1 个模块间通信端口。本实例是 8K PSM 单独成局，目前没有模块之间的互联情况，可以看到主控框中固定插入 MPMP 单板的 13、14 槽位是空的，没有插入 MPMP 板。

分配通信端口的时候先选择需要用到的通信板，再到"本通信板的通信端口"列表选择需要用到的时隙进行分配即可，如图 3-43 所示。

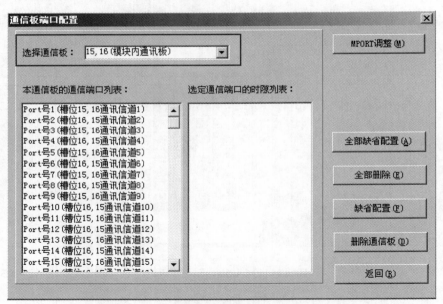

图 3-43　通信端口的配置

3. 子单元配置

在进行单元配置的时候，先增加所有无 HW 单元，如图 3-44 所示，再将用户单元、交换网单元、数字中继单元及模拟信令单元一一添加。其中，用户单元、数字中继单元及模拟信令单元需要配置子单元。用户单元的子单元选择多任务测试板即可，如图 3-45 所示；数字中继单元有 4 个子单元，分别是 PCM1、PCM2、PCM3 和 PCM4，目前先将子单元类型设置为暂不使用，如图 3-46 所示，待需要进行局间连接或者模块间连接时，再进行更详细的子单元类型设置。1 个模拟信令单元有 2 个子单元，由于在仿真软件中采用是 860Asig-1，所以模拟信令单元的子单元进行配置时，分别选择 64M 音板和双音多频就能满足需要，如图 3-47 所示。

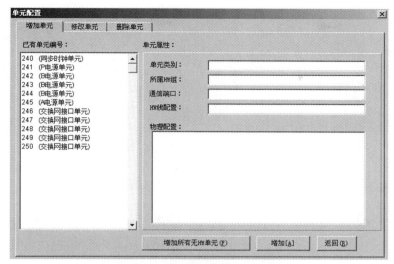

图 3-44　增加所有无 HW 单元

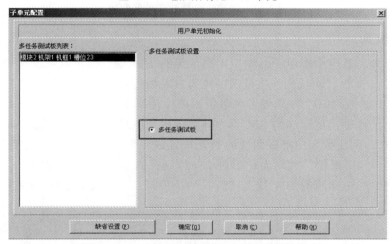

图 3-45　用户单元子单元配置

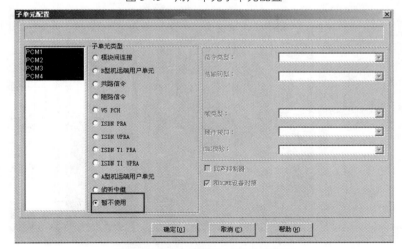

图 3-46　数字中继单元子单元配置

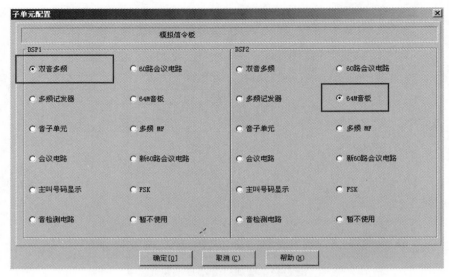

图 3-47 模拟信令单元子单元配置

4. HW 线配置

配置用户单元、数字中继单元及模拟用户单元的 HW 线，需要从单元配置中切换到虚拟机房的背板连线去查看 HW 线的连接情况。找到 HW 线连接的 SPC 接口，用户单元的 HW 号即为 SPC+4。而中继框的 HW 号则要考虑单板的槽位是属于 3N 槽位还是 3N+1 槽位，利用"大对大，小对小"的原则选用正确的 SPC 号加 4。机房 2 中继框的背板连线，如图 3-48 所示，位于槽位 21、22 的两块数字中继板两块的 HW 线组成一个 D 电缆连接到数字交换单元，SPC号分别是 54 和 55，则根据"大对大，小对小"原则，21 槽位的中继板相对应的 HW 线应为54+4=58，22 槽位的中继板的 HW 线为 55+4=59。模拟信令单元的 HW 线编号计算方法与数字中继单元相同。

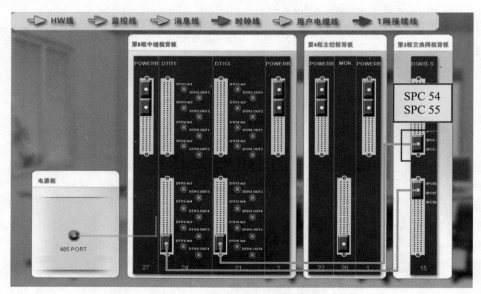

图 3-48 机房 2 数字中继板背板连线

5. 数据传送

数据配置完成之后，记得备份，而且需要把配置好的数据传送到程控交换机前台。这个过程实际上是：后台维护终端—129 服务器（后台 Server 中的 SQL 数据库）—前台的缓存—TEMP—内存 RAM—V1011—V0101。

6. 查看后台告警

通过查看后台告警，我们可以知道所配置的数据是否正确。从图 3-49 中可以看到机架 1 中所配置的单板。单板颜色的不同代表了不同含义。绿色表示单板处于正常运行状态，暗黄色表示该单板现在为备用状态。白色告警级别最低，而红色表示严重告警。如果出现了告警，就要查看具体出问题的单板，分析出现问题的原因。一般来讲，出现绿色的三级告警可能是因为单板的槽位插入错误，或者 HW 线的编号配置错误。

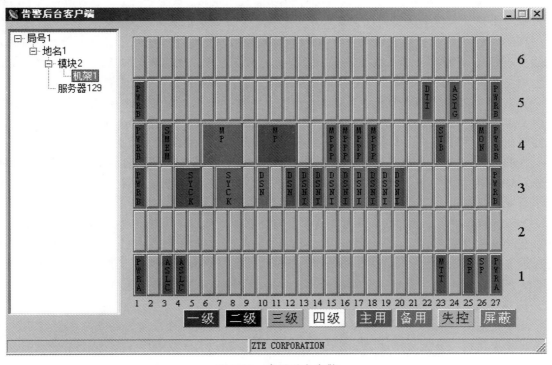

图 3-49　查看后台告警

【本章小结】

通过本章的学习，我们认识了交换机房中常见的线缆：双绞线、同轴电缆及光纤；根据程控交换机的工作原理，了解了一次完整的呼叫接续过程需要经过 9 个步骤的处理；程控交换机主要分为控制系统和话路系统，控制系统只处理控制信息，话路系统既处理话路信息又负责通话阶段的话音传递。ZXJ10 程控交换机的成局方式是模块化结构，可以是单模块组网也可以是多模块组网，所有的前台模块需要的运行数据都是由后台 OMM 统一配置的，后台数据通过网线传输到前台；ZXJ10 8K PSM 单模块成局可以只有一个控制柜，其控制柜的机架分为 6 层，共 6 个机框，机框 1 和机框 2 的单板构成用户单元，机框 3 的单板构成时钟单元、数字交换单元，机框 4 是主控单元，机框 5、6 的单板分别构成了数字中继单元和模拟信令单元。最后通过 8K PSM 物理配置典型任务实施巩固了对单板、通信端口、单元及 HW 线的认识。

【小故事】

我国程控交换发展进程

在人手一部手机的今天，可曾有人想过，我国的通信事业是如何从无到有，从落后到先进的呢？事实上，早在清朝末年，我国就有了电话和电话交换网络，进入了人工交换机时代。

1882 年，上海开通了我国第一部磁石电话交换机。1904 年，北京首个官办电话局在东单二条胡同开通，当时配置了 100 门人工交换机。中华人民共和国成立初期，我国的电话普及率不到 0.05%，全国的电话总用户数只有约 26 万。使用电话，成为一种"奢侈"的特权。1949后，限于条件，我国电话交换机主要以人工交换机为主，步进制交换机为辅。

1960 年，我国自行研制的第一套 1000 门纵横制自动电话交换机在上海吴淞局开通使用。此后 40 年间，纵横制交换机成为我国长期服役的主要设备。改革开放初期，我国依然没有使用程控交换机。当时的电话交换网络的发展水平，至少落后发达国家 20 年。

直到进入 20 世纪 80 年代，我们的电话交换网络才开始重新艰难起步。当时安装一部电话需要上万元，还需要单位介绍信，如此这般，还要等好几个月，甚至一年半载。1982 年，福建福州引进并开通了日本富士通的 F-150 万门程控电话交换机，轰动全国。

1984 年，上海贝尔电话设备有限公司成立。这是我国第一个研制程控电话交换机的合资企业。1985 年国外程控交换机企业 AT&T、诺基亚、爱立信，纷纷来到国内设立办事处。于是乎，我国很快进入了"七国八制"的混乱发展阶段。

20 世纪 80 年代中后期，我国通信设备制造企业如雨后春笋一般涌现。它们的主要研发目标，就是程控交换机，尤其是技术含量较低的小门数用户交换机。这里面，就有两家日后成长为世界级通信巨头的企业——华为和中兴通讯。创业早期的任正非创办的华为，最开始就是代理香港一家公司的小型电话交换机起家。中兴通讯创始人侯为贵也是先代理，后研发。当时，虽然"七国八制"瓜分了我国通信市场，但是，有一块市场空白被这些巨头给"遗忘"了，那就是农村。由于农村线路条件差、利润薄，国外厂商都没有精力或者不屑去拓展。而我国程控交换机厂商抓住了这个宝贵的机会。

1992 年 1 月，中兴通讯 ZX500A 农话端局交换机的实验局顺利开通，由于性价比高，符合要求，获得了巨大的成功。到 1993 年，中兴 2000 门局用数字交换机的装机量已占全国农话端局交换机年新增容量的 18%。

无独有偶，C&C08A 型机是华为公司 1993 年自主开发的第一代数字程控交换机，也在农话市场大赚特赚。仅靠农村市场是不够的，而且，小门数交换机也不可能有很好的未来。于是，两家中国企业迅速调整战略，很快推出了万门以上的程控交换机。1995 年 11 月，中兴通讯自行研制的 ZXJ10 大容量局用数字程控交换机获原邮电部电信总局颁发的入网许可证，该机终局容量可达 17 万线。

同年，华为也推出了万门机的 C&C08C 型机。也是在 1995 年，由原电子工业部第五十四研究所和华中科技大学联合研制开发的 EIM-601 大容量局用数字程控交换机通过了部级鉴定。凭借 EIM-601 技术，金鹏电子诞生了。

与中兴和华为的小作坊起家相比，大唐电信的起点要高得多。虽然大唐电信于 1993 年成立，但是它背靠原邮电部电信科学研究所，技术与人员均来源于后者。1986 年邮电部一所就研制出了 DS-2000 程控数字交换机，而 1991 年 10 所又研发出了 DS-30 万门市话程控交换机，并于次年投入商用。1995 年，新成立的大唐推出了 SP30 超级数字程控交换机，容量可达 10 万门以上。国内还有许多小交换机企业如申瓯成立于 1990 年，当时只是生产小容量 120 门以下模拟电话交换机（HJK-10 或 HJD-80）。

就这样，巨龙、大唐、中兴、华为和金鹏五朵交换机领域的金花（也称为"巨大金中华"）突破了国外厂商的重围，凭借低廉的价格和政府支持，站住了脚跟，并一步一步改变了中国通信行业的格局。不过，后来因为种种原因，"五朵金花"有的早早凋谢，有的更加艳丽，完全走向了不同的命运。现在看来，实在令人唏嘘。

进入 21 世纪后，传统电话交换机淘汰提速，程控交换机陆续开始退出历史舞台。而 NGN，可以说是固定电话网络最后的谢幕了。

如今，NGN 也要退出历史舞台了。即将取代它的，就是大名鼎鼎、令人胆寒的 IMS（IP 多媒体子系统）。

总而言之，如今已经是分组交换的天下，传统语音交换早已成了昨日黄花，渐渐离我们远去。程控交换技术，一路走过了 140 年的发展历程，不断更新换代，不得不让人感慨技术的日新月异，科技的飞速进步。

【思考与练习】

一、单选题

1. 机架上位置在左的 MP，节点号是该 MP 的模块号；机架上位置在右的 MP，节点号是该 MP 的模块号加（　　　）。

    A. 128　　　　　　B. 64　　　　　　　C. 32　　　　　　　D. 16

2. ZXJ10 在昆明（长途区号 0871）所开的第 10 个多块局（编号为 9），其 6 号模块右面的 MP 的 IP 地址为（　　　）。

    A. 219.56.9.70　　B. 219.56.9.6　　　C. 219.56.9.129　　D. 219.56.9.133

3. ZXJ10 在深圳（长途区号 0755）所开的第 6 个多块局（编号为 5），以下 IP 地址（　　　）是该模块所在局的服务器 IP 地址。

    A. 215.152.5.3　　B. 215.152.5.67　　C. 215.152.5.128　　D. 219.56.9.130

4. 一端采用 T568B 线序，一端采用 T568A 线序制作的网线称作（　　　）。

    A. 直通线　　　　B. 全反线　　　　C. 交叉线　　　　　D. 串口线

二、多选题

1. 以下可以作为 CM 中心模块的是（　　　）。

    A. OMM　　　　　B. SNM　　　　　　C. MSM　　　　　　D. PSM

2. 后台网络组网时，节点的 IP 地址将根据交换局的（　　　）、（　　　）和各个节点的（　　　）3 部分信息产生。

A. 区号　　　　　　B. 机架号　　　　　　C. 局号　　　　　　D. 节点号

三、判断题

1. 单模光纤只允许一束光线穿过光纤，因为只有一种状态，所以不会发生色散。（　　　）

2. 相比单模光纤，多模光纤传输的数据质量更高，频带更宽，传输距离更长。　（　　　）

3. 模块成局时，前台网络的树形结构最多有 3 级，3 级中最多包含 64 个模块。　（　　　）

4. PSM 作为中心模块时的组网方式，第一级不能携带用户。　　　　　　　　　（　　　）

第4章　开通局内电话业务

【本章概要】

通过本章的学习，了解我国电话号码的编码规则，理解电话基本呼叫处理流程及 ZXJ10 单板相互协调配合工作的原理，系统讲解电话号码的组成，号码分析的作用和用户属性的设定等，为顺利开通局内电话业务做好准备。同时，学会呼叫业务观察与检索工具的使用方法，学会利用维护工具进行呼损观察和故障定位。

【教学目标】

- 了解电话号码的编码规则
- 了解号码分析过程和原理
- 了解本局呼叫处理流程
- 学会本局通话的数据配置
- 学会运用故障定位的工具

4.1　电话号码中的奥秘

4.1.1　座机的编码方案

我们每天都在打电话，一串号码拨出去，很快我们就能和远方的亲戚朋友开心聊天。那么这一连串的数字中都包含了哪些玄妙呢？

首先，我们要明确电话网络的编号是指对本地网、国内长途网、国际长途网的特种业务和新业务等所规定的各种呼叫的号码缩编规程。而这种编号规则对维系网络正常工作起到了十分重要的作用。

4.1.1.1　编号的基本原则

电话号码是一种有限资源，正确地使用这一资源可使网络取得更好的经济效益，减少网络建设的费用，避免引起资源浪费。因此，编号计划应放在与网络组织同等地位考虑。考虑的基本原则大致如下：

1. 远近期结合考虑

编号计划是以业务预测和网络规划为依据的。编号时，既要考虑到电话业务发展的趋势，又要结合本地经济和其他的发展情况，还要考虑长远的发展。业务预测确定了网络的规模容量、各类性质用户的分布情况及电话交换局的设置情况，由此可确定号码的位长、量和局号的数量。特别是在编制号码计划时，考虑因网络的发展可能出现的新业务，如移动通信、非话音业务等。应对规划期的容量要有充分的估计，对号码的容量要留有充分的余地。既要满足近期需要，又要考虑远期的发展，做到近远期结合。一般情况下，一次编号后不再变更。

2. 号码计划要与网络安排统一考虑，做到统一编号

网络组织的一个重要组成部分就是号码计划，因此在确定网络组织方案时必须与编号方案统一考虑。例如，本地电话网中具有不同制式的交换设备情况下，要考虑怎样组织汇接号码，怎样分配号码才能使原有设备变动量最小；哪一个地区可能很快要发展成新的繁华地段，有可能需要安装很多电话等。

3. 尽可能避免改号

随着电话网的发展，在网的用户数量巨大，每次改号都可能影响到很多用户，特别是大面积的改号。在全国实行长途自动化后尤其是在开发国际自动化电话业务后，这种影响不仅涉及本地电话网用户，而且涉及全国用户甚至国外用户，甚至可能影响外地客户对本地的接通率。因此，在今后电话网设计中应尽量避免改号，并作为一条重要原则考虑。

从用户的角度看，导码升位也是改号，且影响面较大。为了避免改号，近期工程为模块局的用户号码可采用远期该区域的编号计划，模块局的号码可不同于母局局号。等模块局改为分局时就不需要改号了。

4. 国内电话号码长度

国内号长应符合 ITU-T 建议的国际电话号码规定，应不超过限定的 12 位为准。

4.1.1.2　电话网编号国家规定

凡进入国家通信网的各种长话、市话的交换设备都应满足《国家通信网自动电话编号》的一切规定，有关编号原则、编号方案和长途区号的基本规定和原则如下：

1. 国家规定的编号原则

《国家通信网自动电话编号》规定的编号中明确要求在远期要留有一定的备用区号，以满足长远发展的需要；编号方案应符合国际电话电报委员会的 Q.11 建议，即国内电话有效号码的总长度不能超过 10 位。同时应尽可能缩短编号号长和具有规律性，以便于用户使用；长、市号码容量运用充分；应尽可能使长、市自动交换设备简单，以节省投资。

（1）在做好各省市、区三级范围内的本地电话网中、远期规划的基础上，在市、县间话务联系密切且能促进业务量发展的情况下，本地电话网可以扩大。

（2）特大城市、大城市、中等城市的本地电话网一般不突破行政管辖范围。

（3）一个本地电话网的范围应按 40 年远期的人口、电话普及率等因素进行规划，对二位长途区号城市所规划容量不超过 5000 万门，对三位区号城市 500 万门，对四位区号城市 50 万门。

（4）为满足本地电话网的传输性能，本地电话网用户到用户距离的最大服务范围一般在 300 km 以内。

（5）本地电话网范围的调整应在本地电话网规划的基础上进行，且应充分考虑行政区划分的变动性。调整后的本地电话网要基本稳定，原则上不能随行政区划分的变动而变动。在特殊情况下，须经工业和信息化部同意后才能变动。

（6）本地电话网范围的划分应在"我国长途区号调整方案"的基础上进行。

（7）本地电话网范围的划分不论其大小，在没有新规定之前，目前管理体制上长、市话费分摊的原则不能变。

在上述基本原则条件下，在长远规划的基础上，可对本地电话网范围进行因地制宜的调整，联系密切的市、县在划分成一个本地电话网时，应充分注意网络中交换设备和传输设备的状况，确保一个本地电话网范围的通信畅通。

2. 本地号码升位改号的基本规定

（1）各本地电话网的规划、设计等都必须包括编号计划及近期升位、改号的方案。对于有一定规模容量的城市要创造条件，尽可能一次性完成本地网的升位、改号工作。

（2）在考虑本地电话网升位时，应做好近、远期的发展规划，使在相当长时间内编号计划不做大的变动。升位间隔时间应尽可能长。

（3）规划、设计交换区时，不仅要考虑技术、经济等因素，还应考虑电话号码变动的因素，尽量不变或少变用户号码。

（4）对于采用数字程控交换设备的本地电话网，升位时间可适当提前，对将来要改为分局的远端模块局，宜采用将来分局的局号。

（5）选定升位方法时，要明确保证割接时网络安全的措施。

（6）电话号码升位时，为便于用户记忆，升位的局号与原有的局号要有一定的规律性。

（7）升位改号后在一定时间内应采取减少无效呼叫的技术措施，如放录音通知，使用"改号自动通知机"等，以减少由于升位改号对通信质量的影响。

4.1.1.3　电话号码的组成

1. 用户号码的组成

在一个本地电话网内，采用统一的编号，由本地网的长远规划容量来确定。在一般情况下采用等位编号的方式，号码长度是根据本地电话用户数和长远规划的电话容量来确定。当本地电话网编号位长小于 7 位号码时，允许用户交换机的直拨号码比网中普通用户号码长一位。

本地电话网中，一个用户电话号码由局号和用户号两部分组成。局号可以是 1～4 位，1 位用 P 表示，2 位用 PQ 表示，3 位用 PQR 表示，4 位用 PQRS 表示，本地电话网的号码长度最长为 8 位。

一个局中的用户号码由所在的局号、百号和用户号组成。以一个本地号码 5678-1234 为例，前边 4 位 5678 被称为局号，后边的 1234 则叫作用户号，12 为百号。我们所有的用户电话都遵循这样的编码规则。所有本局局号都有一个唯一的编码,我们称之为本局局码(Normal Office Code,NOC),又称为局号索引,其编码范围为{1,2,3,…,200},本局局号与本局局码是一一对应关系。一个本局局号对应的本局电话号码长度是确定的,不同本局局号对应的本局电话号码长度可以不等长。不同号长的用户号码中本局局号、用户号和百号组之间的相互对应关系如下:

8 位号长:记为 PQRSABCD,本局局号为 PQRS,用户号为 ABCD,百号组为 AB。

7 位号长:记为 PQRABCD,本局局号为 PQR,用户号为 ABCD,百号组为 AB。

6 位号长:记为 PQABCD,本局局号为 PQ,用户号为 ABCD,百号组为 AB。

5 位号长:记为 PABCD,本局局号为 P,用户号为 ABCD,百号组为 AB。

记为 PQBCD,本局局号为 PQ,用户号为 BCD,百号组为 QB。

记为 PQRCD,本局局号为 PQR,用户号为 CD,百号组为 QR。

4 位号长:记为 PBCD,本局局号为 P,用户号为 BCD,百号组为 PB。

记为 PQCD,本局局号为 PQ,用户号为 CD,百号组为 PQ。

记为 PQRD,本局局号为 PQR,用户号为 D,百号组为 PQ。

3 位号长:记为 PCD,本局局号为 P,用户号为 CD,百号组为 P。

记为 PQD,本局局号为 PQ,用户号为 D,百号组为 P。

2. 特种业务号码的组成

我国规定第一位为"1"的电话号码为特种业务的号码。其编排原则如下:

(1)首位为"1"的号码主要用于紧急业务号码、全国统一的业务接入码、网间互通接入码、社会服务号码等。由于首位为"1"的号码资源紧张,对于某些业务量较小或属于地区性的业务,不一定需要全国统一号码,可以不使用首位为"1"的号码,可采用普通电话号码。

(2)为便于用户使用,原则上已经使用过的号码一般不再变动。为充分利用首位为"1"的号码资源,首位为"1"的号码采用不等位编号。对于紧张业务采用三位编号,即 1XX,对于业务接入码或网间互通接入码、社会服务等号码,视号码资源和业务允许情况,可分配三位以上的号码。

(3)为便于用户记忆和使用,以及充分利用号码资源,尽可能将相同种类业务的号码集中配置。

(4)随着业务的发展,有些业务使用范围逐步减少,直至淘汰,号码在淘汰之前可继续使用。

随着电信网络的发展以后将不断有新的业务对编号提出要求。根据号码资源情况和业务要求,只有对于全国统一又必须采用短号码的业务才分配首位为"1"的号码,如 114 为查号台,119 为火警报警。

3. 补充业务号码的组成

我国规定:200,300,400,500,600,700,800 为补充业务号码。

300 业务是我国智能网上开放的第一种业务,它允许持卡用户在任一双音频固定电话机上使用,拨打本地、国内和国际电话,产生的通话费全部记在 300 卡规定的账号上,电话局对所使用的话机不计费。300 业务与 200 业务功能基本相似。200 业务是在智能网未建成前,采用智能（语音）平台应急开放的记账电话卡业务。300 业务联网漫游使用的范围比 200 更广。一般来说，本地打长途电话用 200 卡较为方便，出省和跨地区流动时最好购买 300 卡。

800 业务即被叫集中付费业务，当主叫用户拨打 800 号码时，对主叫用户免收通信费用，通信费用由申请 800 业务的被叫用户集中付费。800 业务分为本地 800 业务和长途 800 业务两种：本地 800 业务指 800 业务用户仅接受本地网的 800 来话业务；长途 800 业务指 800 业务用户可接受本地和长途的来话业务。800 业务具有的功能：唯一号码、遇忙或无应答转移、呼叫筛选、按时间选择目的地、按发话位置选择目的地等。

4. 长途网编号原则

长途呼叫时需在本地电话号码前加拨长途字冠"0"和长途区号，长途号码的构成：0+长途区号+本地电话号码。

按照我国的规定，长途区号加本地电话号码的总位数最多不超过 11 位(不包括长途字冠"0")。

长途区号一般采用固定号码系统，即全国划分为若干个长途编号区，每个长途编号区都编上固定的号码。长途编号可以采用等位制和不等位制两种。等位制适用于大、中、小城市的总数在 1 000 个以内的国家，不等位制适用于大、中、小城市的总数在 1000 个以上的国家。我国采用不等位制编号，采用 2、3 位的长途区号。

（1）首都北京，区号为"10"。其本地网号码最长可以为 9 位。

（2）大城市及直辖市，区号为 2 位，编号为"2×"，×为 0~9，共 10 个号，分配给 10 个大城市，如上海为"21"，西安为"29"等，这些城市的本地网号码最长可以为 9 位。

（3）省中心、省辖市及地区中心区号为 3 位，编号为"$\times_1\times_2\times_3$"，$\times_1$ 为 3~9（6 除外），$\times_2$ 为 0~9，$\times_3$ 为 0~9，如郑州为"371"，兰州为"931"，这些城市的本地网号码最长可以为 8 位。

（4）首位为"6"的长途区号除 60、61 留给我国台湾省外，其余号码为 62×~69×共 80 个号码作为 3 位区号使用。

采用不等位的编号方式，可以满足我国电话号码的长度不超过 11 位的要求。

5. 智能网业务号码

近年来随着智能网业务的兴起，为人们提供了更便宜、更方便的通信新业务，如 IP 智能网、800 对方付费等业务，对编号计划也带来了改变，通用的拨号方式如下：

智能网号+0+长途区号+本地电话号码。例如，17909(电信)、17951(移动)、800×××××、95519 等都属于这类编号形式。

6. 国际长途电话编号方案

国际长途呼叫时需在国内电话号码前加拨国际长途字冠"00"和国家号码，拨号方式如下：00+国家号码+国内电话号码。

国家号码加国内电话号码的总位数最多不超过 15 位（其中不包括国际长途字冠"00"）。

国家号码由 1~3 位数字组成，根据 ITU-T 的规定，世界上共分为 9 个编号区，我国在第 8 编号区，国家代码为 86，也可采用"智能网拨号方式"：智能网网号+ 00 +国家号码+国内电话号码。

4.1.2 如何找到被叫用户的过程——号码分析

号码分析是指交换机根据电话号码找到被叫用户的分析过程。电话网中用户的网络地址就是电话号码，号码分析就好比交换机的网络寻址功能。也就是说，当交换机收到用户拨打的电话号码后，交换机会根据用户的电话号码找到被叫用户，来确定某个号码流对应的网络地址和业务处理方式。

ZXJ10（V10.0）交换机提供 7 种号码分析器，分别为：新业务号码分析器、CENTREX号码分析器、专网号码分析器、特服号码分析器、本地网号码分析器、国内长途号码分析器和国际长途号码分析器。对于某一指定的号码分析选择子，号码严格按照固定的顺序经过选择子中规定的各种号码分析器，由号码分析器进行号码分析并输出结果，号码分析器进行号码分析的过程如图 4-1 所示。

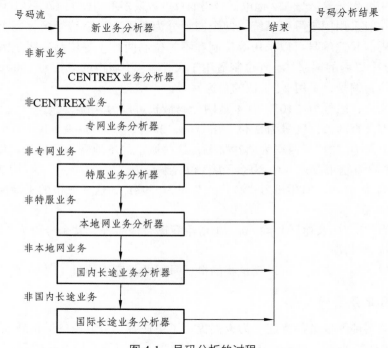

图 4-1　号码分析的过程

配置号码分析的过程除了制作号码分析器外，还要制作号码分析子，号码分析子包含了几种不同号码分析器的组合。当交换机收到呼叫请求时，处理器会根据号码分析选择子依次查询其中的号码分析器，再根据号码分析器中所配置的分析规则查找被叫号码。

4.2　呼叫处理的基本原理

4.2.1　本局呼叫流程

一个基本的本局呼叫处理流程包括：① 主叫摘机呼叫；② 交换机向主叫送拨号音并准备

收号；③ 交换机收到号码后进行号码分析；④ 接续至被叫，向被叫发出振铃，同时向主叫送回铃音；⑤ 被叫摘机应答进入通话；⑥ 一方用户挂机，向另一方送忙音；⑦ 另一方挂机，通话结束，如图 4-2 所示。

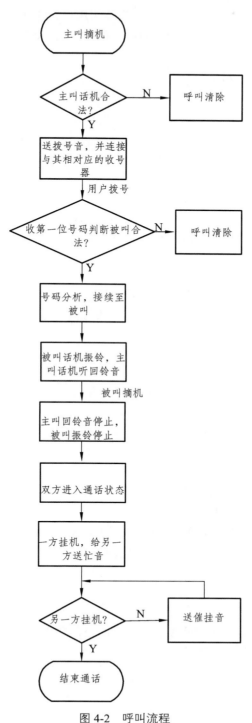

图 4-2 呼叫流程

以北京的张明打电话给深圳的同学李强为例，完成一次通话需要经过哪些呼叫处理流程呢？首先，主叫用户张明先摘机，会听到交换机向他的电话发出拨号音，这时交换机已做好准备，交换机对张明拨打的用户号码进行号码分析，通过网络寻址找到李强后，交换机给李强发出一个振铃，同时向张明发出一段铃声，当被叫用户李强摘机后，双方进入了通话阶段，此时通信是透明传输的过程，直到双方挂机后，通话结束，交换机为下次通话做好准备。

4.2.2 呼叫接续的处理过程

假设位于同一交换机的用户 A 和用户 B，此时两个用户处于空闲状态。在某个时刻，用户 A 要发起与用户 B 的同一个呼叫，即主叫用户为 A，被叫用户为 B，则交换机对这个本局呼叫的基本处理过程都是在呼叫处理程序控制下完成的。

1. 主叫用户摘机

（1）交换机通过不断进行周期扫描，检测到用户 A 摘机状态。

（2）交换机调查用户 A 类别、话机类别和服务类别。

2. 送拨号音

（1）交换机为用户 A 寻找一个空闲收号器及其空闲路由。

（2）向主叫用户 A 送拨号音，并监视主叫 A 收号器的输入信号，准备收号。

3. 收号

（1）用户 A 拨第一位号码，收号器收到第一位号后，停拨号音。

（2）用户 A 继续拨号，收号器将号码按位进行储存。

（3）对"已收位"进行计数。

（4）将号首送到分析程序进行预译处理。

4. 号码分析

（1）进行号首（第一至第三位号码）分析，以确定呼叫类别，并根据分析结果是本局、出局、长途或特服等决定该收几位号。

（2）检查这一呼叫是否允许接通（是否限制用户等）。

（3）检查被叫是否空闲，若不空闲，则表示忙。

5. 接通被叫

（1）测试并预占主、被叫通话路由。

（2）找出向被叫送铃流及向主叫 A 送回铃音的空闲路由。

（3）主、被叫通话路由建立完毕。

（4）监视主、被叫用户摘挂机状态。

6. 振铃

（1）向被叫送铃流，向主叫送回铃音。

（2）监视主、被叫用户状态。

7. 被叫应答和通话

（1）被叫摘机应答，交换机检测到后，停振铃和停回铃音。

（2）建立主、被叫通话路由，开始通话。

（3）启动计费设备开始计费，并监视主、被叫用户状态。

8. 话终挂机

（1）主叫先挂机，交换机检测到后，路由复原，停止计费，主叫转入空闲，向被叫送忙音，被叫挂机后，被叫转入空闲状态。

（2）被叫先挂机，交换机检测到后，路由复原，停止计费，被叫转入空闲，主叫听忙；主叫挂机，主叫转入空闲状态。

通过对呼叫处理过程特点的分析，我们发现可以将呼叫处理过程划分为以下 3 个部分：

（1）输入处理。在呼叫处理的过程中，输入信号主要有摘机信号、挂机信号、所拨号码和超时信号，这些输入信号也叫作"事件"，输入处理就是指识别和接收这些输入信号的过程，在交换机中，它是由相关输入处理程序完成的。

（2）分析处理。分析处理就是对输入处理的结果（接收到的输入信号）、当前状态及各种数据进行分析，决定下一步执行什么任务，确定下一步应该往哪一个状态转移。分析处理的功能是由分析处理程序完成的，主要包括"去话分析""号码翻译""状态分析"和"来话分析"等。

（3）任务执行和输出处理。任务执行是指在迁移到下一个稳定状态之前，根据分析处理的结果，完成相关任务的过程。它是由任务执行程序完成的。在任务执行的过程中，要输出一些信令、消息或动作命令，如 No.7 信令、处理机间通信消息，以及送拨号音、停振铃和接通话路命令等，将完成这些消息的发送和相关动作的过程叫作输出处理，输出处理由输出处理程序完成。

4.2.2.1　输入处理

输入处理的主要功能就是要及时检测外界进入到交换机的各种信号，如用户摘/挂机信号、用户所拨号码、中继线上的我国 No.1 信令的线路信号、No.7 信令等。交换机识别后，相关信号进入队列或相应存储区。

输入处理包括以下几方面：

（1）用户线扫描监视。监视用户线状态是否发生了变化。

（2）中继线线路信号扫描。监视中继线线路信号是否发生变化。

（3）接收数字信号。包括拨号脉冲、DTMF 信号和 MFC 信号等。

（4）接收公共信道信令。

（5）接收操作台的各种信号等。

监视功能是用户电路实现的，由用户线扫描监视程序检测和识别用户线的状态变化，并据此判断用户摘挂机的事件。用户线有两种状态："续"和"断"。"续"是指用户线上形成直流通路，有直流电流的状态；"断"是指用户线上直流通路断开，没有直流电流的状态。用户摘机时，用户线状态为"续"；用户挂机时，用户线状态为"断"；用户拨号送脉冲时，用户线状态为"断"：脉冲间隔时，用户线状态为"续"。

因此，通过对用户线上有无电流，即对这种"续"和"断"的状态变化进行监视和分析，就可检测到用户线上的摘/挂机信号及脉冲拨号信号。监视电路如图4-3所示。

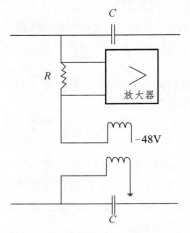

图4-3　用户线监视电路

由于用户摘挂机是随机发生的，为了能够及时检测到用户线上的状态变化，处理机通过周期性的扫描用户线，通过用户线是否有回路电流判断用户是否摘机。用户摘挂机扫描周期一般为100～200 ms。拨号识别周期一般为8～10 ms。

假设用户在挂机状态时扫描点输出为"1"，摘机状态时扫描点输出为"0"，则用户摘机、挂机识别程序的任务就是识别出用户从"1"变为"0"或者从"0"变为"1"的状态变化。

摘挂机识别原理如图4-4所示。图中处理机每隔200 ms对用户线扫描一次，即读出用户线的状态。扫描结果可能为"1"，也可能为"0"。这个扫描结果就是图中"这次扫描结果"，图中的"前次扫描结果"是在200 ms前扫描所得的信息。

从图4-4中可以看出，只有在从挂机状态变为摘机状态，或是从摘机状态变成挂机状态时，两次扫描结果才会不同。

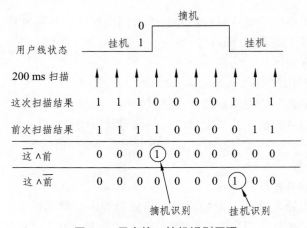

图4-4　用户摘、挂机识别原理

4.2.2.2 分析处理

1. 去话分析

程控数字交换机的用户数据包括基本用户数据和新业务数据。基本用户数据是每个用户都有的,同一台交换机的不同用户有相同的基本用户数据结构,区别只是数值不同;新业务数据不是每个用户都有的,用户可以根据自己的需要申请使用电话新业务。不同程控数字交换机的用户基本数据所包含的内容并不完全相同。

去话分析是分析主叫用户的基本用户数据,以决定下一步的任务和状态。去话分析的过程为:根据摘机呼出用户的设备号,在数据库中查找该用户的数据表格,查找得到该用户的基本用户数据有用户设备码、用户电话号码、用户线状态、用户线类别、话机类型、新业务使用标志及用户计费类别等。

去话分析主要是对上述主叫用户的基本用户数据进行逐一分析,决定收号前的工作,作出正确判断确定应执行的任务,进行去话接续。去话分析的过程是由去话分析程序来完成的,其程序流程如图 4-5 所示。

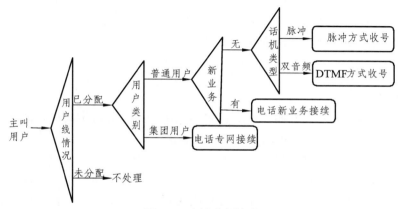

图 4-5　去话分析流程

如果经去话分析确定主叫是电话呼叫,则寻找由该主叫用户经过其用户级至数字交换网络的空闲链路,并在该主叫用户对应的时隙内,由连接在数字交换网络的数字信号音发生器送出拨号音至主叫用户。

2. 字冠分析

交换机对主叫用户拨打的被叫号码的处理分为字冠和剩余号码两部分。对字冠的处理称为字冠分析,即数字分析;对剩余号码的处理称为被叫识别,即来电分析。

如果是本地网的电话呼叫,字冠就是被叫侧交换局的局号,通常是本地网号码的前四位;如果是长途电话呼叫,字冠就是被叫侧用户所在城市的长途区号,所以,字冠分析的号码位数一般为 1~4 位。需要特别说明的是在程控数字交换机中,每位字冠数字的值使用十六进制,为 0~F,*为 "B",#为 "C",例如,*51 等于 B51,#51 等于 C51。

第一位为 0,根据第二位的值判断是国内长途还是国际长途;第一位为 1,表明是特服接续;第一位为*和#,表明是电话新业务接续;第一位为其他号码,根据不同局号判断是本局接续还是出局接续。如果是本局接续,根据字冠分析的结果可以得到局号;如果是出局接续,根据字冠分析的结果可以得到路由块标识。字冠分析的过程是由字冠分析程序来完成的，其程序流程如图4-6所示。

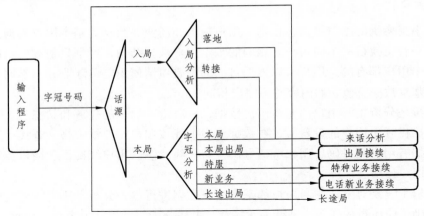

图4-6 字冠分析程序流程

字冠号码有两个来源：一是本局用户，即来自本局的用户拨打的被叫号码；二是入中继，即通过局间信令从其他交换局传送过来的号码信息。字冠分析的结果除了跟字冠号码有关外，还与呼叫源、呼叫类别和呼叫时间有关。这里的呼叫类别包括普通呼叫、测试呼叫、操作员呼叫及优先呼叫等。

3. 来话分析

若字冠分析的结果是本局呼叫，则通过来话分析进一步分析被叫用户的情况。来话分析的依据是被叫号码的剩余号码和被叫用户的忙闲状态。

来话分析是根据用户的剩余号码在交换机数据库中查找相应的用户数据表格，得到该被叫用户的设备码和其他业务数据，设备码标识了被叫用户在交换机中的硬件位置，然后测试该被叫用户的忙闲状态，如果测试的结果是被叫用户空闲，则预占该被叫用户，建立被叫侧的振铃路由和主叫侧的送回铃音路由；如果测试结果是被叫忙而该被叫又没有遇忙转移、呼叫等待等新业务功能时，则控制主叫侧的用户电路向主叫用户送出忙音，而在本次呼叫中占用的软件和其他硬件电路立即释放。

来话分析的过程是由来话分析程序完成的，其程序流程如图4-7所示。

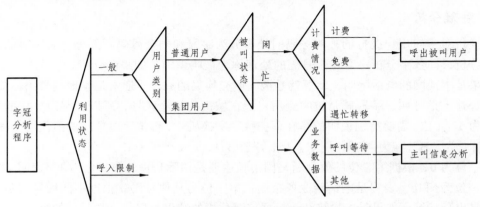

图4-7 来话分析程序流程

上述 3 个分析程序分别对应主叫用户摘机、号码接收和本局来话 3 种特定的情况，而要对呼叫过程中除了这 3 种情况以外的任何变化进行响应，就需要进行状态分析。

状态分析的数据来源于稳定状态和输入信息。当用户处于某一稳定状态时，处理机等待外部的输入信息，当有外部的输入信息提交时，处理机才会根据当时的稳定状态来决定下一步的工作。

状态分析的依据如下：

（1）当前的接续状态（稳定状态）。

（2）提出分析要求的设备或任务。

（3）变化因素，包括被叫用户应答、状态分析就是根据上述信息，经过分析处理后确定下一步的执行任务，如被叫铃响时主叫用户挂机、被叫用户挂机等。被叫用户摘机，则下一步任务就是接通双方通话电路。状态分析的过程是由状态分析程序完成的，其程序流程如图4-8 所示。

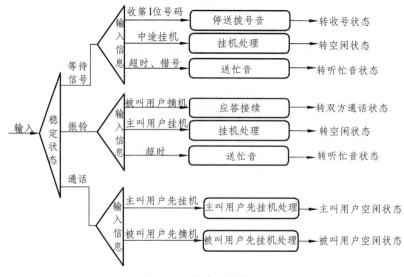

图 4-8　状态分析流程

4.2.2.3　任务执行和输出处理

任务执行分为动作准备、输出命令和任务终止处理 3 个部分，输出处理就是控制话路设备动作或复原等处理。

任务执行的动作准备是指准备硬件资源阶段，包括以下几点：

（1）准备必要的硬件。在接续处理时，一方面需要选择保留必要的通道和硬件设备，另一方面在切断时，要对不再需要的通道及硬件设备做切断的准备。

（2）进行新状态的拟定。由于任务执行会导致接续状态发生变化，产生状态转移，因此需要先改写存储状态的存储器的内容。

（3）编制硬件动作指令。即编制驱动和复原设备的指令，这些都是在软件上的动作，是任务的起始处理。

输出命令是指由输出程序根据编制好的指令输出，执行驱动任务。输出处理是执行任务，输出硬件控制命令，主要包括以下几点：

（1）通话电路的驱动、复原。发送路由控制信息驱动数字交换网络建立双向通道，用于双方话音信息的传送。

（2）发送分配信号。驱动铃流电路板向被叫用户发送振铃信号，发送执行例行测试和话断测试的控制信号，分配时钟和信号音。

（3）发送局间信令。通过占用的中继线发送局间线路信令和计发器信令，通过信令链路发送 7 号信令消息。

（4）发送计费脉冲。如果是立即计费用户，被叫用户应答后，驱动主叫侧用户电路发送 16 kHz 计次脉冲和极性反转信号。

（5）发送处理机间通信信息和测试呼叫信号等。

最后在驱动任务完成以后，还要进行最终处理，即在硬件动作转移到新状态后，软件对相关数据进行修改，使软件符合已经动作了的硬件的变化。主要包括以下几点：

（1）监视存储器的存储内容变更。执行任务时，话路系统设备动作，接续状态发生改变程序监视存储器也必须变更存储内容。

（2）硬件示闲。把经过输出处理切断了的通路和相应硬件转为空闲状态，即将存储器上相应值由忙改为闲。

（3）释放所有软件。呼叫处理过程中的设备驱动主要包括数字交换网络的驱动和各种接口电路的驱动，对数字交换网络的驱动是根据所选定的通路输出驱动信息，这些驱动信息应写入相关的存储器中，因此输出处理的主要任务是编写好输出控制信息，并在适当的时间输出。各种接口电路的驱动包括用户电路、中继电路和其他接口电路，这些电路的驱动是由处理机编写好输出控制信息，并写入驱动存储器中，在适当的时间输出。

4.2.3　基于 ZXJ10 的呼叫处理流程

通过前面的学习，我们已经熟练掌握了 ZXJ10 单板的基本知识。接着，我们将进一步学习 ZXJ10 单板的呼叫处理流程，了解 ZXJ10 单板在整个通话过程中的作用，在顺利排查故障、维护交换设备中起着十分重要的作用。

1. 用户获得摘机信息

当用户摘机时，由硬件用户电路板 SLC 单板接收摘机信息，并经由用户处理器 SP、交换网板 DSN 上报至交换机处理器 MP，传递路径如下：

用户摘机→ASLC→SP→DSNI-S→DSN→DSNI-C→COMM→MP

2. 放拨号音准备收号

MP 发送指令给交换设备中的是模拟行令板 ASIG，而 ASIG 单板上配置的 64M 音极，可以向该用户终端发送拨号音。MP 控制 ASIG 放拨号音是个分析动作，ASIG 放拨号音是个输入动作。

MP→COMM→DSNI-C→DSN→DSNI-S→ASIG（MP 通知 ASIG 放拨号音）

ASIG→DSNI-S→DSN→DSNI-S→SP→ASLC（ASIG 给用户放拨号音）

3. 用户拨号

用户摘机→ASLC→SP→DSNI-S→DSN→DSNI-C→COMM→MP

当用户听到交换机发出的拨号音后，向交换机发送地址信令，交换机采用 DTMF 收号方式，存在 ASIG 单板中，ASIG 收到电话号码后，将信息发送给 ASLC，通过 SP 上传给 DSN，最终将信息传给交换机处理器 MP。MP 获取信息后根据号码管理中用户线和用户号码是一一对应关系的原则，查出主叫电话所对应主叫号码。其中，DSN-S 是 SP 级别的 DSNI 板，用于与各功能单元的连接；DSNI-C 是 MP 级别的 DSNI 板，用于和主控单元的连接。

4. 号码分析

接下来，MP 根据用户属性指定号码分析子，依次查找其中的号码分析器，根据配置对被叫号码 8880001 进行号码分析，并发出振铃。

8880001→ASLC→SP→DSNI-S→DSN→DSNI-S→ASIG

ASIG→DSNI-S→DSN→DSNI-C→COMM→MP→8880001

当收号器接收 8880001 的号码后，MP 根据用户属性中指定的号码分析子找到本地网分析器，通过局号索引查找对应的局号，进行号码分析从而找到被叫电话号码 8880001 的用户。

5. 向被叫发出振铃

MP→COMM→DSNI-C→DSN→DSNI-S→ASLC（8880001）

MP 经过号码分析后，找到被叫号码是 8880001 的用户，要给被叫发出一段振铃。首先 MP 找到 COMM，经过交换网 DSN 再找到 8880001 的用户。

6. 通话阶段

ASLC→SP→DSNI-S→DSN→DSNI-S→SP→ASLC

通过号码分析，主叫用户已找到了被叫用户，双方进入通话阶段，ASLC 信息通过客户经理 SP 上传，经过交换网络 DSN，通过被用户处理器 SP 找到被叫用户。注意，在整个通话期间只传输话音信号，MP 单板是不对通话过程进行控制的，因此不难看出，用户通话的过程是透明传输的过程。

4.3 ZXJ10 交换机实现本局电话互通

4.3.1 本局任务分析

前面，我们已经掌握了 ZXJ10（V10.0）交换机物理配置的方法，成功开通了大梅沙端局，学会了诸如开局前的局容量规划、交换网板、用户处理器板等连接成局的方式。现在根据新的任务要求，完成后台交换机配置数据，使大梅沙端局的几位用户之间实现互相通话，如表 4-1 所示。根据任务描述中的要求，实现本局几个用户互通电话的第一步，是让每个用户都有一个地址（即电话号码），然后保证交换机处理器能够根据用户号码找到这个用户（即号码分析），另外，还要对通话发起方（即主叫）话机是否有发起呼叫权限等事物进行设定（即用户属性设定）。

表 4-1 本局任务要求

序号	大梅沙端局用户	电话号码	电话线
1	李强	6561001	机框 1 槽位 4 序号 10
2	王明	6561002	机框 1 槽位 4 序号 17
3	张伟	6561003	机框 1 槽位 4 序号 18
…	…	…	…

4.3.2 典型任务实施

实现本局用户电话互通需完成三个步骤，第一步在号码管理中分配电话号码，第二步通过号码分析让交换机根据号码找到被叫用户，最后一步配置用户属性，如图 4-9 所示。

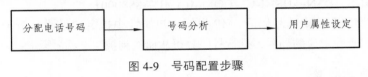

图 4-9 号码配置步骤

1. 分配电话号码

如图 4-10 所示界面，在号码管理中需要为 PSTN 用户终端分配电话号码，每个用户都有一个地址（即电话号码），因此我们要根据被叫用户的号码，在号码管理中新建局号、分配百号和放用户号码三个步骤。

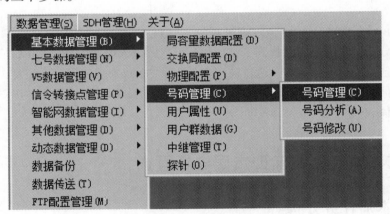

图 4-10 菜单选择

值得注意的是，家里座机后面的那条电话线，叫作用户线，直接与交换机的 ASLC 板相连，一块中兴的模拟用户板可以连接 24 个模拟用户，如果每个用户都接入一根用户线的话，就可以连接 24 条用户线，那么我们会将用户线从 1～24 进行编号，以 ZXJ10 虚拟机房 2 为例，三部座机固定分配了 10、17、18 三条用户线号码，那么用户通过用户线号码是无法拨通电话的，必须给每条用户线号码分配一个用户号码，就是通常家里的座机号码，例如，10 号线分配了 6561001，17 号线分配了 6561002，18 号线分配了 6561003，通过放号管理，将用户线号码与用户号码——对应起来。如图 4-11 所示，已经放号的号码类别显示"PSTN 用户"，没放号的显示为"未使用"。

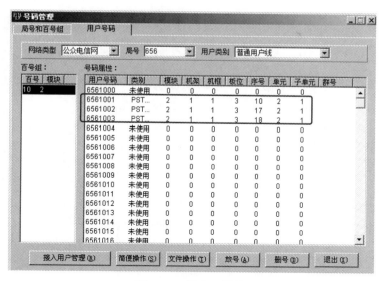

图 4-11　机房 2 放号

1）新建局号

根据任务要求，用户号码长度为 7 位，先设定"局号索引"，它是用来区分同一交换局不同局号的编码，可选编范围为{1，2，3，…，200}，此处设为 1；接着再设定"局号"为"656"，它是电话号码的前三位，也是网络地址的一部分，两者是——对应的关系，先通过局号索引再找到唯一对应的局号，如图 4-12 所示。

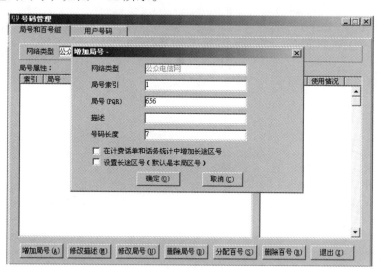

图 4-12　新建局号窗口

2）分配百号

局号 656 建立好后，就可以进行百号的分配了，百号组从 00～99，一共有 100 个组合，点击【分配百号】，弹出【分配百号组】在左侧框中出现，根据任务表要求，本地号码的后 4

位 ABCD 中的 AB 都是 10，因此接下来要分配的百号为 "10"，被选中的百号会显示在右边框内，如图 4-13 所示，单击【返回】，则返回【局号和百号组】子页面。

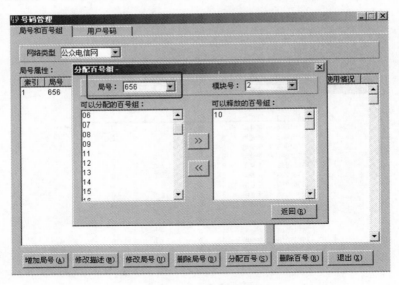

图 4-13　局号下建立百号组

此时的【局号和百号组】子页面显示，如图 4-14 所示，局号 656 的使用情况变为 "已使用"，右边百号组中的百号使用状况为 "空闲"。

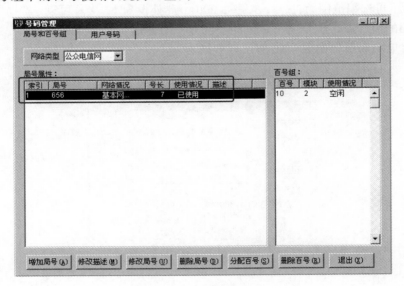

图 4-14　新建局号窗口

3）放号

进入【号码管理】窗口，点击【用户号码】，局号下拉列表框中选择要放号的局号 656，然后在百号组框中选定要放号的百号 10，此时右边框显示出所有可供分配的 100 个电话号码，分别从 6561000～6561099，如图 4-15 所示。

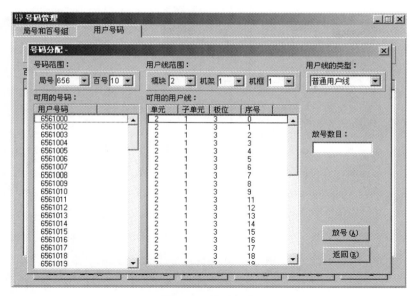

图 4-15　放号操作

　　界面中除了显示局号、百号，还显示了模块号、机架号、机框号，可用的 24 条用户线来自用户单元 2，子单元 1，板位 3，编号从 0～23。

　　该界面中除了进行放号，还可以进行接入用户管理、多种方式放号和删除号码等操作，当我们要给用户配置电话号码时，可以通过界面右下方的【放号（A）】实现，如图 4-16 所示，一次可以对同一个局号同一模块的大量用户放号。

图 4-16　放号操作

　　进入放号操作，点击下拉框选定局号、百号、模块、机架、机框、用户线类型，将左边框的用户号码与右边框的用户线序号对应起来，若放号成功，点击【放号】，点击弹出界面中的【确定】，完成放号操作，如图 4-17 所示。【放号数目】中可填入实际的放号数。

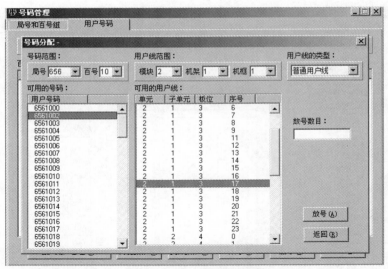

图 4-17　号码分配

2．进行号码分析

拨打电话号码的过程好比交换机寻找网络地址的过程，而这个过程通过号码分析功能实现。当交换机收到呼叫请求时，处理器会根据号码分析选择子依次查询其中的号码分析器，再根据号码分析器中配置的分析规则查找到被叫号码，如图 4-18 所示。例如，我们要找通信专业 181 班学号是 5 号的同学李强，首先要进入贵州职院（即号码分析选择子），接着进入通信技术专业 181 班（即号码分析选择器），进而找到学号为 5 号的同学，从而保证交换机能根据用户号码准确找到被叫用户。

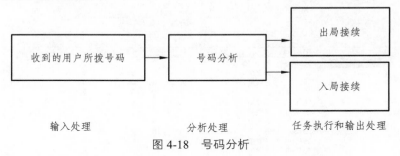

图 4-18　号码分析

1）增加号码分析器

点击【基本数据管理】，进入【号码管理】下的【号码分析】菜单，如图 4-19 所示。

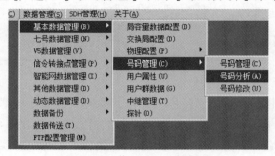

图 4-19　进入号码分析界面

出现【号码分析】界面，点击【分析器入口】子页面，如图 4-20 所示，点击【增加】，在分析子下需要增加两个分析器：新业务分析器（默认分析器编号为 1）和本地网分析器（默认分析器编号为 5），如图 4-21 所示。

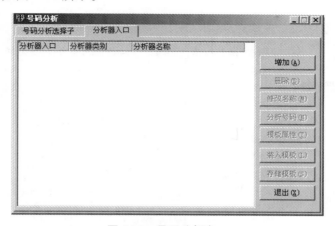

图 4-20　号码分析窗口

图 4-21　创建本地网分析器

建立完分析器入口，接着要建立号码分析子，分析子的编号设为 1，如图 4-22 所示。

图 4-22　建立号码分析选择子及其包含的号码分析器

然后，点击【分析器入口】，进入刚才增加的本地网分析器和新业务分析器，点击【本地网】，进入到【分析号码】，点击右边【增加】，此时开始对所建的 656 局进行号码分析，如图 4-23 所示。

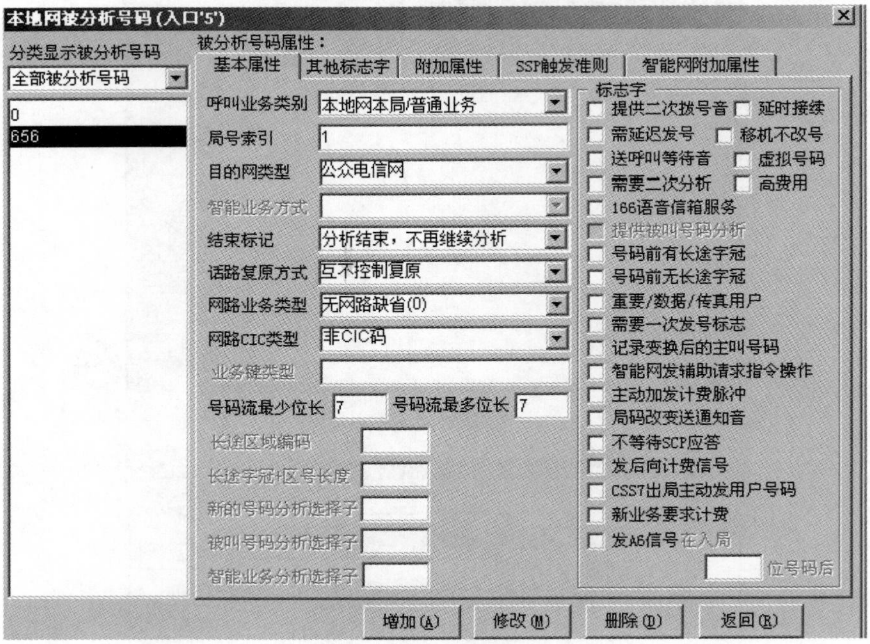

图 4-23　增加被分析号码

呼叫业务类型：选"本地网本局/普通业务"。

局号索引：局号索引与局号是一一对应的关系，前面在建立局号的时候，已经设置了局号索引为"1"，对应的局号为"656"，这里仍然要保持一致，表示交换机通过寻找局号索引"1"，从而准确定位本局"656"局号，进而找到具体的电话号码及用户线，从而向被叫用户发出振铃。

结束标记：分析结束，不再继续分析。表示交换机已对所有的号码进行号码分析。

话路复原方式：选择互不控制复原。表示通话双方无论主叫用户还是被叫用户挂机，通话线路都会被拆除。

网络业务类型：选"无网路缺省"。

网络 CIC 类型：选"非 CIC 码"。

号码流长度：根据任务要求，此次分析的电话号码长度为"7"。

2）增加号码分析选择子

进入号码分析的【号码分析选择子】子页面，单击【增加】按钮来增加号码分析选择子：在号码分析选择子的相应位置，填入分析子编号；在选择子名称处填入分析子名称，名称可以自定义，此处名称仅用于自己识别；在分析器入口处选择需要添加的分析器，本局的号码分析子选择已经配置了新业务分析器和本地网分析器，如图 4-24 所示。

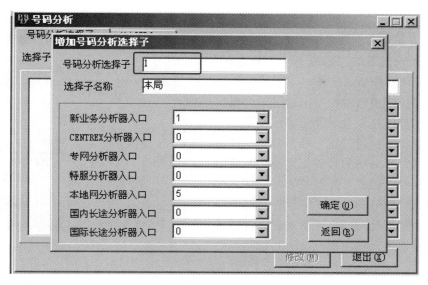

图 4-24　增加号码分析子

单击【确定】，返回号码分析界面，此时号码分析制作结束，如图 4-25 所示。

图 4-25　号码分析选择子及其包含的号码分析器

3. 用户属性设定

主叫方是否有发起呼叫的权限，即用户属性的设定，在用户属性中配置。用户属性涉及与用户本身有关的数据及相关属性的配置问题，可实现的功能包括用户停、开机，用户呼叫权限的变更，以及用户新业务的登记和撤销等。在制作了用户号码数据后，就需要对用户属性进行定义。它分为用户版模板定义和用户属性定义两个部分。在制作用户属性数据时。先选择用户模板。然后根据实际要求添加用户属性。同时也可以自定义新的用户模板。由于用户属性定义是本局正常工作使用最频繁的部分，所以最好先定义用户模板。

1）用户模板定义

如图 4-26 所示，选择【数据管理】，进入【基本数据管理】，点击【用户属性】菜单，出现如图 4-27 所示的界面，选择【用户模板定义】子页面，进行用户模板的定义。

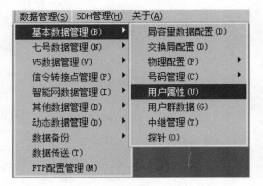

当处理器确定主叫用户号码之后，会根据对该用户的用户属性设置来确定应该使用哪一个号码分析选择子，通过这个号码分析选择子包含的分析器里所分析的号码，进而控制该用户可以拨打哪些电话，不能拨打哪些电话。如果在给用户指定的号码分析子中没有对某个号码的分析，交换机处理器将无法找到该被叫号码对应的网络地址，主叫用户会听到被叫号码为空号的提示。

图 4-26　进入用户属性的操作界面

用户模板定义如图 4-27 所示，当添加了多个号码分析子时，号码分析子处要填写所需要的号码分析子，此处应填写的"号码分析子"为"1"，与前面建立的号码分析子对应，否则将无法找到被叫用户；同时应将用户处于开通状态，将"未开通"打钩，表示此时已将用户电话开通。

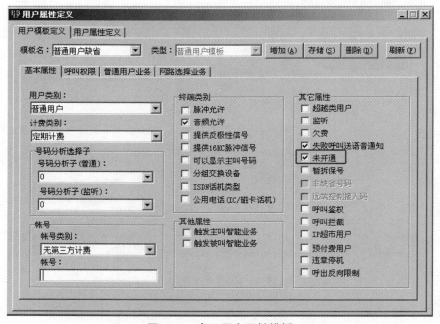

图 4-27　定义用户属性模板

2）用户属性定义

在进行用户属性定义时，首先要定位需要设置属性的用户，然后对用户的属性进行设置。在设置属性时，可以选用已经存在的模板进行定义，也可以对单个用户进行定义。

选择【用户属性定义】子页面，如图 4-28 所示，用户定位有手工单个输入、手工批量输入和列表选择输入 3 种方式。

图 4-28　用户属性界面

手工单个输入：在【号码输入方式】下拉框中选择【手工单个输入】，输入号码即可，此种方式只能定位一个用户。

手工批量输入：在【号码输入方式】下拉框中选择【手工批量输入】，输入多个号码，按照模块号、局号、百号及用户号码的方式定位。在进行批量修改用户属性操作时，最好先将后台数据备份，以防止错误的批量修改而导致无法恢复原来的用户属性。

列表选择输入：在【号码输入方式】下拉框中选择【列表选择输入】，可进行非手工输入，按照模块号、局号、百号、用户号码的方式定位，如果只选模块号，则该模块上的所有用户会被选中；如果只选模块号和局号，所有满足条件的百号组都会被选中；如果选模块号、局号和百号（不选特定号码），则此百号中的所有号码被选中。

在图 4-28 中单击【确定】按钮，弹出如图 4-29 所示的界面，如果已经预先定义了模板，在此处直接显示；如果没有定义模板，在这里需要自己手动选择号码分析子和去掉"未开通"选项。

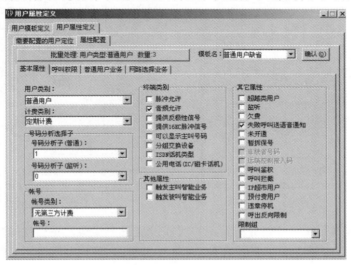

图 4-29　属性配置

完成以上三个步骤的数据配置以后，需要把数据传送至前台，如图 4-30 所示。

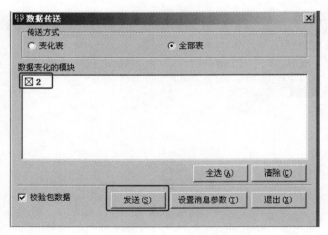

图 4-30　数据传送

数据成功传送至 MP 后，即可进行通话验证，在仿真软件的桌面上双击"本局通话"图标，会显示三部座机，通过前面的放号管理可知，三部电话号码分别是 6560001、6560002 和 6560003，用鼠标点击其中任意一部虚拟电话，则该电话会显示在正中间，并显示被叫号码，如图 4-31 所示。

此时若将 6560001 的座机选为主叫用户，摘机会听到交换机发出的提示音，此时点击鼠标拨打电话 6560002 则为被叫用户，交换机向被叫用户发出振铃，来电显示主叫号码，如图 4-32 所示，被叫摘机，本局的两个用户进入通话状态。若此时忘记本机电话号码，可以通过后台查看号码管理或用鼠标点击虚拟电话右下方"#"键两遍，则电话可以报主机号码。

图 4-31　本局电话呼叫

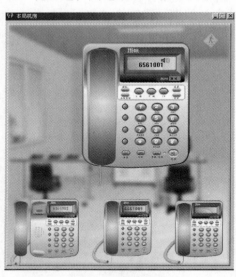

图 4-32　本局电话被叫

因此，通过号码管理、号码分析及用户属性设定三个步骤，我们就能顺利地实现大梅沙本地用户电话互通了。但是在实际操作的过程中，经常会遇到电话拨不通的情况，下面我们将重点介绍本局呼叫故障排查的方法。

4.4　ZXJ10 本局呼叫故障排查

在日常的数据配置及现网维护过程中，难免会出现故障，造成业务不能正常实现。在数据配置中造成通信失败的原因有很多，当用户拨打了电话，但由于数据配置或设备故障等各种不同原因造成通话不能顺利实现的情况称为呼损，这时就需要对故障进行定位和排查。首先需要使用维护工具查看呼损记录，以缩小排查范围，再根据呼损记录中的注释，对可能造成此种错误的位置进行一一检查，从而准确定位。

交换机的后台维护系统能够提供多种协助维护人员查找错误的工具及维护工具。以 ZXJ10 为例，它提供了多种业务和系统维护工具，前面已经学习了使用"后台告警"工具对物理配置进行排查，在本局通话中，我们经常使用"呼叫业务观察与检索"对呼损进行跟踪，步骤如图 4-33 所示。

图 4-33　呼叫业务观察与检索

4.4.1　故障定位的工具

为了能准确地对故障原因进行定位，我们一起来学习对故障进行定位的工具——呼叫业务观察与检索工具。呼损指当数据配置或设备故障等各种原因造成用户无法拨通电话的情况，我们通过查看呼损记录，缩小排查范围，进一步定位故障原因。

首先打开仿真软件，进入后台维护系统，在【业务管理】下，点击【呼叫业务观察与检索】工具，在【观察模块号】一栏填写实际要观察的模块，因为我们虚拟机房是单模块成局的情况，所以模块号固定为 2，呼叫类型选择 ALLTYPE，表示对所有失败原因进行观察，如图 4-34 所示。点击【确定】，就会出现"呼损记录总览"，如图 4-35 所示。

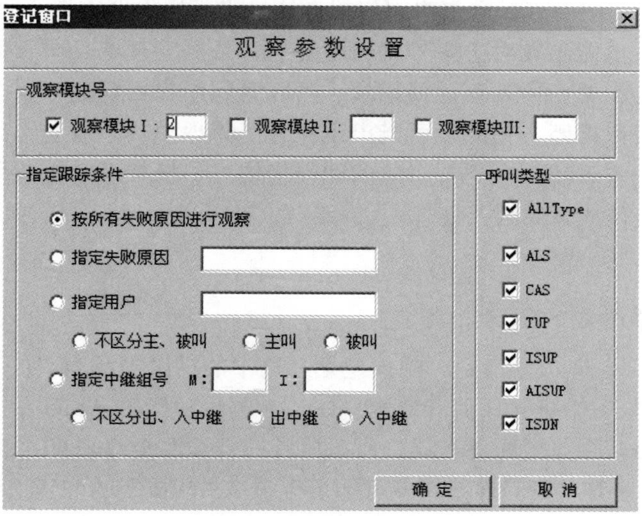

图 4-34　登记观察参数

图 4-35　放号错误的呼损记录

接下来尝试拨打电话，如遇到故障，在呼损记录中会显示所有的记录。

4.4.2　常见故障排查方法

造成用户无法拨通电话的原因有很多，归纳起来主要分为两类：一是物理配置有误，这时需要检查单板插入、背板连线是否有误，通过"后台告警"工具查看；二是数据配置有误，这时需要检查放号、号码分析、用户属性设定等是否有误，通过"呼叫业务观察与检索"工具查看。

1. 放号错误造成的通话故障

观察呼损记录，如图 4-35 所示，呼损记录总览中错误提示为"主叫用户未开通"，可以看到"用户号码"这一列中没有显示主叫用户的电话号码，故障现象是"摘机拨号遇忙音"，因此可以推断，错误很可能出在对主叫号码的配置上，数据管理中号码管理和用户属性两部分都有关于主叫用户的配置。再观察呼损记录，可以看到用户号码这一列中没有显示主叫用户的电话号码，因此可以推断，错误很可能出现在号码管理中的"放号"这一步。检查数据配置的号码管理选项，查看用户号码与对应的硬件模块号、机架号、机框号及用户线序号等是否正确，依次排查定位故障原因并处理。

2. 收号器故障造成的通话故障

观察呼损记录，如图 4-36 所示，呼损记录总览中的错误提示为"放音时 DB 得不到空闲的音资源"，故障现象为摘机无任何音资源。DTMF 收号功能由 ASIG 单板实现，因此推断错误原因很可能是模拟信令单元配置有误，由于所有的音资源全部来自 ASIG 单板，如拨号音、提示音、忙音，按键音等，我们推断故障可能出现在 ASIG 单元的配置上，此时需要检查所有与 ASIG 有关的数据，观察机架上的 ASIG 单板运行灯是否正常，检查后台告警中是否有模拟信令单板告警，ASIG 板的槽位、HW 连线是否正确，是否配备了足够的 DTMF 功能，依次排查，定位故障原因并处理。

图 4-36　收号器故障的呼损记录

3. 号码分析造成的通话故障

观察呼损记录，如图 4-37 所示，我们发现呼损记录总览中的错误提示为"号码分析是空号"，可以判定故障位置，在涉及号码分析的配置中，依次检查号码分析子，此号码分析器的参数配置是否正确，以及用户属性中是否调用了正确的号码分析子。依次排查，定位故障原因并处理。

图 4-37　号码分析失败的呼损记录

4.4.3 排故典型任务实施

在排故任务实施过程中，将通过 5 个故障包来巩固故障排查训练，本小节将以故障包 1 为例，重点讲解恢复故障包数据和故障排查的方法和步骤。

首先，我们提前将故障文件包 1 放置在 C 盘/我的电脑/ZXJ10BOX/Lab1 内，在后台点击【数据管理】，进入【数据备份】，选择【从 SQL 文件中恢复备份的数据库】，点击【恢复】，如图 4-38 所示。

此时，系统中就会恢复预设的故障包 1 数据。接着，我们打开【呼叫业务观察与检索】工具，选择【登记】，帮助我们锁定故障原因，在【呼叫数据观察与检索】窗口得到如图 4-39 所示的   呼损。

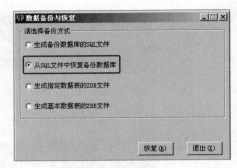

图 4-38   恢复故障包文件

图 4-39   第二次拨测呼损记录总览

接下来，请根据故障点提出解决方案，再次实现三部电话互通并完成任务报告，如图 4-40 所示。

任务报告

姓　名：_____   学　号：_____

组　名：_____   班　级：_____   提交日期：_____

解决方案（详细分析任务要求后，写出任务实施的计划和思路）：

正文（请记录详细的实验步骤）

图 4-40   任务报告

摘机拨打电话，发现电话里无任何声音，观察呼损记录显示"放音时 DB 得不到空闲的音资源"。前面已学习常见故障排查的方法，知道了所有音资源都来自模拟信令单板，因此，我们推断故障可能出现在模拟信令单元的配置上。此时，我们就要去检查所有与模拟信令单板有关的数据，通过查看后台告警，检查在物理配置中的单元配置是否有误，如果检查无误，则进入到模拟信令单元，是否配备了双音多频和 64M 音板，结果检查发现，全部配备了双音多频，但没有勾选 64M 音板，如图 4-41 所示，致使主叫用户摘机无任何音资源，修改如图 4-42 所示。

图 4-41　错误的模拟信令单元配置

图 4-42　正确的模拟信令单元配置

修改成功后将数据发送至前台，进行第二次拨打电话，此时摘机电话能听到拨号音，说明第一个故障已顺利排查，但是电话仍然无法拨通，并且电话中提示音为"您拨打的号码是空号"，观察呼损记录显示"号码分析是空号"，如图 4-43 所示。

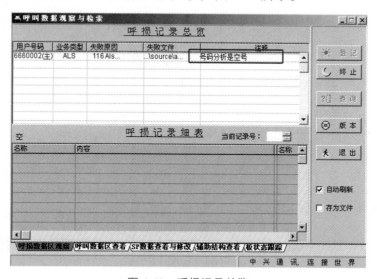

图 4-43　呼损记录总览

此时，我们要去检查故障可能会出现在号码分析的配置中，所以我们依次检查号码分析选择子、号码分析器的参数配置是否正确，以及用户属性中是否调用了正确的号码分析选择子、号码分析器。通过检查，发现是在本地网号码分析器中，出局路由链组的设置出了问题，应将"本地网出局/市话业务"修改为"本地网本局/普通业务"，如图 4-44 所示。

修改成功后将数据发送至前台，进行第三次拨打电话，通过对前面两个故障的排查，此时我们能够顺利完成三台电话互相拨通，如图 4-45 所示，至此，我们完成故障包 1 故障排查的任务，实现了本局三部电话互通。此时观察呼损记录显示"主叫用户未拨号挂机"，如图 4-46 所示。

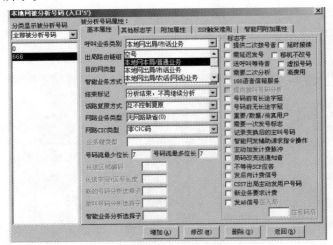

图 4-44　号码分析　　　　　　　　　　　　　　　　　图 4-45　拨通电话

图 4-46　呼损记录总览

4.4.4　系统的诊断与维护

程控交换机要求能可靠地连续工作，提供稳定的服务。而故障总是会发生的，这要求能迅速地进行故障处理，力求缩小故障所造成的影响。

4.4.4.1　故障处理的一般过程

当交换机发生故障时，故障处理的一般过程有故障识别、系统再生成、恢复处理、告警打印、诊断测试、故障修理及修复故障返回整机系统。

1. 故障识别

各种设备配有各种检验电路，校核每次动作结果，如识别到不正常情况，一般可通过故障中断报告给 CPU，通过故障处理程序中的故障识别和分析程序，可以大致分析出发生了什么性质的故障和哪一个设备发生了故障。

2. 系统再生成

当故障识别程序找到有故障设备后，就将有故障的设备切除，换上备用设备，以进行正常的交换处理。这种重新组成可以正常工作的设备系列，称为系统再组成，是由系统再生程序执行的。

3. 恢复处理

故障发生后，暂停呼叫处理工作，进行故障处理。在系统再组成后，应恢复正常的呼叫处理，由恢复处理程序来进行恢复处理；对于一般的故障中断，切除故障设备和换上备用设备后，可以在呼叫处理程序的中断点恢复。

4. 故障告警打印

交换机恢复正常工作后，应通知维护人员故障状况，进行故障告警和故障打印。故障告警可使告警灯亮，也可使告警铃响。故障打印是将故障有关情况较详细地由打印机打印出来，打印机的打印速度较慢，应在呼叫处理恢复后，在执行呼叫处理的同时，利用空闲时间打印。

5. 诊断测试

虽然故障设备已被备用设备所替换，但应尽早修复故障设备，以免在故障设备修复前发生同类故障，因没有可替换的设备而造成交换接续的中断。为了使这种可能性减少到最小程度，就需要尽可能缩短修复时间。

维护人员可根据打印输出的故障情况，发出诊断指令，CPU 启动故障诊断程序对设备进行诊断测试，诊断结果再由打印机输出。

诊断测试也可由软件自动调度执行。

6. 故障修理

对于硬件设备（如电路板）的故障，可由维护人员利用测试仪表进行测试和分析，更换损坏的元器件，以便达到故障修复的目的。

7. 修复设备返回整机系统

故障设备恢复后，可由维护人员送入指令，以便使修复设备成为可用状态，退回交换机的工作系统中去。

4.4.4.2　故障检测与诊断

要进行故障处理，首先必须能发现故障。可由硬件或软件发现故障，此外还可进行用户线和中继线的自动测试。

1. 硬件发现故障

硬件可通过奇偶校验、动作顺序校验、工作状态校验、非法命令校验等手段发现故障。一般在硬件设备中加入一些校验电路以监视工作情况，如发现异常，可以通过中断转告软件，也可以由软件查询发现故障。通常有两种检测方式：故障中断和状态监视。

2. 软件发现故障

软件发现故障也有两种检测方式：控制混乱识别和数据检验。

（1）控制混乱识别。

程序陷入无限循环状态，即属于控制混乱。此外，还有逻辑上混乱。监视程序是否出现无限循环，可根据程序的正常执行时长进行时间监视，低级别程序可由高级别程序监视，最高级别的程序可由硬件监视。

（2）数据检验。

软件中有一些查核程序可自动地定时启动，可查核中继器和链路是否长期占用、忙闲表和硬件状态是否不一样、公用存储区是否长期被占用等不正常情况。

4.4.4.3　故障排除

在故障处理中，如果识别出故障设备，可将故障设备切除，换上备用设备，这是最简单的系统再组成。也可由人工对设备进行转换、切除和恢复工作。在较复杂的情况下，如难以区分故障设备或出现严重故障，要用逐次置换法来不断组成系统，以形成正常工作系统并找出故障设备。

【本章小结】

本章带领同学们一起探寻了电话号码的奥秘，了解了电话号码的组成和分类，分析了本局呼叫处理流程及 ZXJ10 单板相互协调配合工作的原理。通过本章的任务实施，学习了实现本局通话的三个步骤，即分配电话号码、进行号码分析和用户属性的设定。同时，学习了使用故障定位工具"呼叫业务观察与检索"，利用维护工具进行呼损观察和故障定位。并列举了常见典型故障现象、呼损记录及排查思路。

【思考与练习】

一、填空题

1. 通过对呼叫处理过程特点的分析，可以将呼叫处理过程划分为以下三个，分别是输入处理、_____、任务执行和输出处理。

2. 本模块两个用户拨打电话，建立话路，摘机信息传递到 MP 的路径是_____。

3. _____为国内长途全自动字冠，_____为国际长途全自动字冠，_____为特种业务、新业务及网间互通的首位号码。

4. ZXJ10(V10.0)交换机提供 7 种号码分析器，分别为：_____、CENTREX 号码

分析器、专网号码分析器、特服号码分析器、＿＿＿＿＿＿＿＿、国内长途号码分析器和国际长途号码分析器。

5. 来话分析的依据是被叫号码的剩余号码和被叫用户的＿＿＿＿＿＿＿＿。

6. 当数据配置或设备故障等各种原因造成用户无法拨通电话的情况称为＿＿＿＿＿＿＿。

7. 常见典型故障有放号错误造成的通话故障、收号器故障造成的通话故障和＿＿＿＿＿＿＿＿造成的通话故障。

二、单选题

1. 本地号码 5678-1234，则百号为（　　　）。

    A. 56　　　　　　　　B. 78　　　　　　　　C. 12　　　　　　　　D. 34

2. ZXJ10 共提供（　　　）种号码分析器。

    A. 5　　　　　　　　B. 7　　　　　　　　C. 9　　　　　　　　D. 11

3. （　　　）单板是数字中继板。

    A. ASIG　　　　　　B. DTI　　　　　　C. MTT　　　　　　D. FBI

4. 所有的音资源均来自（　　　）单板。

    A. ASIG　　　　　　B. DTI　　　　　　C. MTT　　　　　　D. FBI

5. （　　　）单板是交换机的核心部件。

    A. ASIG　　　　　　B. DTI　　　　　　C. MP　　　　　　D. FBI

6. 家里座机后面的电话线是与（　　　）单板连接。

    A. ASIG　　　　　　B. DTI　　　　　　C. MTT　　　　　　D. ASLC

7. 如果在通话中，电话没有任何声音，可能是（　　　）单板出了问题。

    A. ASIG　　　　　　B. DTI　　　　　　C. MTT　　　　　　D. ASLC

8. 用户摘机后将信息上传给 MP 的正确路径是（　　　）。

    A. 用户摘机→ASLC→SP→DSNI→MP

    B. 用户摘机→ASLC→SP→DSNI-S→COMM→MP

    C. 用户摘机→ASLC→SP→DSNI-S→DSN→DSNI-C→COMM→MP

    D. 用户摘机→ASLC→SP→DSNI-C→MP

9. 向被叫发出振铃的正确路径是（　　　）。

    A. MP→ASLC→SP→DSNI→ASLC

    B. MP→COMM→DSNI-C→DSN→DSNI-S→SP→ASLC

    C. MP→COMM→DSNI-S→DSN→DSNI-C→SP→ASLC

    B. MP→DSNI-C→DSN→DSNI-S→SP→ASLC

10. 如果三个座机电话号码相同，但百号不同，请问应注意（　　　）环节的配置。

    A. 百号　　　　　　　　　　　　B. 用户号

    C. 局号　　　　　　　　　　　　D. 长途区号

11. 通过（　　　）可以查看呼损记录，缩小排查范围，进一步定位故障原因。

    A. 物理配置　　　　　　　　　　B. 呼叫业务观察与检索

    C. 七号信令数据管理　　　　　　D. MTP 数据管理

12. 呼损记录"未见脉冲或音频信号"，问题可能是（　　　）。

A. 号码分析有误   B. 号码分配有误

C. 用户属性设定有误   D. 单板配置有误

三．多选题

1. 本地电话网的用户号码包括（　　　）两个部分。

A. 局号   B. 用户号   C. 百号   D. 长途区号

2. 实现本局电话互通的步骤分别是（　　　）。

A. 分配电话号码   B. 进行号码分析

C. 用户属性的设定   D. 号码流的转换

3. 在号码分析中要建立（　　　）。

A. 本地网号码   B. 号码分析子

C. 号码分析器   D. 新业务号码

4. 呼损记录"摘机拨号放空号音"，问题可能是（　　　）。

A. 号码分析子配置有误   B. 号码分析器配置有误

C. 数据配置有误   D. 背板连线有误

5. 造成电话拨不通的原因有（　　　）。

A. 号码分析有误   B. 背板连线有误

C. 放号有误   D. 单板配置有误

四、判断题

1. 国际长途电话拨号方式为：00+国家号码+国内电话号码。 　　　（　　　）

2. 本地号码 86620835 的局号为 866。 　　　（　　　）

3. 当交换机收到用户拨打的电话号码后，交换机根据电话号码找到被叫用户的分析过程就是号码分析。 　　　（　　　）

4. 在分配用户电话时，要求用户线号码与用户号码必须——对应。 　　　（　　　）

5. 数字交换网接口板 DSNI 可以分为 MP 级 DSNI 板和 SP 级 DSNI 板。 　　　（　　　）

6. MP 级 DSNI 板称为 DSNI-C，用于与主控单元连接。 　　　（　　　）

7. MP 想发消息给 SP 的传递路径是：MP→COMM→DSNI-C→DSN→DSNI-S→SP。 （　　　）

8. 当数据配置或设备故障等各种原因造成用户无法拨通电话的情况，称为呼损。

　　　（　　　）

五、简答题

1. 简述本地网和长途网的编码方案。

2. 简述实现本局通话需要经过的步骤。

3. 简述 ZXJ10 的呼叫处理流程。

4. 简述 MP 向被叫发出振铃的传递路径。

5. 数据传送到前台后，拨打电话失败，通过"呼叫业务观察与检索"工具错误提示为"号码分析是空号"，请分析问题出现在哪里？提出解决办法。

【大开眼界】

近代中国电话的发展

鸦片战争后，西方列强在中国掠夺土地和财富的同时，也为中国带来了近代的邮政和电信。1900年，中国第一部市内电话在南京问世，上海、南京电报局开办市内电话，当时只有16部电话。1904—1905年，俄国在中国的烟台—牛庄架设了无线电台，中国古老的邮驿制度和民间通信机构被先进的邮政和电信逐步替代。

民国时期，中国的邮电通信仍然在西方列强的控制中。加上连年战乱，通信设施经常遭到破坏。抗战时期，日本帝国主义出于战争需要，改造和扩建了电信网络体系，他们利用当时中国经济、技术的落后和政治制度的腐败，通过在技术、设备、维修、管理等方面对中国的通信事业进行控制。

1949年以前，我国电信系统发展缓慢，到1949年，电话的普及率仅为0.05%，电话用户只有26万。

1949年以后，中央人民政府迅速恢复和发展通信。1958年建起来的北京电报大楼成为我国通信发展史的一个重要里程碑。1966—1976年，邮电再次遭受打击，一直亏损，业务发展停滞，到1978年，全国电话普及率仅为0.38%，不及世界水平的1/10，占世界1/5人口的中国拥有的话机总数还不到世界话机总数的1%。每200人中拥有话机还不到一部。交换机自动化比重低，大部分县城、农村仍在使用"摇把子"，长途传输主要靠明线和模拟微波，即使北京每天也有20%的长途电话打不通，15%要在1 h后才能接通，在电报大楼打电话的人还要带着午饭去排队。

改革开放后，落后的通信网络成为经济发展的瓶颈，自20世纪80年代中期以来，中国政府加快了基础电信设施的建设，到2003年3月固定电话用户数达22 562.6万，移动用户达22 149.1万户。

古今中外，多少人曾经为了更快、更好地传递信息而努力，在电信发展的100多年时间里，人们尝试了各种通信方式，最初的电报采用类似"数字"的表达方式传送信息，其后以模拟信号传输信息的电话出现了；随着技术的进步，数字方式以其明显的优越性再次得到重视，数字程控交换机、数字移动电话、光纤数字传输……历史的车轮依然前进。

通信科技的发展给人们之间的沟通交流、相互了解起到了至关重要的作用，回顾电话在中国的发展，对消费者来说，最重要的就是每一项新产品的推出都给人们生活带来极大的便利。可以说，随着通信方式的改变，人们的生活方式也随之改变，鸿雁传书曾是人与人交流沟通的最原始方式的描述而电话的产生发展也在通信方式中留下不可磨灭的影响。

通信工具的变迁和电信事业的发展，使信息的传递变得便捷和简便，深刻地改变着人们的思想观念和生活方式。

第 5 章　开通局间电话业务

【本章概要】

通过本章的学习，了解中继的作用和组成，掌握机器间的对话语言——信令及其分类、信令网的组成及其工作方式等，同时掌握目前通信网中广泛应用的 No.7 信令系统结构，并能够在 ZXJ10 交换机中实现局间电话互通业务，为后续学习使用维护工具对局间通信进行信令跟踪和故障排除奠定基础。

【教学目标】

- 了解中继、中继电路及中继电路组的相关知识
- 掌握信令的概念及分类
- 掌握信令网的结构、组成及工作方式
- 掌握 No.7 信令系统结构
- 掌握局间通信流程
- 掌握检测信令链路的方法

5.1　中　继

5.1.1　中继基础

中继是一台交换机与其他交换机之间连接的接口，即交换机和交换机之间进行通信时则需要通过中继相连。中继由中继接口、中继线路及中继连接设备组成，用来提供信令和话路的传输通道，完成局间信令收发和话路接续。

根据中继的开通方式，可将中继划分为入向中继、出向中继及双向中继。其中，入向中继和出向中继为两个相对的概念，即相对于某一方交换局而言。比如我方为网络侧，用户侧要求其话机只能打入不能打出，则对于用户而言，该中继应该设置为入向中继，对我方而言该中继为出向中继。

此外，中继还可分为模拟中继、数字中继和智由 IP 中继三种类型。

1. 模拟中继

家里的普通固定电话线，即为模拟线。模拟中继就是多根普通电话线的简单组合。

2. 数字中继

目前在用的数字中继主要是 PRI（Primary Rate Interface，基群速率接口），又叫 PRA，ISDN，30B+D，这种中继线在形态上与模拟中继有较大的不同，通常是先光纤到达公司机房，然后由光端机把光信号转为电信号（同轴电缆），1 对同轴电缆也就是一根 PRI，也就是一根数字中继，虽然说是一根，但是却能同时支持 30 路语音同时呼入呼出、同时办公，相当于 30 路模拟中继。

我国采用的 30B+D 方式中，总速率为 2.048 Mb/s。其中：B 信道为用户信道，用来传送数据、话音、图像等用户信息，速率是 64 kb/s；D 信道为控制信道，用来传送公共信道信令，控制同一接口的 B 信道上的呼叫，速率为 64 kb/s 或 16 kb/s。正是这样通过 B 通道和 D 通道的划分，ISDN 接口实现了数据和控制流的分离。由于 PRA 中继作为用户端接入使用时，不需要目的地编码资源，故使用比较灵活、广泛。PRI 中继在开通前需要与用户确定 D 通道占用时隙及中继开通方式：出中继、入中继或者双向中继。

3. 智由 IP 中继

智由 IP 中继可以通过因特网向用户提供接入服务，即用户的 IP PBX 只要能够注册到服务商的平台上，就可以拨入、拨出电话。中间没有实体线路，完全借助互联网，就是使用的 VoIP（Voice over Internet Protocol）技术。

IP 中继线具有以下优点：

（1）对来电显示等数字业务支持好，接通速度快，成本和一次性投入低，长途以及市话资费低。

（2）可以作为模拟中继和数字中继的备份，当数字中继发生故障时，仍可从智由 IP 中继拨出。

另外，中继的开通需要注意以下事项：

（1）与用户达成中继业务开通协议前，需联系运维部核查相关交换资源，确定资源具备后，方可提出运维工单进行数据制作及业务开通测试。工单内容应注明用户号码段、中继类别、中继开通方式（出中继、入中继或者双向中继），以及针对不同中继涉及的相关参数信息。

（2）如有开通服务或查询类短号码业务时，涉及短号码与实际用户号码对应问题，须向省网管中心提交工单制作数据，并由网管中心联系总部制作智能网数据。

（3）中继开通后须向信息化部提供中继及用户号码信息，以便增加相关计费数据。

5.1.2 中继电路

中继电路是一个处理话路和信令的独立单元。直接连接两个交换系统之间的中继接口、线路和所属设备也称为中继电路。例如，ZXJ10 设备中的 DTI 单板就是局间连接时使用的一种中继接口。需要注意的是，通常所讲的中继电路不一定就是一条物理线路，在采用 E1 时分复用技术传输数字信号时，这里 32 个时隙中的每一时隙都被我们称为一个中继电路。

中继电路是于 1992 年兴起的一种新的公用数据交换网通信协议，1994 年开始获得迅速发展。中继是一种有效的数据传输技术，它可以在一对一或者一对多的应用中快速而低廉地传输数位信息。它可以使用于语音、数据通信，既可用于局域网（LAN）也可用于广域网（WAN）

的通信。

1. 中继电路分类

根据中继电路在各种电信网中所起的作用及其话务量流向的不同可分为：

（1）用于提供本地电话网内交换系统之间电路的称为市话中继线。

（2）用于用户交换机接入本地电话网内一个端局或一个汇接局的中继线称为用户交换机中继线。

（3）用于本地电话网的各种电话局与长途交换中心之间的中继线称为长市中继线或长市中继电路。

（4）国内长途网中各级长途交换中心之间的电路称为国内长途电路。

（5）国际长途通信网中不同国家或地区之间的电路称为国际长途电路。

由若干段中继电路通过四线交换机连接起来组成的电路链称为四线链路。一个国际连接的四线链路由国际链路及与它相连的国内延伸电路组成。

根据业务区分为电话电路、电报电路等。如果按传输信号方式来分，可分为数字中继电路和模拟中继电路。如果根据"往""返"通路是由单线对或双线对来分，可分为二线中继或四线中继电路。由于交换系统和传输系统都有模拟和数字之分，所以四线中继电路可分成 6 种类型：

（1）两端都是模拟交换机，中间用模拟传输系统连接。

（2）两端都是数字交换机，中间用数字传输系统连接。

（3）两端都是数字交换机，中间用模拟传输系统连接。

（4）两端都是模拟交换机，中间用数字传输系统连接。

（5）两端分别为数字交换机和模拟交换机，中间用模拟传输系统连接。

（6）两端分别为数字交换机和模拟交换机，中间用数字传输系统连接。

目前用得最多的是第（2）类，因为它能经济地组成综合数字网，并可将各种业务综合在一起进行传输和交换，组成综合业务数字网。

2. 中继电路选用原则

若在一条路由上需要的电路不多，或在两个方向上不太会同时发生话务量高峰，则采用双向中继线较为经济。然而双向中继中存在"同抢"问题，因此除采用公共信道信令的中继网和只有极少电路的路由外，在繁忙的局间中继上都采用单向中继电路。

3. 中继线数确定原则

根据某一确定的服务标准和话务量的大小，计算两个交换系统之间的中继线数量，构成容量不同的中继线束（或中继组），在等呼损条件下，小线束的平均每线利用率低，大线束的利用率高，但后者的过负荷能力比前者差，即在超负荷的情况下，后者的服务质量相对于前者将更迅速地恶化，故双向中继更易超负荷。因此，当两个交换局之间的话务量大到一定程度，且来、去话忙时基本相同，话务量基本相等的情况下，应采用单向中继电路。

单向中继线对一个交换局而言，又分为去话中继线和来话中继线，只用于始发呼叫的中继线称为去话中继线（又称去话电路），只用于接收来话呼叫的中继线称为来话中继线（又称

来话电路)。

5.1.3 中继电路组

中继电路组又称为中继组,是交换机和邻接交换局之间具有相同电路属性(如具有相同的信道传输特性、中继信令类别等)而约定的一组电路的集合。

为了便于中继组的管理,在中兴 ZXJ10 交换机中,一个中继组限制在一个交换模块内,并对其统一编号,数量可以达到 255 个,不同交换模块的中继组彼此独立编号。此外,由于有路由配合使用,保证了中继电路管理的灵活性,实现统一中继电路的负荷分担。

1. 单向中继组和双向中继组

ZXJ10 设备中的中继组可分为单向中继组和双向中继组两大类。其中,单向中继组又可细分为出向中继组和入向中继组。

单向中继组中一端的发端局(或一个汇接局)只能传送去话呼叫信令即为出向中继组,而另一端所连接的收端局则只能接收来话呼叫信令即为入向中继组。

双向中继组中所连接的两个局均能发送始发呼叫信令和接收对方的来话呼叫信令。但由于双向中继中所连接的两个端局,每个都必须处理呼入和呼出的呼叫,比较复杂,而且当中继电路的两端同时被始发呼叫占用时,就会产生"对撞"或"同抢",因此,在双向中继中需要解决该问题。

2. 双向中继组中的同抢问题

解决双向中继组中同抢问题的一种方法是让两端的交换局采用不同顺序的选择方法。例如,一端交换局按照电路群中由大到小的电路编号选择,而另一端则按相反方向选择。这样可以减少同抢发生的概率,这种方法在国内电话网中得到了广泛应用。

当同抢事件发生时需要进行同抢处理。其方法是每一个交换局控制局间的一半电路,而对端则控制另一半电路。控制电路的交换局叫作主控局,而相反不控制该组电路的交换局叫作非主控局。因此,电路两端的两个交换局各为一半电路的主控局。当有一条双向电路发生同抢时,主控局优先接通该条电路,而非主控局释放该条电路的接续。

为了统一起见,CCITT 规定在两个交换局中信令点编号大的交换局对全部偶数电路为主控局;信令点编码小的交换局对全部奇数电路为主控局。

5.1.4 轮选和优选

1. 基本概念

出局路由:两个局之间有直达的中继线相连,则认为两个局之间存在路由,每个路由对应一个中继组,一个路由中的各个中继电路之间的话务实行负荷分担。

出局路由组:是指交换局能到达某一指定局的所有路由的集合,该指定局可以为相邻局或不相邻的局。对路由组的统一编号,称为路由组号。在 ZXJ10 交换机组成的网络里,每个路由组由最少 1 个,最多 12 个路由组成。

出局路由链：在 ZXJ10 交换机组成的网络里，一个出局路由链由最少 1 个，最多 12 个出局路由组组成。

出局路由链组：在 ZXJ10 交换机组成的网络里，用户拨打出局电话号码，交换机通过号码分析得到出局路由链组，然后根据中继数据配置进行中继选路。每个出局路由链组最多可包含 20 个出局路由链。

简而言之，在 ZXJ10 交换机组成的网络中，中继电路、中继组、路由组、路由链和路由链组之间的关系如下：多个中继电路可构成 1 条中继组，也就对应着 1 个路由，最多 12 个路由又可构成 1 个路由组，最多 12 个路由组又可构成 1 个路由链，最多 20 个路由链又可构成 1 个路由链组。

2. 轮　选

我们在拨打电话的时候本局和目的局之间信令的收发和话务的接续都需要通过中继来实现。但如果在本局和目的局之间不止一条中继线路，那么各中继线路之间的话务量是如何进行分配的呢？这里就涉及轮选和优选的相关知识。

轮选是指在分配话务量时，按事先规定的顺序依次进行循环选择，而不管前一次选择成功与否。轮选适用于出局路由组中各路由之间的选择，以及出局路由链组中各路由链之间的选择。

在 ZXJ10 交换机组成的网络里，每个路由组由 1~12 个路由组成。出局路由组中的路由实行"轮选"方式分配话务量，各路由之间的话务实行负荷分担。例如，在由 2 个路由组成的路由组中（见图 5-1），它们可以采用均匀分担话务量的方式，也可以采用按比例分担话务量的方式。

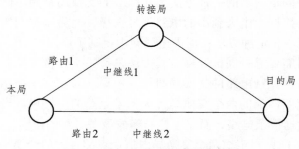

图 5-1　由 2 个路由组成的路由组

其中，在采用均匀分担话务量的方式中，路由 1 和路由 2 分别承担 50% 的话务量，其选择方式就是按事先规定的顺序，见表 5-1，先选择路由 1，后选择路由 2，然后再选择路由 1……依次循环，而不管之前的选择是否成功。

表 5-1　50% 负荷分担的路由组选择

路由组内序号	选择的路由组	分配话务量
1	路由 1	第 1 次通话，第 3 次通话，第 5 次通话，…
2	路由 2	第 2 次通话，第 4 次通话，第 6 次通话，…
…	空	空
12	空	空

在采用按比例分担话务量的方式中，路由 1 和路由 2 会按事先规定的顺序，由路由 2 承担 75%的话务量，而路由 1 则只需承担 25%的话务量，这样在选择的时候，规定先选择路由 2，后选择路由 1，然后再连续选择两次路由 2，依次循环，同样不管之前的选择是否成功。具体选择见表 5-2。

表 5-2　路由 2 承担 75%和路由 1 承担 25%负荷分担的路由组选择

路由组内序号	选择的路由组	分配话务量
1	路由 2	第 1 次通话，第 5 次通话，第 9 次通话，…
2	路由 1	第 2 次通话，第 6 次通话，第 10 次通话，…
3	路由 2	第 3 次通话，第 7 次通话，第 11 次通话，…
4	路由 2	第 4 次通话，第 8 次通话，第 12 次通话，…
…	空	空
12	空	空

3. 优　选

优选则是指在分配话务量时，按先后次序优先选择排在上边的路由组。比如会首先选择排在前面的 1 号路由组中的中继电路，当 1 号中的用完后才会选择 2 号，当 2 号路由组中的中继电路用完了才选择 3 号。优选适用于出局路由链中各出局路由组的选择。

在 ZXJ10 交换机组成的网络里，一个出局路由链由 1～12 个出局路由组组成。

5.2　信　令

5.2.1　信令基础

通信网建立的目的就是为用户传递包括话音信息和非话音信息在内的各种信息，因此在各设备之间就会使用它们能够相互识别的语言来交互各种各样的"信息"，从而使通信网中的设备能够协调工作。简单来讲，设备之间用来相互交流的这些"信息"则称为信令。更通俗地来说，信令就是设备之间的"语言"，用来交流各自的状态和运行情况。

严格来讲，信令是这样一个系统，它允许程控交换、网络数据库、网络中其他"智能"节点交换下列有关信息：呼叫建立、监控（Supervision）、拆除（Teardown）、分布式应用进程所需的信息（进程之间的询问/响应或用户到用户的数据）、网络管理信息。信令是在无线通信系统中，除了传输用户信息之外，为使全网有秩序地工作，用来保证正常通信所需的控制信号。

最传统的信令是中国 No.1 信令，过去电话用得多，现在基本用得最多的是 No.7 信令（电话和网络传输都用到）。通信设备之间任何实际应用信息的传送总是伴随着一些控制信息的传递，它们按照既定的通信协议工作，将应用信息安全、可靠、高效地传送到目的地。这些信息在计算机网络中叫作协议控制信息，而在电信网中叫作信令（Signal）。英文资料还经常使用"Signaling"（信令过程）一词，但大部分中文技术资料只使用"信令"一词，即"信令"

既包括"Signal"又包括"Signaling"两重含义。

信令不同于用户信息,用户信息是直接通过通信网络由发信者传输到收信者,而信令通常需要在通信网络的不同环节(基站、移动台和移动控制交换中心等)之间传输,各环节进行分析处理并通过交互作用而形成一系列的操作和控制,其作用是保证用户信息有效且可靠的传输,因此,信令可看作是整个通信网络的控制系统,其性能在很大程度上决定了一个通信网络为用户提供服务的能力和质量。

每一种语言都有自己约定俗成的守则和规约,信令也必须遵守相关组织制定的规则,我们称之为信令协议或信令方式。下面我们将从信令的结构形式、传递方式和控制方式三个方面对信令协议进行讨论。

1. 信令的结构形式

信令的结构形式是指信令所能传递信息的表现形式,一般分为未编码信令和编码信令两种结构形式。

1)未编码信令

未编码信令是按照脉冲的个数、脉冲的频率、脉冲的时间结构等表达不同的信息含义。其代表是中国一号信令,它采用六中取二或四中取二的方式组成不同的信号,不对信号做编码处理。

2)编码信令

信令的编码方式主要有两种,一种是采用多频制进行编码;另一种是采用二进制数字进行编码。因此,编码的信令主要有两类:模拟型多频制信令和数字型二进制信令(如N0.7信令)。

2. 传递方式

有时,一个呼叫的建立需要经过多个汇接局或长话局的转接才能接通,这时的整个话路则是由多段线路(路由)组成,那么信令在这多段路由上的传送方式可以分为端到端的传送方式、逐段转发的转送方式和混合方式三种类型。

1)端到端的传送方式

端到端的传送方式是指发端局仅向中间转接局发送收端局的局号(或长途号),中间转接局也只转接该局号,直到接通至最后的收端局,这时发端局才把被叫号码发送给收端局,供收端局找出被叫。其工作原理如图5-2所示。

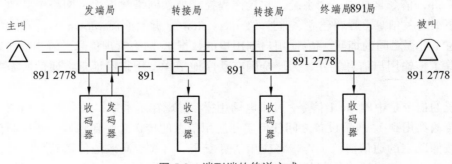

图5-2 端到端的传送方式

在图5-2中,主叫用户要拨打电话号码为8912778的被叫用户,其中891为终端局的局号,那么在端到端的传送方式中每个转接局只接收终端局的局号，即被叫用户所在端局的局号，直到接通到最终的终端局，发端局才将被叫用户的电话号码发送给收端局，以便收端局查找被叫用户。

在端到端的信令传送方式中，每个转接局只接收用于选择下站路由的号码，接通下站路由后就退出，并不向下一转接局发送任何号码。因此，端到端传送方式的优点是速度快，拨号后用户等待的时间短，但其缺点是适应性差。此外，在端到端的信令传送方式中还要求在多段路由上的信令传输类型必须相同，所以就决定了端到端的传送方式适用于优质电路上的传输。

2）逐段转发的传送方式

逐段转发的信令传送方式是指发端局将全部被叫号码发送给转接局进行选路，并将话路同时接续到该转接局，如此反复，直到将全部号码发送给终端局以建立起端到端的话路连接。其原理如图 5-3 所示。

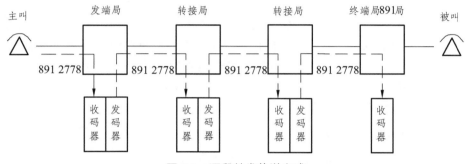

图 5-3　逐段转发传送方式

在逐段转发的信令传送方式中，每个转接局收到被叫号码后，进行识别，并加以矫正后再发送至下一个交换局，所以称之为"逐段识别，校正后转发"方式，简称"逐段转发"。

与端到端的传送方式相比，逐段转发方式的缺点是：信令传输速度慢，接续时间较长，但其优点是对传输线路的质量要求较低。此外，信令的传送类型在多段路由上可为多种形式，各局之间的相互依赖性较小。因此，决定了逐段转发的传送方式适用于一般线路或劣质电路上的传输。

3）混合方式

混合方式是指在信令传送时既采用端到端的信令传送方式又采用逐段转发的信令传送方式。这种传送方式的优点是可根据电路的传输质量情况灵活地选择不同的传送方式，从而快速可靠地传送信令。如中国 No.1 信令的 MFC 信令传送方式采用的原则一般是：在优质电路上传送信令采用端到端的传送方式，在劣质电路上传送信令采用逐段转发的方式。而 No.7 信令的传送一般采用逐段转发的方式，在某些情况下也采用端到端的传送方式。

3. 控制方式

信令的控制方式是指信令收发过程中收发双方的配合方式，包括非互控方式、半互控方式和全互控方式 3 种。

（1）非互控方式：其概念类似于全双工的概念，也就是甲方向乙方发送信令不受乙方的控制，乙方同样如此。双方不必等对方的响应就可以采取下一步举措。如 No.7 信令采用的就是非互控方式。其优点是设备简单，但可靠性差。

（2）半互控方式：类似汽车调度的半双工方式，发送信令的一方必需接收到接收端返回的证实信息后才能决定下一步的动作。而另一方并不受控制。

（3）全互控方式：双方互相控制，协调完成工作，如中国 No.1 信令。全互控方式具有抗干扰能力强，可靠性高的优点，但其对发送设备和接收设备较复杂，传输速度慢。

5.2.2　信令的分类

之前我们讲到，信令是通信网中各种设备之间相互识别、交流的"语言"，那么通信设备所识别的语言又分为哪些类型呢？

按照不同的划分方式，信令可以分为不同的类型。

1. 前向信令和反向信令

按照信令的传送方向划分，可将信令划分为前向信令（Forward Signaling）和反向信令（Backward Signaling）两大类。其中，前向信令是主叫端向被叫端传送的信令，即发送端向接收端发送的信令，在交换局之间即是从发端局发送至收端局的信令；后向信令则与前向信令相反，后向信令是接收端向发送端传送的信令。这里需要同学们注意的是在电话通信网中，主叫和被叫是由发起呼叫来决定的。

2. 用户线信令和局间信令

按照信令的工作范围或传递区域可将信令分为用户线信令（Station Signaling）和局间信令（Interoffice Signaling）两种。其中，用户线信令是用户设备和交换机之间传送的信令，主要包括用户状态信令、选择信令、铃流和信号音，在用户线上进行传送；局间信令是在交换机与交换机之间、交换机与网管中心、数据库之间传送的信令，主要包括线路信令、路由信令和管理信令 3 种，用来控制呼叫的接续和拆线。这类信令比用户线信令数量要多得多，也要复杂得多。

3. 监视信令、记发器信令和管理信令

如果按照信令的功能可将信令划分为监视信令（Supervisory Signaling）、记发器信令（Register Signaling）和管理信令（Management Signaling）3 种。其中，监视信令用来监视用户线或中继线状态（占用、空闲）的变化，中继线上的信令一般也称为线路信令（Line Signaling）。

记发器信令又称为路由信令、选择信令或地址信令，用于呼叫的建立阶段，主要用来传送主、被叫电话号码。

管理信令又称为维护信令，它具有可操作性，主要用于通信网的管理和维护。

4. 随路信令和共路信令

对于局间信令，如果按照信令的传送信道划分，可将信令划分为随路信令和共路信令两大类。

1）随路信令

随路信令（Channel Associated Signaling，CAS）是信令和话音在同一条话路中传送的信令方式，从功能上可划分为线路信令和记发器信令。它们是为了把话音通路上各中继电路之间的监视信令与控制电路之间的记发器信令加以区别而划分的。

随路信令中每一话路的控制信号与话音信号都在构成此电路的传输通道内传送或者利用一条单独的通道来传送的信令方式。在 PCM 系统中可用一个时隙来传送有关话路的各种线路信令，而同一系统的其他时隙用作话路。

中国 No.1 信令就是一种随路信令，为 30/32 时隙 2048K 局间中继传输方式，TS 16 被用来传递其话音通道的信令，记发器信令为 MFC（多频互控，即用六个频率中的两个组合成一组编码，共 15 种前向信令，用四个频率中的两个组合成一组编码，共 6 种后向信令）。

简而言之，随路信令具有随路性和相关性两个基本特征。随路性是指信令信息和用户信息在同一信道上进行传送；相关性是指信令通道和用户信息通道在时间位置上具有相关性。但与共路信令相比，随路信令的信令容量小、传送速度慢，传递与呼叫无关的信令能力有限，不利于信令功能的扩展，在通信网中支持新业务的能力差。

2）共路信令

共路信令（Common Channel Signaling，CCS）也称为"公共信道信令"，是将语音通道和信令通道分离，在单独的数据链路上以信令消息单元的形式集中传送若干路的信令信息，一般多为"七号信令"（SS7）。

在电话网中，公共信道信令，美国也称之为普通通道信号（CCIS），是指信令信息（控制信息）的数据是在一个单独的通道上进行传输，更具体地说，是在信号通道控制多个数据通道。例如，在公共交换电话网（PSTN）中，通信链路中的一个信道用于信令信息的承载，其目的是建立和拆除话路，而剩余的信道则完全用于语音数据的传输。

与随路信令相比，共路信令具有许多重要优点：

（1）信息可在处理器间进行交换，远比使用随路信令时快，从而使呼叫建立时间大为缩短。这不仅提高了服务质量，而且也提高了传输设备和交换设备的使用效率。

（2）信号容量大，可容纳信号类别从几十种到几百种，能给用户提供更多的新业务。

（3）具有很大的灵活性，通过修改软件，增加信号就可提供新的业务。

（4）每个中继站不再需要线路信令设备，因而可大大降低成本。

（5）因为没有线路信令，中继器既可用于从 A 到 B 的呼叫，也可用于从 B 到 A 的呼叫，双向工作时比在各自呼叫方向使用分开的中继电路时需要的电路更少。

（6）当有呼叫正在进行时，与此呼叫有关的信号可以传送，这使用户可以改变已建立起的连接。例如，用户可以将一呼叫转移至另外的地方，或请求第三方加进现有的连接之中。

（7）信号可以在处理器间交换以用于维护或网络管理。

（8）No.7 线路信令能为 ISDN、IN、TMN 和蜂窝移动通信系统提供强有力的支持。此信令是它们的基础。

（9）信令系统不受话路系统约束，给增加和改变信号种类带来很大的灵活性。

共路信令系统的差错率必须很低，且可靠性要远远高于随路信令系统，因为一旦数据链路出现故障会影响相关两交换机间的所有呼叫。

在 PSTN 网中，共路信令提供了以下超越随路信令的优点：

（1）共路信令具有更短的呼叫建立时间；

（2）应用范围广泛，可支持 ISDN、移动通信、智能网等业务；

（3）共路信令的信令网和通信网相分离，便于运行、维护和管理；

（4）技术规范可方便地扩充，适应未来信息技术和业务的发展需求。

5.2.3 信令的发展

电信网较早使用的是随路信令，利用传送话音的通路来传送与该话路有关的信令。第一个公共信道信令是 No.6 信令系统，于 1968 年由国际电信联盟（ITU-T）下属的国际电报电话咨询委员会（CCITT）提出，主要用于模拟电话网，由于不能很好地适应未来通信网发展的需要，目前已很少使用。1973 年 CCITT 开始了对 No.7 信令系统的研究，1980 年通过了 No.7 信令系统技术规程（黄皮书），并经过 1984 年（红皮书）、1988 年（蓝皮书）和 1992 年（白皮书）的修订和补充，No.7 信令系统得到了进一步的完善。

我国邮电部也在 1990 年 8 月颁布了《中国国内电话网 No.7 信号方式技术规范》，1993 年当时的邮电部通过了《No.7 信令网技术体制》，随后又陆续地颁布了 SCCP、TC、智能网和移动通信等一系列有关 No.7 信令的国内标准。目前 No.7 信令在全国范围内得到了广泛的应用。

No.7 信令系统的总目标是提供一个国际标准化的、具有普通适用性的共路信令系统，使具有程控数字交换机的数字通信网运行在最佳状态，并提供一种按序的、无丢失、无重复和高可靠的信息传输手段。

20 世纪 90 年代中期，IP 电话兴起。随着电路交换网与 IP 网的完全融合，最终将演进为一个统一的、以 IP 为承载层的分组化网络。相应地，在这个分组化网络上所有的信令均采用 IP 作为承载，传统的信令网也转变为 IP 信令网。

5.3 信令网

公共信道信令的基本特点是传送话音的通道和信令的通道相分离，即公共信道信令中有单独传送信令的通道，我们将这些传送信令的通道组合起来，就构成了信令网。

No.7 信令系统控制的对象是一个电路交换的信息传送网络，但 No.7 信令本身的传输和交换设备构成了一个单独的信令网，是叠加在电路交换网上的一个专用的计算机通信网。通常，我们把按照 No.7 信令方式传送信令消息的网络，称为 No.7 信令网。本小节主要介绍信令网的相关知识。

5.3.1 信令网的组成

信令网通常由三部分构成，它们分别是信令点（SP，Signaling Point）、信令转接点（STP，Signaling Transfer Point）和信令链路（SL，Signaling Link）。

1. 信令点

信令网中我们把发出又接收信令消息的信令网节点，称为信令点。它是信令消息的起源点和目的地点。在信令网中，下列节点可作为信令点：

（1）交换局；

（2）操作管理和维护中心；

（3）服务控制点；

（4）信令转接点。

信令网中，常常把产生消息的信令点称为源信令点。显然，源信令点是信令消息的始发点；把信令消息最终到达的信令点称为目的信令点；把信令链路直接连接的两个信令点称为相邻信令点；同理，将非直接连接的两个信令点称为非邻近信令点。

2. 信令转接点

信令转接点是具有将信令消息从一条信令链路转送到另一条信令链路功能的信令节点。在信令网中，信令转接点可分为两种类型，一种是专用信令转接点，它只具有信令消息的转接功能，也称为独立型信令转接点；另外一种是综合型信令转接点，它与交换局合并在一起，除具有转接功能之外，还具有用户部分。

3. 信令链路

连接两个信令点（或信令转接点）的信令数据链路及其传送控制功能组成的传输工具称为信令链路。每条运行的信令链路都分配有一条信令数据链路和位于此信令数据链路两端的两个信令终端。

这里需要说明的是，信令网虽然是独立于业务通信网的，但并不需要通过另外架设线路组建信令网，信令网是一个设立在通信网之中的网络，一般可以指定 PCM 系统中的任一时隙作为信令链路，习惯上，在 PCM 一次群系统通常使用 TS16 作为信令链路，在 PCM 二次群中按优先级下降次序选用 TS67～TS70。该数字链路可以通过交换网络的半固定同路和信令终端相连。

5.3.2　信令网的结构

1. 信令网的分类

信令网按网络结构的等级可分为无级信令网和分级信令网两大类。

1）无级信令网

无级信令网是未引入信令转接点的信令网。在无级网中信令点间都采用直联方式，所有的信令点均处于同一等级级别。无级信令网按照拓扑结构，有直线网、环状网、格子状网、蜂窝状网、网状网等几种结构类型，如图 5-4 所示。

无级信令网结构比较简单，但有明显的缺点：除网状网外，其他结构的信令路由都比较少，而信令接续中所要经过的信令点数都比较多；网状网虽无上述缺点，但当信令的数量较大时，局间连接的信令链路数量明显增加。如果有 n 个信令点，那么每增加一个信令点，就要增设 n 条信令链路。虽然网状网具有路由多、传递时间短等优点，但限于技术及经济上的原因，不能适应于国际和国内信令网的要求。

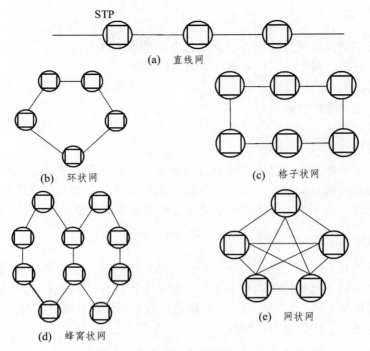

图 5-4　无级信令网的拓扑结构

2）分级信令网

分级信令网也叫水平分级信令网，是引入信令转接点的信令网。

二级信令网和三级信令网的结构如图 5-5（a）和 5-5（b）所示。二级信令网是采用一级信令转接点的信令网；三级信令网是具有二级信令转接点的信令网，第一级信令转接点称为高级信令转接点（HSTP）或主信令转接点，第二级为低级信令转接点（LSTP）或次信令转接点。

分级信令网的一个重要特点是每个信令点发出的信令消息一般需要经过一级或 n 级信令转接点的转接。只有当信令点之间的信令业务量足够大时，才设置直达信令链路，以便使信令消息快速传递并减少信令转接负荷。

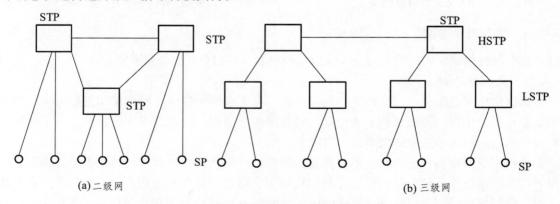

图 5-5　分级信令网的拓扑结构

比较无级信令网和分级信令网的结构，可以看出分级信令网具有以下优点：网络所容纳的信令点数多；增加信令点容易；信令路由多、传号传递时延相对较短。因此，分级信令网是国际、国内信令网通常采用的形式。

2. 影响信令网分级的因素

分级信令网中所采用的分级数与下列因素有关：

（1）信令网要容纳的信令点数量。其中包括信令网所涉及的交换局数、各种特种服务中心的数量，也要考虑其他的专用通信网纳入进所应设置的信令点数。

（2）信令连接点（STP）可以连接的最大信令链路数及工作负荷能力（单位时间内可以处理的最大消息信令单元数量）。在考虑信令网分级时，应当同时核算信令链路数量和工作负荷能力两个参数。显然，在一定的信令链路的情况下，每条信令链路的信令负荷能力越大，那么可提供的实际最大信令链路数量越少，反之则需要提供较多的信令链路。C&C08 STP 提供的最大链路数为 1 152 条，最大处理能力达 391 680 MSU/s（单向），是当今超大规模信令转接点之一。

（3）允许信令转接次数。一般来说消息在网络中的传递时延取决于消息的转接次数。转接次数越多，那么时延也就越长。因此，信令网的分级数必须限制在允许的转接次数及时延范围内。

（4）信令网的冗余度。所谓信令网的冗余度是指信令网设备的备份程度。通常有信令链路、信令链路组、信令路由等多种备份形式。一般情况下，信令网的冗余度越大，其可靠性也就越高，但所需费用也会相应增加，控制难度相应也会加大。

在实际应用中，信令转接点所能容纳的信令链路数是设备设计的规模限定的。这样，在考虑信令网的分级结构时，必须综合考虑信令网的冗余度的大小等因素来确定网络的规模。为说明信令转接点所容纳的信令链路数、信令网冗余度及信令网所容纳的信令点数之间的关系，下面举两个例子来说明。

【例 5-1】二级信令网的情况。

假设二级信令网的信令转接点间为网状连接，信令点到信令转接点为星形连接。信令转接点数目为 n_1，信令点数的量为 n_2，信令转接点所能连接的信令链路数为 l，并且信令网采用 4 倍冗余度（即每个信令点连接两个信令转接点，每个链路组包括两条信令链路，见图 5-6）。

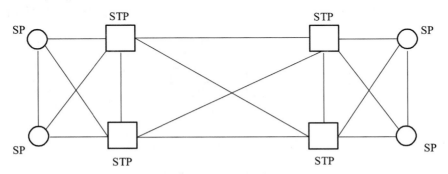

图 5-6 典型的二级信令网结构

那么，二级信令网所能容纳的信令点数 n_2 可由式（5-1）计算：

$$n_2 = \frac{n_1}{4}(l - n_1 + 1) \qquad (5\text{-}1)$$

由式 5-1 可以看出，二级信令网可容纳的信令点数 n_2 在 n_1 值一定的情况下，将随着 l 的增加而增加，即增加 l 值可以扩大二级信令网的应用范围。

当 l 取一定值时，设置信令转接点的数量 n_1 增加时，可以明显地增加二级信令网可容纳的信令点数。例如，假定 $l=64$，那么：

当 $n_1=1$ 时：

$$n_2 = \frac{1}{4}(64 - 1 + 1) = 16 \;（个）$$

当 $n_2=32$ 时：

$$n_2 = \frac{32}{4}(64 - 32 + 1) = 264 \;（个）$$

但是当 n_1 的值满足 $n_1 > \dfrac{l}{2}$ 时，二级信令网可容纳的信令点数不仅不会增加，反而会降低，例如：

当 $n_1 = 48$ 时：

$$n_2 = \frac{48}{4}(64 - 48 + 1) = 204 \;（个）$$

当 $n_1 = 56$ 时：

$$n_2 = \frac{56}{4}(64 - 56 + 1) = 126 \;（个）$$

这就告诉我们，对于二级信令网来说，在信令转接点的信令链路容量一定时，并不是都能采用增加信令转接点的方式来扩大信令网的信令点数，也就是说，在二级信令网中，信令转接点的数量是受一定条件约束的。

【例 5-2】三级信令网的情况。

假设三级信令网中第一级高级信令转接点（HSTP）间采用网状连接；第二级低级信令转接点（LSTP）至 HSTP、信令点 SP 至 LSTP 间均为星形连接，并且考虑信令网采用四倍冗余度（即每个 SP 连至两个 LSTP，每个 LSTP 连至 HSTP，每个信令链路组包含两条信令链路），如图 5-7 所示。

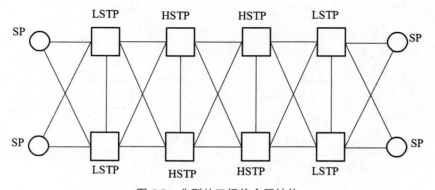

图 5.7　典型的三级信令网结构

那么信令网中信令点的容量可用下式来计算：

$$n_2 = \frac{n_1}{4}(l - n_1 + 1)$$

$$n_3 = \frac{n_2}{4}(l - 3)$$

将 n_2 代入得：

$$n_3 = \frac{n_1}{16}(l - n_1 + 1)(l - 3) \qquad\qquad (5\text{-}2)$$

式中　n_3——SP 的数量；

　　　n_2——LSTP 的数量；

　　　n_1——HSTP 的数量；

　　　l——HSTP/LSTPSK 可连接的信令链路数。

由公式（5-2）不难计算出不同 l 和 n_1 值时，信令网能容纳的信令点数。显然，在相同的 l 值的情况下，三级信令网比二级信令网容纳的信令点数要大，因而可以满足大容量信令点信令网的要求。

3．分级信令网连接方式

1）第一水平级的连接方式

信令网的第一水平级由若干个信令转接点组成。该级各信令转接点间有两种连接方式：网状连接和 A、B 平面连接方式。

（1）网状连接。

网状连接如图 5-8 所示，网状连接的特征是各 STP 间设有直达信令链。在正常情况下，STP 间的信号传递不再经过转接。这种连接方式比较简单直观。

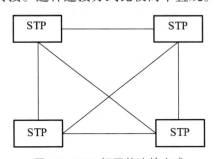

图 5-8　STP 间网状连接方式

美国 AT&T 的信令网就是一个典型的网状网。美国 AT&T 主要经营美国国内长途电信业务。由于信令点的数量较少（小于 2 000 个），因而采用二级信令网。全国划分为 10 个信令大区，每个信令大区设置两个 STP，信令网的结构如图 5-9 所示（图中只画出了两个大区的网络结构）。

美国 10 个大区的 20 个 STP，构成信令网的第一级水平网络。每一个 STP 间均设有直达信令链路，每一个信令点连到本信令大区的一对 STP。

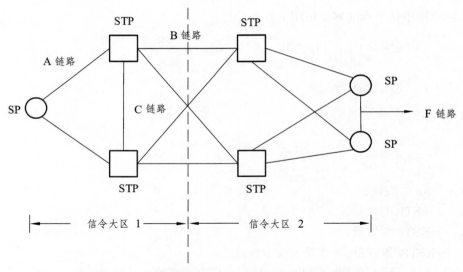

图 5-9　美国 AT&T 的信令网结构示意图

通常，在该网络的组织上，把两个信令大区间的 STP 相连的信令链路称为 B 链路，把信令点与本区的 STP 的连接信令链路称为 A 链路，把同一信令大区内的两个 STP 间的信令链路称 C 链路。在正常情况下，C 链路不承载信令业务，只有在信令链（A 或 B 链路）故障时，才承载信令业务。此外，还根据本信令区内信令点之间信令业务量的大小酌情设置直达链路，称为 F 链，在正常情况下不使用 F 链路。

（2）A、B 平面连接方式。

A、B 平面连接方式如图 5-10 所示。A、B 平面连接是网状连接的简化形式，在网状连接的形式下，第一水平级的所有 STP 均在一个平面内组成网状网。而 A、B 平面连接将第一水平级的 STP 分为 A、B 两个平面分别组成网状网。两个平面间成对的 STP 相连。在正常情况下，同一平面内的 STP 间连接不经过 STP 转接，只在故障的情况下需要经由不同平面间的 STP 连接时，才经过 STP 转接。

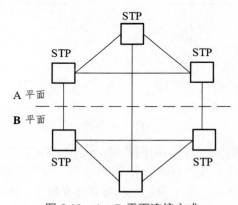

图 5-10　A、B 平面连接方式

这种连接方式的第一水平级需要较多 STP 的信令网，是比较节省的链路连接方式。但是由于两个平面间的连接比较弱，因而从第一水平级的整体来说，可靠性可能比网状连接时略有降低。但只要采取一定的冗余措施，也完全是可以的。

日本国内信令网 20 世纪 80 年代初采用的是如图 5-11 所示的三级信令网。它由高级信令转接点（HSTP）、低级信令点（LSTP）和信令点（SP）三级组成，采用 A、B 平面结构，A、B 平面内的各个 HSTP 网状连接，但 A、B 平面配对的 HSTP 间为格子状网连接。LSTP 至 HSTP 和至 LSTP 都为星形连接（目前日本国内信令网的结构已在此基础上有了较大的改变）。

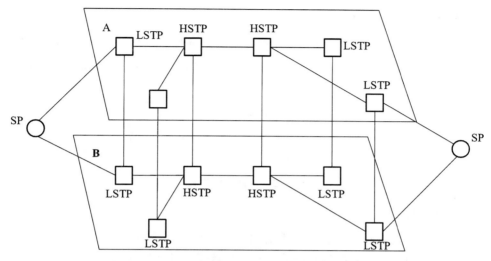

图 5-11　日本初期信令网结构示意图

2）第一水平级以外各级的连接方式

在分级信令网中，第一水平级以外的各级间及第二级与第一级的连接一般均采用星形连接方式。星形连接的各级中，STP 与 STP、SP 与 SP 间是否有信令直达链路连接，可根据 STP 容量及信令业务量的大小来决定。

第二级以下各级中信令点与信令转接点间的信令链的连接方式有固定连接和自由连接方式。

固定连接方式是本信令区内的信令点采用准直连工作方式，必须连接至本信令区的两个信令转接点。在工作中，本信令区内一个信令转接点故障时，它的信令业务负荷全部倒换至本信令区内的另一个信令转接点。如果出现两个信令转接点同时故障，则会全部中断该信令区的业务。

自由连接方式，是随机地按信令业务量大小自由连接的方式。其特点是，本信令区内的信令点可以根据它至各个信令点的业务量，按业务量的大小自由连至两个信令转接点（本信令区的或另外信令区的）。按照上述连接方式，两个信令区间的信令点可以只经过一个信令转接点转接。另外，当信令区内的一个信令转接点故障时，它的信令业务负荷可以均匀地分配到多个信令转接点上，两个以上转接点同时故障，也不会全部中断该信令区的信令业务。

显然，自由连接方式比固定连接方式无论在信令网的设计，还是信令网的管理方面都要复杂得多。但自由连接方式确实大大地提高了信令网的可靠性。特别是近年来随着信令技术的发展，上述的技术问题也逐步得到解决，因而世界上的一些先进国家在建造本国信令网时，大多采用了自由连接方式。

5.3.3 信令网的工作方式

信令工作方式是指信令消息的传输通路和被控话路之间的对应关系。在信令网中它分为直连工作方式、非直连工作方式和准直连工作方式三种类型。

1. 直连工作方式

直连工作方式是指两个相邻的信令点直接相连，它们之间有直接相连的话路，也有直接相连的信令链路。如图 5-12 所示，信令点 A 和 B 之间既有直接相连的话路也有直接相连的信令链路。

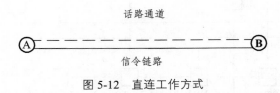

图 5-12 直连工作方式

2. 非直连工作方式

非直连工作方式则是指具有信令关系的两个局之间有直接相连的话路，但没有直接相连的信令链路，信令的传送需要经过其他信令点进行转接，且转接的路由不确定，如图 5-13 所示。这种方式中信令点的数据需要做得太多，目前一般都不采用。

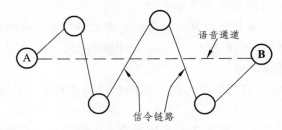

图 5-13 非直连工作方式

3. 准直连工作方式

准直连工作方式则是非直连工作方式的一个特例，在非直连工作方式中，信令转接的路由不确定，而在准直连工作方式中，其信令转接的路由已预先确定。同样，在信令点 A 和 B 之间有直连的话路，但其信令信息需要通过预定的路径进行转接。如图 5-14 所示，A 和 B 之间有直连的话路，但其信令信息需要按照之前的预定由 C 局进行转接。

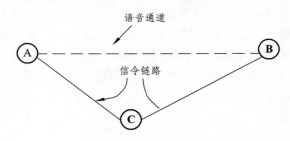

图 5-14 准直连工作方式

这里需要注意的是，谈论信令工作方式必须是在具有"信令关系"的两个信令点之间才有，没有信令关系的两个局不会直接互发信令，所以也谈不上信令工作方式。简单来说，两个交换局之间有直接相连的话路才有"信令关系"。

5.3.4 信令路由

信令路由是从起源信令点到目的信令点所经过预先确定的信令消息传送路径。按路由特征和使用方法可以分为正常路由和迂回路由两类。

1. 正常路由

正常路由是指未发生故障的正常情况下的信令业务流的路由。正常路由主要有以下两类：

（1）采用直连方式的正常直达信令路由。当信令网中的一个信令点具有多个信令路由时，如果有直达的信令链路，则将该信令链路作为正常路由。

（2）采用准直连方式的信令路由。当信令网中一个信令点的多个信令路由都是采用准直连方式、经过信令转接点转接的信令路由时，则正常路由为信令路由中的最短路由。

2. 迂回路由

因信令链路或路由故障造成正常路由不能传送信令业务流而选择的路由称为迂回路由。迂回路由都是经过信令转接点转接的准直连方式的路由。迂回路由可以是一个路由，也可以是多个路由，按照经过的信令转接点的次数，由小到大依次分为第一迂回路由、第二迂回路由等。

下面用图示来说明这个问题，如图 5-15 所示。

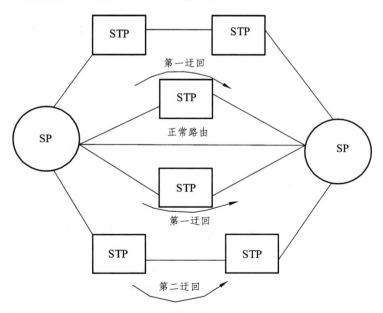

图 5-15　正常信令路由的设定

5.3.5　信令网中信令点的编码

信令点编码是为了识别信令网中各信令点（含信令转接点），供信令消息在信令网中选择路由使用。由于信令网与话路网是相对独立的网络，信令的码与电话网中的电话号簿号码没有直接联系。

在 No.7 信令网中，信令消息的传递是通过识别目的信令点编码（DPC）进而选择信令路由来实现的，因此，必须对 No.7 信令网中的每一个信令点进行编码，唯一地标识它。该信令点编码采用独立的编码计划，不从属任何一种业务的编号计划。

根据 ITU-T 的相关建议规定，国际 No.7 信令网与国内 No.7 信令网是彼此相互独立的，因此，它们的信令点编码也是相互独立的。ITU-T 给出了国际 No.7 信令网中信令点的编码计划，而国内 No.7 信令网的编码计划则由各个国家的主管部门来确定。

1. 对信令点编码的基本要求

由于信令网的信令点编码和电话网的电话号码一样，是通信网技术体制的重要内容，一经确定并实施后，修改起来困难很大，因此必须慎重周密地考虑和设计。

对信令点编码的基本要求是：

（1）信令点编码要依据信令网的结构及应用要求，最好实行全国统一编码。编码方案应符合 CCITT Q 708 建议的相关规定与要求。

（2）在信令网中，任何一个信令点都只有一个信令点编码，无须进行信令点编码的转换。

（3）编码方案要考虑信令点的备用量，有一定的扩充性，能满足将来信令网发展的要求。

（4）编码方案要有规律性，当新的信令点和信令转接点引入信令网时，便于识别。

（5）编码方案要具有相对稳定性和灵活性，采用统一的编号计划，要考虑行政区划的联系但又不能随行政区变化而变化。

（6）编码方案应在新的信令点或信令转接点引入时，使信令路由表修改最少。

（7）编码方案要使信令设备简单，以便节省投资。

2. 国际信令网的信令点编码

为了便于信令网的管理，CCITT 在研究和提出 No.7 信令方式建议时，在 Q705 建议中明确地规定了国际信令网和各国的国内信令网彼此相互独立设置，因此信令点编码也是独立的。在 Q708 建议中明确地规定了国际信令点编码计划，并指出各国的国内信令点编码可以由各自的主管部门，依据本国的具体情况来确定。

下面介绍国际信令网信令点编码方案。

国际信令网的信令点编码位长 14 位二进制数，编码容量为 $2^{14}=16\,384$ 个信令点。采用三级的编码结构，即采用大区识别、区域网识别、信令点识别，其三级编号结构如表 5-3 所示（表中为二进制编码）。

NML 和 K～D 两部分合起来称为信令区域编号（SANC），每个国家至少分配了一个 SANC 和多个备用 SANC，用十进制表示为 Z～UUU，我国被分在第 4 号大区，大区识别编码 NML 为 4，区域网识别编码 K～D 的编码为 120，所以我国的 SANC 为 4～120，美国的为 3～020。

表 5-3　国际信令网的信令点编码

N M L	K J I H G F E D	C B A
大区识别	区域网识别	信令点识别
信令区域编码（SANC）		
国际信令点编码（ISPC）		

注：① NML：三位，用于识别世界编号大区；

　　② K ~ D：八位，用于识别世界编号大区内的地理区域或区域网；

　　③ CBA：三位，用于识别地理区域或区域网的信令点。

3. 我国国内信令网的编码

自 1983 年，我国许多大城市均引进了数字程控交换机，有的城市还引入了公共信道 No.7 信令系统。为适应国内程控电话网的建设发需要，在我国先后制定的三个 No.7 信令方式的技术规范中，先后提出了三种 No.7 信令网的编码方案。

第一种方案是长市分开的编号点编码方案。第二种方案是混合型编码方案，即部分长市分开编码，部分采用长市统一编码。第三种方案考虑统一的编码方案在路由组织上有较大灵活性，采用统一编码的 24 位二进制编码方案。

下面对这三种编码方案进行介绍，并重点介绍第三种编码方案。

1）第一种方案

为满足电话网工程建设急需，1984 年制定的我国市话网 No.7 信令方式技术规范，提出了两层编码的信令点编码方案。所谓两层编码就是在编码中，长途为一层，14 位编码；市话为一层，14 位编码。

这种编码方案显然是充分考虑到 14 位编码满足不了国内信令网长市统一的编码要求而提出的临时编码。它虽然可以解决国内信令网的编码容量问题，但存在的问题也是明显的，即由市内到长途及由长途到市内要进行二次市长信令点编码的转换。

2）第二种方案

这是 1986 年制定的技术规范暂定稿时提出的编码方案。这种方案也称为混合方案。

方案中仍维持信令点编码 14 位不变。但为了减少市内信令点编码与长途信令点编码之间的转换，确定全国大量的中小城市按长市统一编码，而一些大城市、沿海城市继续采用长市分开的两层编码。

由于这种方案中，一些城市仍采用两层编码方案，而另一些城市又采用统一的编码方案，信令网信令点编码种类多，转换多，识别困难，因而未在实际建设中实施。

3）第三种方案

这是 1990 年规范中规定采用的编码方案，即统一编码方案或称为一层编码方案。

在该方案中，全国 No.7 信令网的信令点采用统一的 24 位二进制编码方案。依据我国的实际情况，将编码在结构上分为三级即三个信令区，如表 5-4 所示。

表 5-4　我国国内信令网信令点编码结构

主信令区编码	分信令区编码	信令点编码
8 bit	8 bit	8 bit

这种编码结构，以我国省、直辖市为单位（个别大城市也列入其内），划分成若干主信令区，每个主信令区再划分成若干分信令区，每个分信令区含有若干个信令点。这里每个信令点（信令转接点）的编码由三个部分组成。第一个 8 bit 用来识别主信令区；第二个 8 bit 用来识别分信令区；最后一个 8 bit 用来识别各分信令区的信令点。在必要时，一个分信令区编码和信令点的编码相互调节使用。

考虑到将来的发展，我国国内电信网的各种交换局、各种特种服务中心和信令转接点都应分配给一个信令点编码。但应当特别指出的是，国际接口局应分配给两个信令点编码，其中一个是国际网分配的国际信令点编码，另一个则是国内信令点编码。

4. 我国 No.7 信令网的信令点编码容量

根据国内信令网中每一信令点分配一个信令点编码的原则，我国信令网采用 24 位信令点编码方案，也就是说，信令网信令点编码的总容量可达 2^{24} 个编码。

主信令区编码主要是我国各省、自治区、直辖市信点的编码。在 24 位编码方案中，用 8 bit 作为主信令区编码，容量为 $2^8=256$ 个，我国现有 31 个省、市、区，考虑到省的行政区划可能变更增多，这样的编码容量也是相当富余的，也可以满足综合业务数字网的需要。

分信令的编码位长和信令点编码位长各为 8 bit，容量均 $2^8=256$ 个。每个分信令区可有 256 个信令点，二级共可分配 $2^{16}=65\ 536$ 个信令点。

5.3.6 我国信令网的基本结构

我国电话网具有覆盖地域广阔、交换局数量大的特点，根据我国电话网的实际情况，确定信令网采用分级结构，A、B 平面的网络组织形式。

1. 信令网的等级结构

我国信令网采用三级结构。第一级是信令网的最高级，称为高级信令转接点（HSTP），第二级是低级信令转接点（LSTP），第三级为信令点（SP），信令点由各种交换局和特种服务中心（业务控制点、网管中心等）组成。等级结构如图 5-16 所示。

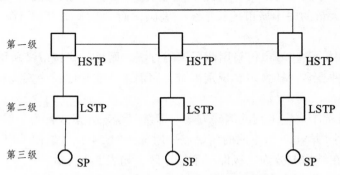

图 5-16　我国信令网的等级结构示意图

2. 各信令点的职能

（1）第一级 HSTP 负责转接它所汇接的第二级 LSTP 和第三级 SP 的信令消息。HSTP 采用独立型信令转接点设备,目前它应满足 No.7 信令方式中消息传递(MTP)规定的全部功能。

(2)第二级 LSTP 负责转接它所汇接的第三级 SP 的信令消息,LSTP 可以采用独立信令转接点设备,也可采用与交换局(SP)合设在一起的综合式的信令转接设备。采用独立信令转接点设备时,应满足 MTP 规定的全部功能;采用综合式信令转接设备时,它除了必须满足独立式转接点的功能外,SP 部分应满足 No.7 信令方式中电话用户部分的全部功能。

(3)第三级 SP 信令网传送各种信令消息的源点或目的地点,应满足 MTP 和 TUP 的功能。

3. 信令网的网络组织

我国信令网中信令间采用以下连接方式。

(1)第一级 HSTP 间采用 A、B 平面连接方式。它是网状连接方式的简化形式。A 和 B 平面内部各个 HSTP 网状相连,A 和 B 平面间成对的 HSTP 相连。

(2)第二级 LSTP 至 LSTP 和未采用二级信令网的中心城市本地网中的第三级 SP 至 LSTP 间的连接方式采用分区固定连接方式。

(3)大、中城市两级本地信令网的 SP 至 LSTP 可采用按信令业务量大小连接的自由连接方式,也可采用分区固定连接方式。

5.4　信令系统

我们把产生、发送、接收和识别信令所需要软件和硬件的集合体统称为信令系统。它包含一套完整的信令、操作程序和信令收发设备。信令系统也是电信网中交换节点(交换局、网路控制点等)为用户建立接续和进行网路管理采用的一种信息交换系统。

信令系统的功能主要包括监视、选择和运行三个基本功能。监视功能用于监测和反映电信网和用户的状态,如用户的摘机占用、应答、挂机和拆线信号。选择功能是与呼叫建立有关的功能,主要根据被叫用户地址信息完成接续。运行功能是为保证电信网正常运行和提高运行效率设置的功能,如尽可能提供有关网络拥塞、交换设备和电路不可用等信息。

5.4.1　No.1 信令系统

No.1 信令又称为多频互控信令或随路信令。在我国使用 No.1 信令的传输系统称为中国 No.1 信令系统,它是国内 PSTN 网最早普遍使用的信令。中国 No.1 信令系统是国际 R2 信令系统的一个子集,是一种双向信令系统,可通过 2 线或 4 线传输。按信令传输方向,可分为前向信令和后向信令两大类;按信令功能划分,可分为线路信令和记发器信令两类。

1. 数字型线路信令

为了传送 30 个话路的数字型线路信令,采用复帧(每一复帧由 16 个子帧组成)抽样集中传送。除 0 帧的 TS16 用来传送复帧同步码、复帧失步告警信息等外,其余 15 帧的 TS16 用于传送各个话路的线路信令,每一帧 TS16 的 8 bit 用于传送 2 个话路的线路信令,每一话路的两个传输方向各有 4 bit(a、b、c、d)用于线路信令编码。第 16 时隙比特分配见表 5-5。

其中：X 为备用比特，未用时置 1。Y 为复帧失步告警比特。Y=0，表示正常；Y=1，表示复帧失步。当 c、d 比特未用时应置 1。

表 5-5　第 16 时隙比特分配

0 帧 第 16 时隙	1 帧 第 16 时隙		2 帧 第 16 时隙		...
00　00　XY　XX	abcd 第 1 话路	abcd 第 16 话路	abcd 第 2 话路	abcd 第 17 话路	...

线路信令主要用来监视中继线的占用、释放和闭塞状态，有前向和后向之分。

2. MFC 记发器信令

1）多频互控方式（MFC）

多频方式的带内多频编码记发器信号简称多频互控记发器信号。在这种信号方式中，前向信号和后向信号都是连续的，它对每一个前向信号都用一个后向信号加以证实。

2）记发器信令

在程控交换设备中，记发器是一种用来产生、发送和接收特定信号（如多频信号、双音频信号、FSK 信号）的设备，在中国一号局间信令中，多频记发器用来收发多频信号，多频信号则用于传送主被叫号码、呼叫类别、被叫状态等信号。

记发器信号主要完成主、被叫号码的发送和请求，主叫用户类别、被叫用户状态及呼叫业务类别的传送。记发器信令可分前向信号和后向信号，前向信号又分 I、II 两组，后向信号分 A、B 两组。

在随路信令系统中，监视功能一般由线路信令实现，选择功能由十进制脉冲信令或多频记发器信令完成。运行功能则根据信令方式的不同，使用线路信令或记发器信令。

5.4.2　No.7 信令系统

在公共信道信令系统中，监视、选择和运行功能都通过专用的信令链路传送，以数字编码格式表示的信令信息来完成。

No.7 信令系统是在国际上得到广泛应用的共路信令系统，它具有独立的信令网络。它能够在国际上被广泛采用跟它的特点是分不开的：首先，它采用公共信道方式，信令信息和用户信息在各自的信道上进行传送，方便业务的扩展；其次，No.7 信令系统采用分组交换传送模式，其分组是经数字编码的信令单元；由于 No.7 信令系统中其话路和信令信道是分开的，在 No.7 信令系统中要对话路进行单独的导通检验；此外，在 No.7 信令系统中，为保证可靠性，必须要设置备用设备。

总之，No.7 信令具有以下优点：

（1）信道利用率高。一条 No.7 链路所服务的话路数目可以达到 2 000～3 000 条。与之形成鲜明对比的是，随路信令中，一个复帧（含 16 帧）的 15 个 TS16 时隙（首帧的 TS16 用于复帧同步）仅能传送 30 条话路的信息。

（2）传递速度快。No.7 信令消息采用与话路彻底分开的单独 64 kb/s 的通道传递，大大增加了接续的速度。

（3）信令容量大。No.7 信令采用消息形式传送信令，编码十分灵活；消息最大长度为 272 个字节，内容也非常丰富，是随路信令所不能比拟的。

（4）应用范围广。No.7 信令不但可以传送传统的电路接续信令，还可传送各种与电路无关的管理、维护和查询等信息，是 ISDN、移动通信和智能网等业务的基础。

（5）由于信令网和通信网相分离，便于运行维护管理。

（6）技术规范可以方便地扩充，可适应未来信息技术和未知业务发展的要求。

No.7 信令系统虽然具有上述诸多优点，但其也有缺点：

（1）No.7 信令系统中的一条链路可以为上千条话路提供服务，因此要求链路的可靠性相对于随路信令就高得多，一旦某条信令链路出现问题，相应的话路将受到影响。

（2）各个厂家的 No.7 信令产品在兼容性上会产生一定的问题。

5.4.3　No.7 信令系统结构

由于现代通信实际上是建立在计算机的控制基础之上，No.7 信令的通用性决定了整个系统必然包含着许多不同的应用功能，而且结构上应该能够灵活扩展，因此它的一个重要特点就是采用模块化功能结构，以实现一个框架内多种应用的并存。换句话说，它也是按照计算机的 OSI 的思想设计和应用的，其基本概念是：

（1）将通信的功能划分成若干层次，每一个层次只完成一部分功能且可以单独进行开发和测试。

（2）每一层只跟其相邻的两层打交道，它利用下一层所提供的服务（并不需要知道它的下一层是如何实现的，仅需要知道该层通过层间接口所提供的服务），并向高一层提供本层能完成的功能。

（3）每一层是独立的，各层都可以采用最适合本层的技术来实现，当某层由于技术的进步发生变化时，只要接口关系保持不变，则其他各层不受影响。

No.7 信令系统实质上是在通信网的控制系统（计算机）之间传送有关通信网控制信息的数据通信系统，即一个专用的计算机通信系统。根据这种思想，No.7 信令分为四个功能级：消息传递部分（MTP）分为三级，各个用户部分（UP）并列于第四级。

MTP 从第一层到第三层依次是：信令数据链路级 MTP1、信令链路功能级 MTP2、信令网功能级 MTP3。MTP 的功能是在各信令点之间正确无误地传送信令消息。

用户部分的功能是处理信令信息。根据不同的应用，可以有不同的用户部分。如电话用户部分（TUP）处理电话网中的呼叫控制信令消息；移动应用部分（MAP）处理移动通信网中呼叫控制信令信息及非呼叫相关的信令信息，如漫游、位置更新等。具体的协议分层结构如图 5-17 所示。

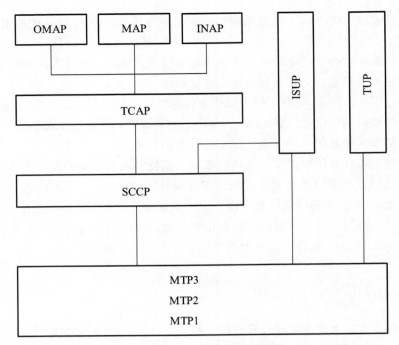

图 5-17　No.7 信令的系统结构

MTP—消息传递部分（Message Transfer Part）；SCCP—信令连接控制部分（Signaling Connection Control Part）；
TUP—电话用户部分（Telephone User Part）；ISUP——ISDN 用户部分（ISDN User Part）；
TCAP—事务能力应用部分（Transaction Capability Application Part）；
OMAP—操作维护应用部分（Operation and Maintenance Application Part）；
MAP—移动应用部分（Mobile Application Part）；
INAP—智能网应用规程（Intelligent Network Application Protocol）

分层结构中各模块的功能简单描述如下：

1. MTP 消息传递部分

MTP 部分又分为 MTP1，MTP2，MTP3，分别对应七层协议中的第 1，2，3 层。

1）MTP1 信令数据链路功能级

MTP1 是 No.7 共路信令系统的第一级功能，为数据链路级，相当于 OSI 的 L1 物理层，定义了信令数据的物理、电气和功能特性，并规定与数据链路连接的方法。

信令数据链路是一条双向传输通路，由两条传输方向相反和数据速率相同的数据通道组成，包含数字传输通路及信号终端设备，数字传输通路采用 64 kb/s 基本速率。

2）MTP2 信令链路功能级

MTP2 相当于 L2 链路功能级，主要功能是实现信号单元定界与定位、差错检验及纠错、信号链路监视和流量控制。

3）MTP3 信令网功能级

MTP3 与扩展功能级 SCCP 合并相当于 OSI 第三层功能级，这一层的主要功能是信号消息处理与信号网络管理。

信号消息处理主要完成消息路由选择、消息识别和消息分配。

信号网络管理主要分为信号话务管理、信号链路管理和信号路由管理。其中，信号话务管理主要功能为在故障和拥塞情况下的信号传递和流量控制；信号链路管理主要功能是在信号网络中恢复、启用和退出信号链路；信号路由管理主要功能是在信号点之间可靠地交换信号路由上的信息，包括允许、限制、禁止及转递等信息。

2. SCCP 信令连接控制部分

MTP 层寻址只限于节点间传递，只可实现无连接的消息传递，因此它不能提供定向连接业务和全局寻址，所以在 MTP3 上又增加了一层 SCCP 功能层，SCCP 是对 MTP 的功能补充，可向 MTP 提供用于定向连接等功能。

另外，SCCP 还可提供 GT 全局寻址功能，利用这一功能在消息源点或在 STP 点 SCCP 将 GT 译成 DPC+SSN（DPC 为目的地信号编码，SSN 为本地识别 SCCP 用户的子系统号码）。

3. TUP 电话用户部分

TUP 部分属于 No.7 第七层功能，主要实现 PSTN 有关电话呼叫建立和释放，同时又支持电话用户的补充业务，例如，呼叫前转类业务，如 CFU，CFB 等；主叫用户识别类业务，如 CLIP，CLIR 等；语音邮箱。

4. ISUP ISDN 用户部分

ISUP 部分支持 ISDN 环境中提供话音和非话音业务功能，ISUP 与 TUP 最大不同是释放方式，TUP 为主控释放，而 ISUP 为互不控制方式。

基本承载业务，即以电话交换控制为基础的业务，将标准 64 kb/s 接续作为标准接续形式，也可提供 $n \times 64$kb/s 接续业务。同时 ISUP 可以与数字用户 D 信道配合满足 ISDN 业务要求。ISDN 补充业务（详细内容可以参见 I250 系列建议）。

ISUP 可提供的补充业务达 7 类 20 种之多，它们是：

（1）号码识别类，如 DDI，MSN，CLIP，CLIR，COLP，COLR。

（2）呼叫发起类，如 CT，CFB 等。

（3）呼叫完成类，如 CW，HOLD。

（4）多方通信补充业务，如 CONF，3PTY。

（5）集团性补充业务，如 CUG。

（6）计费补充业务，如 CRED，AOC。

（7）附加信息传递业务，如 User-User。

ISUP 选路条件有 3 个：

（1）被叫号码。

（2）接续类型。

（3）网络信令能力。

5. TCAP 事务处理能力应用部分

TCAP 部分是位于业务层和 SCCP 之间的中间层，但属于 OSI 七层协议的第七层。TCAP 部分支持的应用层包括 OMAP，MAP 和 CAP 三大部分，具有应用层规约和功能，不具备 4 ~ 6 层的规约和功能。因此，TCAP 所包括的业务都直接采用 SCCP 支持功能。

为了实现对操作和对话的控制，TCAP 本身分为两个子层，即事务处理子层 TSL 和成分子层 CSL。

1）事务处理子层 TSL

对本端与远端的事务用户之间的信令通信进行管理，事务子层唯一的用户是成分子层，两个 TC 用户的双向信息交换开始/结束，顺序均由本层控制与释放。

2）成分子层 CSL

其主要作用是操作管理成分差错检测及对话分配，并对每个发起用户建立状态图。成分子层主要包含 TCAP 用户之间的交换"分量"，而事务处理子层则包括分量在内的各种消息的交换。

6. MAP 移动应用部分

实现各种移动业务功能。

7. CAP CAMEL 应用部分

实现各种智能业务。

8. OMAP 操作维护应用部分

实现各种操作维护功能。

5.4.4　No.7 信令系统中主要部分的功能

1. 信令数据链路功能级（MTP1）

信令数据链路级是 No.7 共路信令系统的第一级功能。第一级功能定义了信令数据的物理、电气和功能特性，并规定与数据链路连接的方法，提供全双工的双向传输通道。信令数据链路是由一对传输方向相反和数据速率相同的数据信道组成，完成二进制比特流的透明传递。信令数据链路通常是 64kb/s 的数字通道，常对应于 PCM 传输系统中的一个时隙。

作为第一级功能的信令数据链路要与数字程控交换机中的第二级功能相连接，可以通过数字交换网络或接口设备而接入，通过程控交换机中的数字交换网络接入的信令数据链路只能是数字的信令数据链路。在数字交换网络可以建立半固定通路，便于实现信令数据链路或信令终端（第二级）的自动分配。

2. 信令链路功能级（MTP2）

信令链路功能作为第二级的信令链路控制，与第一级的信令数据链路共同保证在直连的两个信令点之间，提供可靠的传送信号消息的信令链路，即保证信令消息的传送质量满足规定的指标。

第二级完成的功能包括如下几个方面：

（1）信令单元定界；

（2）信令单元定位；

（3）差错检测；

（4）差错校正；

（5）初始定位；

（6）信令链路差错率监视；

（7）流量控制；

（8）处理机故障控制。

下面将对以上功能作具体说明。

1）单元信令定界与定位

要从信令数据链路的比特流中识别出一个个的信号单元，应有一个标志码对每个信号单元的开始和结束进行标识。No.7 信令系统规定标志码（F）采用固定编码 01111110 作为信号单元的开始和结束。在接收时，要检测标志码的出现；在发送时，要产生标志码。

为了信令单元能够正确定界，必须保证在信令单元的其他部分不出现这种码型。协议采用"0"比特插入法。在发送端，对不包括标志码的信令单元进行检查，当信息中出现了 6 个连"1"时，要执行插"0"操作，即在 5 个连"1"后插入"0"；在接收端，对检出标志码的信令单元进行检查，发现 5 个"1"比特存在，则执行删"0"操作，即将 5 个连"1"之后插入的"0"删除。

在正常情况下，信令单元长度有一定限制：信令单元不能过短（小于 5 个字节），且必须为 8 bit 的整数倍，而且在删 0 之前不应出现大于 6 个连 1。若不符合以上情况，就认为失去定位，要舍弃所收到的信号单元，并由信令单元差错率监视过程进行统计。

2）差错检测

传输信道存在噪声和干扰等，因此信令在传输过程中会出现差错。为保证信令的可靠传输，必须进行差错处理。No.7 信令系统通过循环冗余校验方法来检测错误。CK 是校验码，长度是 16 bit。由发送端根据要发送的信令内容，按照一定的算法计算产生校验码。在接收端根据收到的内容和 CK 值按照同样的算法规则对收到的校验码之前的比特进行运算。如果按算法运算后，发现收到的校验比特运算与预期的不一致，就证明有误。该信号单元即予以舍弃。

3）差错校验

差错校验的作用是出现差错后重新获得正确的信号单元。No.7 信令方式采用重发纠错，即在接收端检出错误后要求发送端重发。

有两种差错校正方法：基本方法和预防循环方法。当要求传输时延≤15 ms 时，采用基本方法，一般用于地面电路；当传输时延>15 ms 时，采用预防循环校正方法，一般用于卫星通信等。

（1）基本差错校正。

基本差错校正方法是一种非互控、肯定/否定证实，重发纠错的方法。

非互控方式是指发送方可以连续地发送消息信号单元，而不必等待上一信号单元的证实后才发送下一信号单元。非互控方式可以显著提高信号传递的速度。

肯定证实指示信令单元的正确接收，否定证实指示收到的信令单元有误而要求重发。证实由每个信号单元所带的序号实现：前向序号（FSN）、后向序号（BSN）、后向指示比特（BIB）和前向指示比特（FIB）。

FSN 完成信号单元的顺序控制，BSN 完成肯定证实功能。远端将最新正确接收的消息信号单元的 FSN 赋给反向发出的下一个信号单元的 BSN。也就是对方发来的 BSN 值，显示了对本方发送的消息信号单元证实到哪一个 FSN。否定证实由 BIB 反转来实现。

（2）预防循环重发校正方法（PCR）。

预防循环重发校正是一种非互控、肯定证实、循环重发的方法。每个信令终端都配有重发缓冲器（RTB），暂存已发但尚未收到肯定证实的信令单元。每当没有新的信令单元要发送时，就将存储在重发缓存器中未得到肯定证实的单元自动地循环重发，若有了新的信令单元，则停止重发的循环，优先发送新的信令单元。由于采用了主动的循环重发，PCR 方法不使用否定证实。

4）初始定位

初始定位过程是首次启用或发生故障后恢复信令链路时所使用的控制程序。执行初始定位过程，是通过信令链路两端交换链路状态信令单元（LSSU）实现的。LSSU 中的状态字段 SF 为 8 bit，现只用了低位 3 bit，编码和含义如表 5-6 所示。

表 5-6　LSSU 链路状态字段含义

HGFED	C	B	A	状态	意义
备用	0	0	0	状态 "0"	链路失调
	0	0	1	状态 "N"	链路处于正常调整状态
	0	1	0	状态 "E"	链路处于经济调整状态
	0	1	1	状态 "OS"	链路本身故障、业务中断
	1	0	0	状态 "PO"	处理机或上层模块故障、业务中断
	1	0	1	状态 "B"	链路忙

SIO（失去定位）：用于启动信令链路并通知对端本端已准备好接收任何链路信号。

SIN（正常定位）：用于指示已接收到对端发来的 SIO 信号且已启动本端信令终端，并通知对端启动正常验收过程。

SIE（紧急定位）：用于指示已接收到对端发来的 SIO 信号且已启动本端信令终端，并通知对端启动紧急验收过程。

SIOS（业务中断）：用于指示信令链路不能发送和接收任何链路信号。

SIPO（处理机故障）：第二功能级以上部分发生错误，通知对端。

SIB（链路拥塞）：在拥塞状态下，向对端周期地发送链路忙信号。

初始定位过程分为五个阶段，即未定位阶段、已定位阶段、验收周期阶段、验收完成阶段及投入使用阶段。

启动正常定位过程还是启动紧急定位过程，由第二功能级以上部分决定，两种定位过程的区别在于验收周期，正常定位过程的验收周期在使用 64 kb/s 的数字通路时为 8.2 s，错误门限为 4，即在验收周期 8.2 s 的时间内，错误的信令单元不能超过 4 个，否则就算验收不合格。紧急定位过程的紧急验收周期在信令链路使用 64 kb/s 的数字通路时为 0.5 s，错误门限为 1。

为了防止因偶然差错使链路不合格，验收可以连续进行 5 次，5 次都不合格，就认为该信令链路不能完成初始定位过程，发 SIOS。

5）信令链路差错率监视

信令链路差错率监视用以监视信令链路的差错率，以保证良好的服务质量。当信令链路差错率达到一定的门限值时，应判定为此信令链路故障。

有两种差错率监视过程，分别用于不同的信号环境。一种是信号单元差错率监视，适用于在信令链路开通业务后使用；另一种是定位差错率监视，在信令链路处于初始定位过程的验证状态中使用。

6）第二级流量控制

用来处理第二级检出的拥塞状态，以不使信令链路的拥塞扩散，最终恢复链路的正常工作状态。

当信令链路接收端检出拥塞时，将停止对消息信号单元的肯定/否定证实，并周期地发送状态指示为 SIB（忙指示）的链路状态信号单元，以使对端可以区分是拥塞还是故障。当信令链路接收端的拥塞状况消除时，停发 SIB，恢复正常运行。

7）处理机故障

当由于第二级以上功能级的原因使得信令链路不能使用时，就认为处理机发生了故障。处理机故障是指信号消息不能传送到第三级或第四级，这可能是由于中央处理机故障，也可以是由于人工阻断一条信令链路。

当第二级收到了第三级发来的指示或识别到第三级故障时，则判定为本地处理机故障，并开始向对端发状态指示（SIPO），并将其后所收到的消息信令单元舍弃。当处理机故障恢复后将停发 SIPO，改发信令单元，信令链路进入正常状态。

3. 信令网功能级（MTP3）

信令网功能级是 No.7 信令系统中的第三级功能，它原则上定义了信令网内信息传递的功能和过程，是所有信令链路共有的。

信令网功能分两大类：信令消息处理功能和信令网管理功能。信令消息处理功能的作用是引导信令消息到达适当的信令链路或用户部分；信令网管理功能的作用是在预先确定的有关信令网状态数据和信息的基础上，控制消息路由或信令网的结构，以便在信令网出现故障时可以控制重新组织网络结构，保存或恢复正常的消息传递能力。

1）信令消息处理

信令消息处理（SMH）功能的作用是实际传递一条信令消息时，保证源信令点的某个用户部分发出的信令消息能准确地传送到所要传送的目的信令点的同类用户部分。信令消息处理由消息路由、消息鉴别和消息分配三部分功能组成，它们之间的结构关系如图 5-18 所示。

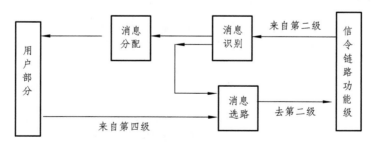

图 5-18　信令消息处理功能结构

（1）消息识别。

消息识别（MDC）功能接收来自第二级的消息，根据消息中的 DPC 以确定消息的目的地是否是本信令点。如果目的地是本信令点，消息识别功能将消息传送给消息分配功能；如果目的地不是本信令点，消息识别功能将消息发送给消息路由功能转发出去。后一种情况表示本信令点具有转接功能，即信令转接点（STP）功能。

（2）消息分配。

消息分配（MDT）功能接收到消息识别功能发来的消息后，根据信令单元中的业务信息字段的业务指示码（SIO）的编码来分配给相应的用户部分，以及信令网管理和测试维护部分。凡到达了消息分配的消息，肯定是由本信令点接收的消息。

（3）消息路由。

消息路由（MRT）完成消息路由的选择，也就是利用路由标记中的信息（DPC 和 SLS），为信令消息选择一条信令链路，以使信令消息能传送到目的信令点。

消息路由中，送到消息路由的消息有以下几类：

一是从第四级发来的用户信令消息；

二是从第三级信令消息处理中的消息识别功能发来的要转发的消息（当作为信令转接点时）；

三是第三级产生的消息，这些消息来自信令网管理和测试维护功能，包括信令路由管理消息、信令链路管理消息、信令业务管理消息和信令链路测试控制消息等。

消息路由中，路由选择遵循以下原则：

对于要发送的消息，首先检查去目的地（DPC）的路由是否存在，如果不存在，将向信令网管理中的信令路由管理发送"收到去不可达信令点的消息"。如果去 DPC 的路由存在，就按照负荷分担方式选择一条信令链路，并将待发的消息传送到第二级。

以上只是简单地介绍了一下 MTP3 的信令消息处理中三个不同的功能，不难发现第三级功能的实现必须依据信令消息中的某些标识，如目的信令点编码（DPC）、信令链路选择码（SLS）等。这些标识就是存在于信令消息中的路由标记，是每一条信令消息必须有的路由标签。我们下面对路由标记进行一下讨论。

路由标记位于消息信号单元（MSU）的信令信息字段（SIF）的开头，如图 5-19 所示。

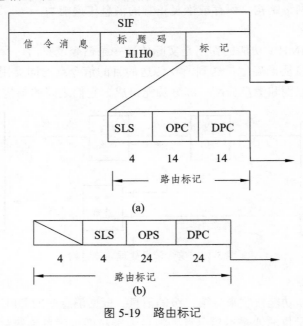

图 5-19　路由标记

路由标记包含以下内容：

目的信令点编码（DPC，Destination Point Code）；

源信令点编码（OPC，Originating Point Code）；

信令链路选择码（SLS，Signaling Link Selection）。

DPC 是消息所要到达的目的地信令点的编码，OPC 是消息源信令点的编码，SLS 是用于负荷分担时选择信令链路的编码。图 5-19（a）中所示的路由标记为 32 位，DPC 与 OPC 各为 14 位，SLS 为 4 位。我国采用的路由标记示于图 5-19（b），DPC 与 OPC 各为 24 位，SLS 用 4 位，另 4 位备用。

对于与电路有关的电话用户部分（TUP）的信令消息，SLS 实际上是 CIC（电路识别码）的最低 4 bit。CIC 表明该信令消息属于哪一个电路。

2）信令网管理

信令网管理的目的是在已知的信令网状态数据和信息的基础上，控制消息路由和信令网的结构，以便在信令网出现故障时可以完成信令网的重新组合，从而恢复正常的信令业务传递能力。它由 3 个功能过程组成：信令业务管理、信令链路管理和信令路由管理。

信令网管理的功能是通过不同的信令点间相互发送信令网管理的消息实现的。

以下 8 种可能的事件会对链路的状态产生影响：信令链路的故障和恢复、信令链路的断开和接通、信令链路的阻断和阻断消除、信令链路的禁止和解除禁止。

（1）信令业务管理。

信令业务管理功能用来将信令业务从一条链路或路由转移到另一条或多条不同的链路或路由，或在信令点拥塞时，暂时减少信令业务。信令业务管理功能由以下过程组成：倒换、倒回、强制重选路由、受控重选路由、信令点再启动、管理阻断、信令业务流量控制。

① 倒换：当信令链路由于故障、阻断等原因不可用时，倒换程序用来保证把信令链路所传送的信令业务尽可能地转移到另一条或多条信令链路上。在这种情况下，该程序不应引起消息丢失、重复或错序。如图 5-20 所示，AB 链路故障，信令点 A 和信令转接点 B 均实行倒换过程。

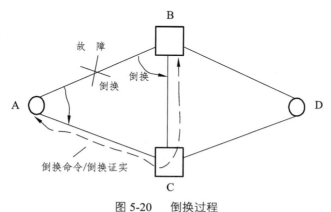

图 5-20　倒换过程

② 倒回：倒回程序完成的行动与倒换相反，是把信令业务尽可能快地由替换的信令链路倒回已可使用的原链路上。在此期间，消息不允许丢失、重复和错序。

③ 强制重选路由：当达到某给定目的地的信令路由成为不可用时，该程序用来把到那个

目的地的信令业务尽可能快地转移到新替换的信令路由上，以减少故障的影响。

如图 5-21 所示，A 至 D 的路由有 AB 和 AC 两条链路，当 BD 链路故障时，A，D 的业务已不能通过 B 转发至 D，B 通知 A，A 施行强制重选路由程序，将 A，D 的业务全部转至 AC 链路上，通过 C 转发至 D。

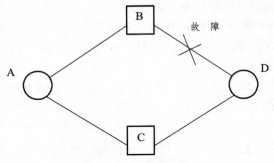

图 5-21　强制重选路由

④ 受控重选路由：当达到某给定目的地的信令路由成为可用时，使用该程序把到该目的地的信令业务从替换的信令路由转回到正常的信令路由。该程序完成的行动与强制重选路由相反。

⑤ 管理阻断：当信令链路在短时间内频繁地倒换或信号单元差错率过高时，需要用该程序向产生信令业务的用户部分标明该链路不可使用。管理阻断是管理信令业务的一种措施，在管理阻断程序中，信令链路标志为"已阻断"，可发送维护和测试消息，进行周期性测试。

⑥ 信令点再启动：当 AB，AC 链路均故障时，信令点 A 孤立于信令网，信令点 A 对于 B，C，D，E 均不可达，此时信令网的变化重组 A 无法得知。

若 AB 或 AC 可用后，信令点 A 执行信令点再启动程序，信令点 B，C 执行邻接点再启动程序，使 A 的路由数据与信令网的实时状态同步，并使 B，C，D，E 修改到达 A 的路由数据，如图 5-22 所示。

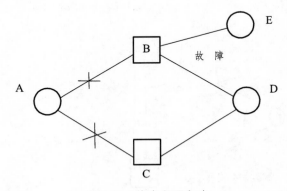

图 5-22　信令点再启动

⑦ 信令业务流量控制：当信令网因网络故障或拥塞而不能传送用户产生的信令业务时，使用信令流量控制程序来限制信令业务源点发出的信令业务。

（2）信令路由管理。

信令路由管理功能用来在信令点之间可靠地交换关于信令路由是否可用的信息，并及时地闭塞信令路由或解除信令路由的闭塞。它通过禁止传递、受控传递和允许传递等过程在信令点间传递信令路由的不可利用、受限及可用情况。

禁止传递（TFP）：当一个信令转接点需要通知其相邻点不能通过它转接去往某目的信令点的信令业务时，将启动禁止传递过程，向邻近信令点发送禁止传递消息。收到禁止传递消息的信令点，将实行强制重选路由。

如图 5-23 所示，STP B 检测到 BD 间路由故障，执行禁止传递程序，发送有关信令点 D 的禁止传递消息（TFP）给相邻信令点 A。A 启动强制重选路由程序，将到 D 的业务全部倒换到经 STPC 转发。

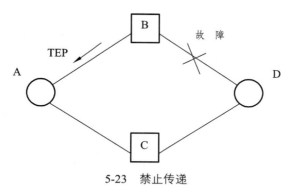

5-23　禁止传递

允许传递（TFA）：目的是通知一个或多个相邻信令点，已恢复了由此 STP 向目的点传递消息的能力。如图 5-24 所示，BD 链路恢复，STPB 执行允许传递过程，并向邻接点发有关 D 的 TFA 消息，A 启动受控重选路由功能。

受控传递：受控传递程序（TFC）目的是将拥塞状态从发生拥塞的信令点送到源信令点。图 5-25 所示为受控传递的过程。

STPB 检测到 BD 之间拥塞，执行受控传递程序，并向 A 发关于 D 的 TFC 消息给 A，A 收到后通知用户部分减少向 D 的业务流量。

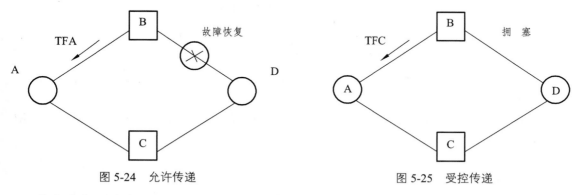

图 5-24　允许传递　　　　　　　　　图 5-25　受控传递

信令路由组测试：目的是测试去某目的地的信令业务能否经邻近的 STP 转送。当信令点从邻近的 STP 收到禁止传递消息 TFP 后，开始进行周期性的路由组测试。

信令路由组拥塞测试：目的是通过测试了解是否能将某一拥塞优先级的信令消息，发送到目的地。

（3）信令链路管理。

信令链路管理功能用来控制本端连接的所有信令链路，包括信令链路的接通、恢复、断开等功能，提供建立和维持信令链路组正常工作的方法，当信令链路发生故障时，该功能就采取恢复信令链路组能力的行动。根据分配和重新组成信令设备的自动化程度，信令链路管理分为基本的信令链路管理程序、自动分配信令终端程序、自动分配信令终端和信令数据链路程序三种。

基本的信令链路管理程序由人工分配信令链路和信令终端，也就是说有关信令数据链路和信令终端的连接关系是由局数设定的，并可用人机命令修改。这一程序是目前主要的信令链路管理方式。自动分配信令终端程序、自动分配信令终端和信令数据链路程序极少使用，国标未作要求。

从上述描述可以了解到，MTP3 具备信令消息处理及信令网管理功能，其中信令网管理功能是通过不同的信令点或信令转接点间相互发送或处理信令网管理消息实现的。

信令网管理消息格式如图 5-26 所示。

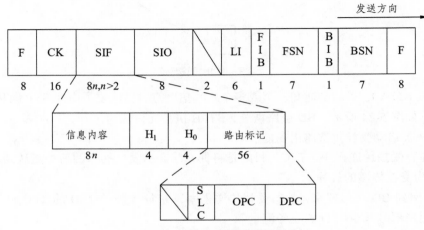

图 5-26　信令网管理消息格式

其中：业务信息 8 位位组（SIO）的业务表示语（SI）为 0000。

路由标记由 DPC，OPC，SLC 三部分组成，SLC 的含义表示连接源信令点和目的信令点之间的信令链路的身份，当管理消息与信令链路无关时（如禁止传递消息和允许传递消息），SLC 的编码为 0000。

标题码包含 H1，H0。H0 识别消息组，H1 识别各消息组中特定的信令网管理消息。H0 的编码分配如下：

0000：备用；

0001：倒换和倒回消息（CHM）；

0010：紧急倒换消息（ECM）；

0011：信令流量控制消息（FCM）；

0100：传递禁止、允许、限制消息（TFM）；

0101：信令路由组测试消息（RSM）；

0110：管理阻断消息（MIM）；

0111：业务再启动允许消息（TRM）；

1000：信令数据链连接消息（DLM）；

1001：备用；

1010：用户部分流量控制消息（UFC）；

1011～1111：备用。

信令网管理消息共有 9 个消息组，共计 27 个消息，限于篇幅，在这里不对信令网管理消息做进一步的介绍，有兴趣的读者可以查阅相关的资料。

4. 信令连接控制部分（SCCP）

MTP 层的寻址是根据目的信令点编码（DPC）将消息传送到指定的目的地，然后根据业务指示语（SI）将消息分配给指定的用户部分。但随着电信网的发展，越来越多的网络业务需要在远端节点之间传送端到端的控制信息，这些信息与呼叫连接电路无关，甚至与呼叫无关，如在 ZXPCS 移动通信网中的互联网关（IGW）、拜访位置寄存器（VLR）、归属位置寄存器（HLR）之间传送的与漫游、鉴权业务相关的信息，在智能网中，业务交换点（SSP）与业务控制点（SCP）之间传递的信息等。而 MTP 的寻址功能已不能满足要求。

信令连接控制部分 SCCP（Signaling Connection Control Part），在 No.7 信号方式的分层结构中，属于 MTP 的用户部分之一，同时为 MTP 提供基于全局码的路由和选路功能，以便通过 No.7 信令网在电信网中的交换局和专用中心之间传递电路相关的、非电路相关的信息和其他类型的信息，建立无连接或面向连接的服务。

当用户要求传送的数据超过 MTP 的限制时，SCCP 还要提供必要的分段和重新组装功能。SCCP 属于 No.7 信令网的第三层，完成 MTP3 的补充寻址功能，即与 MTP3 结合，提供相当于 OSI 参考模型的网络层功能。为了开放 ISDN 端到端补充业务、智能网业务、移动电话的漫游和频道切换、短消息等业务，一定要在 No.7 信令网中的各信令点添加 SCCP 功能。

1）SCCP 应用特点

SCCP 用来传送各种与电路无关的信令消息，提供基于 GT 全局码的路由选路功能，可在全球互联的不同 No.7 信令网之间实现信令的直接传送。

除了提供无连接业务，还能提供面向连接业务。

根据 No.7 信令分层结构，SCCP 的用户是 ISUP（ISDN 用户部分）和 TCAP（事物处理能力应用部分）等。ISUP 利用 SCCP 支持有关的 ISDN 补充业务；TCAP 则利用 SCCP 和 MTP3 提供的完善的网络层功能实现各种现有的和未来的电路无关消息的远程传送，支持移动通信、智能网等各种新业务新功能。

2）SCCP 的模块结构

SCCP 的功能模块如图 5-27 所示，它由 SCCP 路由控制、面向连接控制、无连接控制和 SCCP 管理 4 个功能模块构成。

SCCP 路由功能完成无连接和面向连接业务消息的选路。它接收 MTP 和 SCCP 的其他功能块送来的消息，进行路由选择，将消息送往 MTP 或 SCCP 的其他功能块。

无连接控制部分根据被叫用户地址，使用 SCCP 和 MTP 路由控制直接在信令网中传递数据。面向连接则根据被叫用户地址，使用路由控制功能建立到目的地的信令连接，然后利用建立的信令连接传送数据，传送完毕后，释放信令连接。SCCP 管理部分提供一些 MTP 的管理部分不能覆盖的功能。

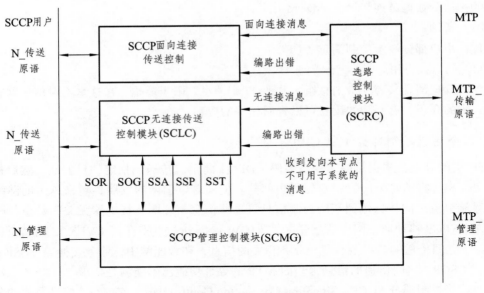

图 5-27 SCCP 功能模块结构

3）SCCP 提供的网络业务

那么，究竟什么是无连接业务和面向连接业务？SCCP 向用户提供哪些无连接和面向连接服务呢？

无连接业务类似于分组交换网中的数据报业务，面向连接类似于分组交换网中的虚电路业务，具体有如下 4 类协议：

0 类：基本的无连接服务。

1 类：有序的无连接服务。

2 类：基本的面向连接服务。

3 类：流量控制面向连接服务。

（1）无连接服务。

无连接型业务即事先不建立连接就可以传送信令消息。它是把传送的数据信息作为独立的消息，送往编路标号中的目的地信令点 DPC，在基本无连接业务中，各个消息被独立地传送，相互间没有关系，故不能保证按发送的顺序把消息送到目的地信令点。在有序无连接业务中，给来自同一信息的数据消息附上同一个信令链路选择字段，就可以保证这些数据经由同一信令链路传送。因此，可按发送顺序到达目的地信令点。无连接型业务每发一次数据，都需重选一次路由。无连接业务的传输过程如图 5-28 所示。

具体过程如下：

起源节点的 SCCP 用户发出 N_单元数据请求原语，请求无连接数据传递业务，然后利用 SCCP 路由控制和 MTP 功能，将单元数据消息传送到单元数据请求原语中指出被叫地址。

当单元数据消息不能传送到目的点时，则发送单元数据服务消息（UDTS）至始发点；当目的节点收到单元数据消息时，发送 N_单元数据指示原语；当 SCCP 不能传送单元数据或单元数据服务消息时，将一个单元数据业务消息传送到主叫用户地址或调用 N_通知指示原语。

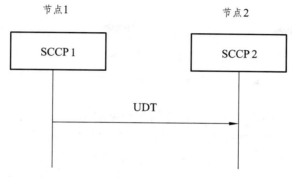

图 5-28　无连接业务的传输过程

当 N_单元数据请求原语中数据的长度大于 X（X 暂定为 200）时，UDT 消息不能传送那么多数据，因此就必须将数据分成几个长度较小的段，每段用一个 XUDT 消息传送。相应地，当 SCCP 收到 XUDT 消息时，必须把分开的数据重新组装为一个 N_单元数据指示原语，再发送给 SCCP 用户。此过程叫分段/重装（Segmentation/Reassembly）。

（2）面向连接服务。

面向连接型业务即在传送数据之前，需要建立逻辑连接。在基本的面向连接业务中，各个数据消息不带顺序号，因此不能完成顺序控制和流量控制。在流量控制面向连接业务中则可以完成顺序控制和流量控制。

面向连接的传输过程如图 5-29 所示。

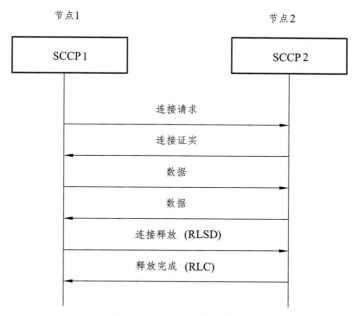

图 5-29　面向连接的传输

面向连接包括以下几个部分：

首先，接续建立过程。

当起源接点的 SCCP 功能收到一个信令连接的请求 N_ConnectReq 时，分析被叫地址，以识别建立信令接续应到达的节点。若目的节点不是本地节点，则 SCCP 使用 MTP 功能，将一个接续请求（CR）消息发送到目的信令点。

当目的节点的 SCCP 收到一个接续请求（CR）消息时，向用户发送 N_ConnectInd 原语。用户若同意建立接续，则调用 N_ConnectRes 原语，SCCP 向起源节点发送接续确认（CC）消息；若不同意建立接续，则调用 N_ConnectReq 原语，SCCP 向起源节点发送接续拒绝（CREF）消息。

在这其中，还要进行协议类别和流量控制信用量的协商，且起源节点、目的节点和中间节点的 SCCP 都要记录此信令接续的必要信息，以建立逻辑的信令连接链路。

其信令接续建立和拒绝过程分别如图 5-30（a）和（b）所示。

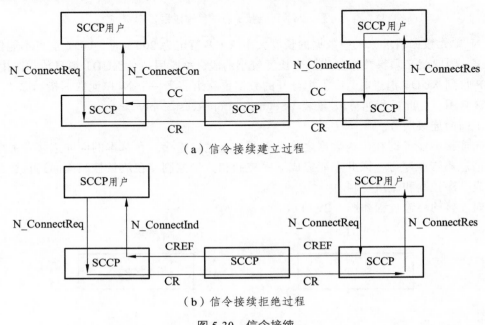

（a）信令接续建立过程

（b）信令接续拒绝过程

图 5-30　信令接续

其次，数据传递过程。

数据传递的功能是提供各种功能，保证用户数据在暂时的信令接续中传递。在此提供的功能有分段重装、流量控制、不活动性控制和加速数据传递。

分段和重装是当用户数据的长度大于 255 个八位组时，分段后再插入到 DT1 或 DT2 的数据参数中，在接收端采用多数据指示码（M 比特）来重组装。

流量控制过程是在协议类别为流量控制面向连接业务时，用滑动窗口来控制消息的流量。

不活动性控制的目的是为防止：在接续建立期间，失去"接续确认"；在数据传递期间，接续段未通知的终结；一个接续的两端所保持的接续数据不一致。当接续段发出任意消息时，都要把发送不活动性控制器复位；当接收不活动性控制定时器计时满期，就要启动接续释放过程。

加速数据传递是在协议类别为流量控制面向连接业务时，传递数据量最小（≤32），且速度要求高（不受流量控制，也不提供分段和重组功能）的数据。

再次，接续释放过程。

为启动和结束接续释放，需要两种消息：已释放消息（RLSD）和释放完成消息（RLC）。

释放过程可由 SCCP 用户发起，也可由 SCCP 发起。释放过程除了释放逻辑链路和本地参考外，为防止因收到与原来已建立的接续段有关的消息而启动不适合目前接续段的过程，必须具有冻结本地参考的功能。

最后，复原过程。

复原过程的目的是对接续段重新进行初始化，将数据消息、数据证实消息、加速数据消息和加速数据证实消息舍弃，将发送序号 P（S）置 0，窗口量值复原到起始量值。

4）SCCP 的基本功能

（1）附加的寻址功能。由于 MTP 只能指示最多 16 个用户，对于 SCCP 来说，MTP 只能指示用户是 SCCP 用户，但不能具体指明是 SCCP 的哪个用户。通过子系统号码 SSN 标识一个信令点内更多的 SCCP 用户。子系统号用八位二进制码定义，最多可定义 256 个不同的子系统。

表 5-7 具体指明了 SCCP 用户。

表 5-7　SCCP 用户

取值	解释
0	不含子系统 SSN
1	SCCP 管理
2	备用
3	ISDN 用户部分
4	操作维护管理部分
5	移动用户部分
6	归属位置登记处
7	拜访位置登记处
8	移动交换中心
9	设备识别中心
10	认证中心
11	备用
12	智能网应用部分
13 ~ 252	备用
253	基站分系统操作维护应用部分
254	基站分系统应用部分

（2）地址翻译功能。SCCP 可根据 DPC+SSN 和 GT 两类地址进行寻址，其中 DPC 即 MTP 采用的目的信令点编码，SSN 是子系统号用来识别同一节点中的不同 SCCP 用户。

GT（Global Title）是全局码，可以是采用各种编号计划（如电话/ISDN 编号计划等）来表示的 SCCP 地址。利用 GT 进行灵活的选路是 SCCP 的一个重要特点。它和 DPC 的不同在于 DPC 只在所定义的信令网中才有意义，而 GT 则在全局范围内都有意义，且其地址范围远比 DPC 大。这样，就可以实现在全球范围内任意两个信令点之间直接传送电路无关消息。GT 码一般在始发节点不知道目的地信令点编码的情况下使用，但 SCCP 必须将 GT 翻译为

DPC+SSN 和新的 GT 组合，才能交由 MTP，用这个地址来传递消息。

5）SCCP 的管理功能

SCCP 管理功能（SCMG）的作用是在信令点和信令点的子系统发生故障或拥塞时，通过重新选取信令路由或调节信令业务量，以保证正常的信令网络性能。这里的子系统实际上就是 SCCP 用户。管理消息采用无返回选择的 0 类单元数据消息 UDT。按其管理对象不同，将其分为两个子功能：

（1）信令点状态管理：其功能主要是根据 MTP 提供的信令点消息，修改 SCCP 地址翻译表和节点或子系统的状态，使用户能够采取措施重发或减少有关信令点发送的信令消息。

（2）子系统状态管理：其功能主要是根据收到的关于子系统的故障、退出服务和恢复信息，修改 SCCP 翻译表，更新状态标记，实现信令信息在主/备用子系统之间的倒换和倒回。

SCCP 管理功能的实现依赖于信令点和子系统状态信息的获取。而信令点状态是由 MTP 第三级管理的，因此有关信令点的故障、恢复和拥塞信息由 MTP 告知 SCCP，子系统的故障和恢复信息则由 SCCP 通过 SCMG 消息告知有关节点。

5. 电话应用部分（TUP）

电话用户部分是 No.7 信令系统的第四级功能级，它定义了用于电话接续的各类局间信令。与以往的随路信令系统相比，No.7 信令提供了丰富的信令信息，不仅支持基本的电话业务，还可以支持部分用户补充业务。

1）电话信令消息的一般格式

在讲述 SCCP 的消息的时候，曾经提到 SCCP 消息封装在 MSU 中进行传递。对于 TUP 消息，消息的传递方式是一样的，也是封装在 MSU 信令单元格式中传递，但消息体结构有区别，如图 5-31 所示。

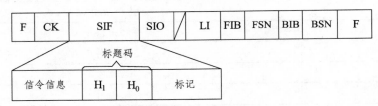

图 5-31　电话消息信令单元格式

电话用户消息的内容是在消息信令单元（MSU）中的信令信息字段（SIF）中传递，SIF 由路由标记、标题码及信令信息三部分组成。

（1）路由标记如图 5-32 所示。

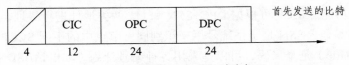

图 5-32　电话应用部分的路由标记

它与 SCCP 消息的区别在于 CIC 编码。在 SCCP 消息中是 4 bit 的信令链路选择码，在 TUP 消息中，CIC 是什么呢？

CIC 又叫电路识别码，分配给不同的电话话路，用来指明通话双方占用的电路。它是一个 12 bit 的编码，对于 2 048 kb/s 的数字通路，CIC 的低 5 位是话路时隙编码，高 7 位表示源信令点和目的信令点之间 PCM 系统的编码。对于 8 448 kb/s 的数字通路，CIC 的低 7 位是话路时隙编码，高 5 位表示源信令点和目的信令点之间 PCM 系统的编码。因此，理论上一条信令链路可以指示 4 096 个话路。

（2）标题码。

所有电话信令消息都有标题码，用来指明消息的类型。从图 5-32 中可以看出，标题码由两部分组成，H0 代表消息组编码，H1 是具体的消息编码。在这里不再给出具体的消息组和消息，感兴趣的读者可以参看相关 No.7 信令手册。

2）TUP 消息的内容和作用

国内 TUP 消息总数为 57 个（13 大类），实际使用 46 个（11 大类），实际使用消息见表 5-8。

表 5-8　TUP 消息

前向地址消息 FAM	初始地址消息 IAM
	附加初始地址消息 IAI
	后续地址消息 SAM
	单个号码后续地址消息 SAO
前向建立消息 FSM	一般前向建立信息消息 GSM
	导通检验成功消息 COT
	导通检验失败消息 CCF
后向建立消息 BSM	一般请求消息 GRQ
后向建立成功消息 SBM	地址全消息 ACM
后向建立不成功消息 UBM	交换设备拥塞消息 SEC
	电路群拥塞消息 CGC
	地址不全消息 ADI
	呼叫失败消息 CFL
	空号消息 UUN
	线路不工作消息 LOS
	发送专用信号音消息 SST
	接入拒绝消息 ACB
	不提供数字通路消息 DPN
呼叫监视消息 CSM	拆线消息 CLF
	被叫挂机消息 CBK
	应答、计费消息 ANC
	应答、不计费消息 ANN
	再应答消息 RAN
	前向转移消息 FOT
	主叫挂机消息 CCL

	释放监护消息 RLG
电路监视消息 CCM	闭塞消息 BLO
	闭塞证实消息 BLA
	闭塞解除消息 UBL
	闭塞解除证实消息 UBA
	复原消息 RSC
	导通检验请求消息 CCR
电路群监视消息 GRM	维护群闭塞消息 MGB
	硬件群闭塞消息 HGB
	维护群闭塞解除消息 MGU
	硬件群闭塞解除消息 HGU
	维护群闭塞证实消息 MBA
	硬件群闭塞证实消息 HBA
	维护群闭塞解除证实消息 MUA
	硬件群闭塞解除证实消息 HUA
	群复原消息 GRS
	群复原证实消息 GRA
国内专用后向建立成功消息 NSB	计次脉冲消息 MPM
国内专用呼叫监视消息 NCB	话务员消息 OPR
国内专用后向建立不成功消息 NUB	用户市话忙消息 SLB
	用户长话忙消息 STB

这里对 TUP 的主要消息进行简单介绍。

（1）前向地址消息（FAM）。

前向地址消息群是前向发送的含有地址信息的消息，目前包括 4 种重要的消息。

① 初始地址消息（IAM）。

初始地址消息是建立呼叫时前向发送的第一种消息，它包括地址消息和有关呼叫的选路与处理的其他消息。

② 带附加信息的初始地址消息（IAI）。

IAI 也是建立呼叫时首次前向发送的一种消息，但比 IAM 多出一些附加信息，如用于补充业务的信息和计费信息。

在建立呼叫时，可根据需要发送 IAM 或 IAI。

③ 后续地址消息（SAM）。

SAM 是在 IAM 或 IAI 之后发送的前向消息，包含了进一步的地址消息。

④ 带一个信号的后续地址消息（SAO）。

SAO 与 SAM 的不同在于只带有一个地址信号。

（2）前向建立消息（FSM）。

前向建立消息是跟随在前向地址消息之后发送的前向消息，包含建立呼叫所需的进一步的信息。

FSM 包括两种类型的消息：一般前向建立信息消息和导通检验消息，后者包括导通信号和导通失败信号。

① 一般前向建立信息消息（GSM）。

GSM 是对后向的一般请求消息（GRQ）的响应，包含主叫用户线信息和其他有关信息。

② 导通检验消息（COT 或 CCF）。

导通检验消息仅在话路需要导通检验时发送。是否需要导通检验，在前方局发送 IAM 中的导通检验指示码中指明。导通检验结果可能成功，也可能不成功。成功时发送导通消息 COT，不成功时则发送导通失败消息 CCF。

（3）后向建立消息（BSM）。

目前规定了一种后向建立消息：一般请求消息（GRQ）。BSM 是为建立呼叫而请求所需的进一步信息的消息，GRQ 是用来请求获得与一个呼叫有关信息的消息。GRQ 总是和 GSM 消息成对使用的。

（4）后向建立成功信息消息（SBM）。

SBM 是发送呼叫建立成功的有关信息的后向消息，目前包括两种消息：地址全消息和计费消息。

① 地址全消息。

地址全消息是一种指明地址信号已全部收到的后向信号，收全是指呼叫至某被叫用户所需的地址信号已齐备。地址全消息还包括相关的附加信息，如计费、用户空闲等信息。

② 计费消息。

计费消息（CHG）主要用于国内消息。

（5）后向建立不成功消息（UBM）。

后向建立不成功消息包含各种呼叫建立不成功的信号。

① 地址不全信号（ADI）。

收到地址信号的任一位数字后延时 15～20 s，所收到的位数仍不足而不能建立呼叫时，将发送 ADI 信号。

② 拥塞信号。

拥塞信号包含交换设备拥塞信号（SEC）、电路群拥塞信号（CGC）及国内网拥塞信号（NNC）。一旦检出拥塞状态，不等待导通检验的完成就应发送拥塞信号。任一 No.7 交换局收到拥塞信号后立即发出前向拆线信号，并向前方局发送适当的信号或向主叫送拥塞音。

③ 被叫用户状态信号。

被叫用户状态信号是后向发送的表示接续不能到达被叫的信号，包括用户忙信号（SSB）、线路不工作信号（LOS）、空号（UNN）和发送专用信息音信号（SST）。被叫用户状态信号不必等待导通检验完成即应发送。

④禁止接入信号（ACB）。

ACB 用来指示相容性检验失败，从而呼叫被拒绝。

（6）呼叫监视消息（CSM）。

①应答信号（ANC）。

只有被叫用户摘机才发送应答信号，根据被叫号码可以确定计费与否，从而发送应答、计费或应答、不计费信号。

②后向拆线信号（CBK）。

CBK 表示被叫用户挂机。

③前向拆线信号（CLF）。

交换局判定应该拆除接续时，就前向发送 CLF 信号。通常是在主叫用户挂机时产生 CLF 信号。

④再应答信号（RAN）。

被叫用户挂机后又摘机产生的后向信号。

⑤主叫用户挂机信号（CCL）。

CCL 是前向发送的信号，表示主叫已挂机，但仍要保持接续。

⑥前向传递信号（FOT）。

FOT 用于国际半自动接续。

（7）电路监视消息（CCM）。

①释放监护信号（RLG）。

RLG 是后向发送的信号，是对前向拆线信号 CLF 的响应。

②电路复原信号（RSC）。

在存储器发生故障时或信令故障发生时，发送电路复原信号使电路复原。

③导通检验请求消息（CCR）。

在 IAM 或 IAI 中含有导通检验指示码，用来说明释放需要导通检验，如果导通失败，就需要发送 CCR 消息来要求再次进行导通检验。

④与闭塞或解除闭塞有关的信号。

闭塞信号（BLO）是发到电路另一端的交换局的信号，使电路闭塞后就阻止该交换局经该电路呼出，但能接收来话呼叫，除非交换局也对该电路发出闭塞信号。

解除闭塞信号（UBL）用来取消由于闭塞信号而引起的电路占用状态，解除闭塞证实信号（UBA）则是解除闭塞信号的响应，表明电路已不再闭塞。

（8）电路群监视消息（GRM）。

①与群闭塞或解除闭塞有关的消息。

这些消息的基本作用与闭塞或解除闭塞信号相似，但是对象是一个电路群或电路群的一部分电路，而不是一个电路。

②电路群复原消息（GRS）及其证实消息（GRA）。

GRS 的作用与 RSC（电路复原信号）相似，但涉及一群电路。

3）TUP 信令过程

如果是 PSTN 网络，两个交换机之间建立话路接续的过程中传递的信令就是 TUP 信令，下面仅给出典型的成功呼叫过程，来说明在呼叫过程中具体用到的消息。

（1）前向挂机的信令过程，如图 5-33 所示。

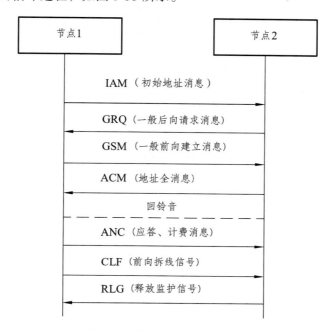

图 5-33　前向挂机的 TUP 信令

IAM（初始地址消息）：为建立呼叫而发出的第一个消息，含有被叫方为建立呼叫，确定路由的必要的地址消息，其中就包含有被叫号码。

GRQ（后向请求消息）：向发送方发出请求，请求主叫号码、主叫用户类别等。

GSM（前向建立消息）：与 GRQ 成对出现，作为对 GRQ 的响应。

ACM（地址全消息）：表示呼叫至被叫用户所需要的有关信息已全部收齐，并且被叫处于空闲状态。在收到地址全消息后，去话局应接通所连接的话路。

ANC（应答、计费消息）：表示被叫摘机应答。发起方交换机开始计费程序。

CLF（前向拆线信号）：CLF 是最优先执行的信号，在呼叫的任一时刻，甚至在电路处于空闲状态时，如收到 CLF，都必须释放电路，并发出 RLG。

RLG（释放监护信号）：对于前向的 CLF 信号的响应，释放电路。

（2）后向挂机过程（见图 5-34）。

对比一下前后向的挂机过程，就会发现它们之间的区别。

此次呼叫过程与上次不同的是，在向对方交换机送信令的时候，发送的是 IAI（带附加信息的初始地址消息），与 IAM 的具体区别就在于 IAI 不但带有被叫信息，同时还把主叫号码带上，因此当对方交换机收到 IAI 消息后，就不需要再请求主叫号码了。

另外，一旦后向挂机，CBK（后向拆线信号）就会由对方送出。当前向收到此信号后，再重复前向挂机的过程，而不是直接向后向发应答消息。

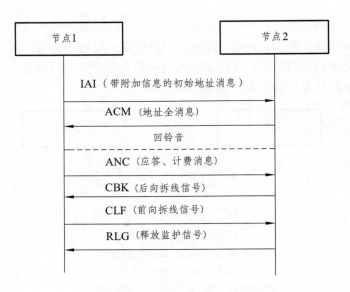

图 5-34   后向挂机的信令过程

（3）双向同抢处理。

同抢，也称为双重占用，就是双向中继电路两端的交换局几乎同时试图占用同一电路。No.7 中继具有双向工作能力，因此存在同抢的可能性。

为了减少同抢，可以选用以下两种方法之一。

方法 1：双向电路群两端的交换局采用不同的顺序来选择电路。

方法 2：两个交换局优先选择主控电路，并且对主控电路选释放时间最长的，而对非主控电路则选释放时间最短的（ITU-T 推荐）。

如果某交换局在发出初始地址消息的电路上又收到对端局发来的初始地址消息，说明同抢发生。这时，该电路的主控局继续处理它发出的呼叫，而不理会对方发来的初始地址消息；非主控局则放弃对该电路的占用，而在另一条电路上进行自动重复试呼。

（4）自动重复试呼。

No.7 信令遇到以下几种情况，将启动自动重复试呼过程：

① 呼叫处理启动的导通检验失败。

② 某电路的非主控局在该电路发生同抢。

③ 发出初始地址消息后，收到任何后向信号前，收到电路闭塞信号。

④ 发出初始地址消息后，收到任何后向信号前，收到电路复原信号。

⑤ 发出初始地址消息后，收到建立呼叫所需的后向信号前，收到不合理的信号。

6. 综合业务数字网用户部分（ISUP）

ISUP 是在电话用户部分（TUP）的基础上扩展而成的。ISUP 位于 No.7 信令系统的第四功能级，是 No.7 信令面向 ISDN 应用的高层协议。综合业务数字网（ISDN）能提供许多非话音的业务和补充业务，而电话用户部分 TUP 不能对这些业务给予很好的支持，所以，要使用综合业务数字网用户部分（ISUP）来满足 ISDN 中提供的多种业务需要的信令功能。

与 TUP 不同的是，ISUP 信令协议比 TUP 信令高级，信令内容比 TUP 要丰富，能支持更多的业务。ISUP 是在 TUP 的基础上，增加了非话音业务的控制协议和补充业务的控制协议。ISUP 可以完成 TUP 的全部功能。

ISUP 处理能够完成 TUP 的全部功能外，还具有以下功能：

（1）对不同承载业务选择电路提供信令支持；

（2）与用户-网络结构的 D 信道信令配合工作；

（3）支持端到端信令；

（4）ISUP 必须为补充业务的实现提供信令支持。

1）ISUP 信令消息

ISUP 信令消息在 ISUP 中所处理的信息全部以消息的形式接收和发送。

（1）ISUP 消息分类。

ISUP 的消息按功能划分可以有以下几类，表 5-9 列出了 ISUP 消息及其功能。

表 5-9　ISUP 的消息及其基本功能

类别	消息名称	编码	基本功能
呼叫建立	初始地址消息（IAM）	00000001	呼叫建立的请求
	后续地址消息（SAM）	00000010	通知后续地址信息
	导通消息（COT）	00000101	通知信息通路导通测试已结束
	信息请求消息（INR）	00000011	补充的呼叫建立信息的请求
	信息消息（INF）	00000100	补充的呼叫建立信息
	地址全消息（ACM）	00000110	地址消息接收完毕的通知
	呼叫进展消息（CPG）	00101100	呼叫建立过程中的通知
	应答消息（ANM）	00001001	被叫用户应答的信息
	连接消息（CON）	00000111	具有 ACM+ANM 的功能
通信中	暂停消息（SUS）	00001101	呼叫暂停的请求
	恢复消息（RES）	00001110	恢复已暂停的呼叫的请求
	呼叫修改请求消息（CMR）	00011100	呼叫中修改呼叫特征的请求
	呼叫修改完成消息（CMC）	00011101	呼叫中完成修改呼叫特征的信息
	呼叫修改拒绝消息（CMRJ）	00011110	呼叫中拒绝修改呼叫特征的信息
	前向转移信息（FOT）	00001000	话务员的呼叫请求
呼叫释放	释放消息（REL）	00001100	呼叫释放的请求
	释放完成消息（RLC）	00010000	呼叫释放完成的请求
线路监测	导通检验请求消息（CCR）	00010001	导通测试的请求
	电路复原消息（RSC）	00010010	电路初始化的请求
	闭塞消息（BLO）	00010011	电路闭塞的请求
	解除闭塞消息（UBL）	00010100	解除电路闭塞的请求
	闭塞证实消息（BLA）	00010101	电路闭塞的证实
	解除闭塞证实消息（UBA）	00010110	解除电路闭塞的证实

类别	消息名称	编码	基本功能
线路组监测	电路群闭塞消息（CGB）	00011000	电路组闭塞的请求
	电路群解除闭塞消息（CGU）	00011001	解除电路组闭塞的请求
	电路群闭塞证实消息（CGBA）	00011010	电路组闭塞的证实
	电路群解除闭塞证实消息（CGUA）	00110111	解除电路组闭塞的证实
	电路群复原消息（GRS）	00010111	电路组初始化的请求
	电路群复原证实消息（GRA）	00101001	电路组初始化的证实
	电路群询问消息（CQM）	00101010	询问电路群状态的消息
	电路群询问响应消息（CQR）	00101011	电路群状态的通知
补充业务及其他	性能接受消息（FAA）	00100000	允许补充业务的请求
	性能请求消息（FAR）	00011111	补充业务的请求
	性能拒绝消息（FRJ）	00100001	拒绝补充业务的请示
	传递消息（PAM）	00010100	沿信号路由传送信息
	用户—用户信息消息（USR）	00101101	用户—用户信令的传递

① 呼叫建立消息。

呼叫建立消息包括了呼叫建立请求、补充的呼叫建立信息的传递、呼叫建立过程中信息的传递、被叫用户的响应，以及必要时传送线路导通测试结果等有关消息。

② 通信中的消息。

通信中的消息包括了呼叫的暂停、恢复、呼叫中的转换，以及通信中话务员呼叫用的消息等。

③ 呼叫释放消息。

呼叫释放消息即呼叫完成后用于释放呼叫的消息。

④ 线路监测消息。

线路监测消息包括了为维护及测试而闭塞线路（暂时中止线路的使用）、出现故障时对电路初始化预置（强制释放）及导通测试等测试时使用的监测消息。

⑤ 线路组监测消息。

线路组监测消息包括对线路组（最多可以指定 256 条线路）同时闭塞、初始化预置及定时检测线路状态等消息。

⑥ 补充业务及其他消息。

补充业务及其他消息包括使用与补充业务的请求、许可及拒绝有关的消息；传送端到端的信令消息和用户—用户信令等消息。

（2）TUP 消息与 ISUP 消息的比较。

ISUP 消息对比 TUP 消息，最大的区别在于 ISUP 消息比 TUP 消息内容丰富，消息类型少，支持更多的业务。表 5-10 列出一些常用的 ISUP 消息，并与 TUP 消息进行比较。

表 5-10　常用的 ISUP 消息

消息名	缩写	TUP 对应消息
初始地址消息	IAM	IAM，IAI
后续地址消息	SAM	SAM、SAO
导通消息	COT	COT，CCF
地址全消息	ACM	ACM
信息请求消息	INR	GRQ
信息消息	INF	GSM
应答消息	ANM	ANU、ANC、ANN、EAM
释放消息	REL	CLF、CBK、UBM 消息组所有 13 个消息
释放完成消息	RLC	RLG
电路闭塞消息	BLO	BLO
闭塞证实消息	BLA	BLA
导通检验请求消息	CCR	CCR

2）ISUP 消息的格式

（1）ISUP 消息的一般格式。

ISUP 的消息是以消息信令单元（MSU）的形式在信令链路上传递，其长度可变，ISUP 消息可以携带多种参数，非常灵活。图 5-35 所示为 ISUP 消息的一般形式。

① 路由标记。

路由标记包括目的信令点编码 DPC、信令点编码 OPC、链路选择字段 SLS（8 位，目前只用 4 位）。

② 电路识别码。

ISUP 的 CIC 为两个 8 位位组，但目前只用最低 12 位，编码方法同 TUP。注意，ISUP 的 SLS 并不像 TUP 那样是由 CIC 的最低 4 位来兼作的。

③ 消息类型编码。

消息类型编码的功能相当于 TUP 中的 H0 和 H1，它统一规定了 ISUP 消息的功能与格式。

④ 参数部分。

ISUP 的参数部分分为必备固定部分、必备可变部分和任选部分。

其中，必备固定部分对某一特定消息是必备的，而且参数的长度固定。该部分可以包括若干项参数，参数的位置、长度和发送次序都由消息类型来确定。由于这种固定和必备性，参数的名称和长度表示语就没有必要包括在消息中。

必备可变部分由若干个参数组成，这些参数对特定的消息是必备的，但参数的长度可变。因此，在该部分的开头须用指针指明，每个参数值给出了该指针与第一个八比特组之间的八比特组的数目。每个参数的名称与指针的发送顺序隐含在消息类型中，参数的数目和指针的数目统一由消息类型规定。

指针也用来表示任选部分的开始。如果消息类型表明不允许有任选部分，则这个指针将不存在。所有参数的指针集中在必备可变部分的开始连续发送。每个参数包括参数长度表示语和参数内容。

任选部分也由若干个参数组成。对于某一特定消息，任选部分可能存在也可能不存在。如果存在，每个参数应该包括参数名称、长度表示语和参数内容。最后应在任选参数发送后，发送全"0"的八比特组，以表示任选参数结束。

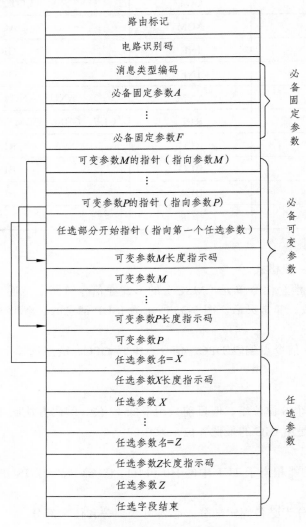

图 5-35　ISUP 消息一般形式

（2）ISUP 消息格式举例。

在所有的 ISUP 消息中，IAM 是结构最复杂的一个，它包含的参数如表 5-11 所示。由表可知，IAM 不仅包含主被叫用户地址消息，而且可以包含与呼叫有关的其他控制信息。

在 IAM 中最多可以包含 20 个参数。其中有必备固定参数、必备可变参数和任选参数。IAM 不仅传送被叫用户地址信息，也传送与呼叫接续控制有关的辅助信息，如呼叫类别、连接属性和传输承载能力的要求等。

表 5-11 IAM 的消息格式与参数

参数	类型	长度	信号信息
消息类型	F	1	IAM 的标识码
连接性质表示语	F	1	卫星、导通测试、回波控制的识别
前向呼叫表示语	F	2	国际/国内、端局—端局的识别
主叫用户类别	F	1	呼叫类别（话音、测试、数据等）
传输媒体请求	F	1	64 kb/s 透明链路、语音或 3.1 kHz 音频等
被叫用户号码	V	4-11	地址种类、地址信号
转接网选择	O	4	中转网络的标识
呼叫参考	O	7	呼叫号码、信号点信息
主叫用户号码	O	4-12	地址种类，地址信号
任选前向呼叫表示语	O	3	CUG、呼叫转送、CCBS、主叫线显示等
改发号码	O	4-12	更改的地址
改发信息	O	3-4	更改的信息
封闭用户群连锁编码	O	6	CUG 的有效性确认
连接请求	O	7-9	对 SCCP 要求端—端连接的信息
原被叫号码	O	4-12	原被叫地址
用户—用户信息	O	3-131	传送用户—用户信令
接入转送	O	3-	传送 D 通路三层信息
用户业务信息	O	4-13	传送用户协议信息
用户—用户表示语	O	3-	用户—用户信令业务的标识
任选参数的结束	O	1	表示任选参数的终了

注：F 为必备固定参数；V 为必备可变参数；O 为任选参数。

5.5 ZXJ10 交换机实现局间电话互通

5.5.1 局间任务分析

前面，我们已经实现了大梅沙端局当地的用户电话互通，并且掌握了电话拨不通时故障排查的方法。现在根据新的任务要求做相应的数据配置，使得大梅沙端局的用户能打通汇接局 B 的用户，见图 5-36。局间任务要求见表 5-12。

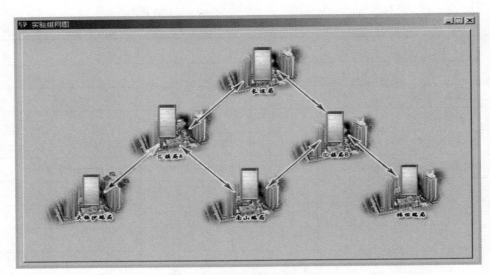

图 5-36　实验组网

表 5-12　局间任务要求

序号	大梅汇接局 A 用户	电话号码	对局参数
1	刘老师	6561001	查看对局信息，与对局信息保持一致
2	吴老师	6561002	
3	王老师	6561003	
⋮	⋮	⋮	⋮

5.5.2　局间通话实验原理

在交换局 A 局，通过后台数据配置，已能实现本地用户电话互通，现有交换局 B 局电话为 9990001，我要用本局 6561001 去拨打对局 9990001 的号码，称为出局电话，此时，一台交换机已不能完成，必须要通过中继使得交换机与交换机实现通信。中继是由中继接口、中继电路及中继连接设备组成，提供信令和语音的传输通道，完成局间的信令收发和话路接续。如图 5-37 所示，DTI 为数字中继板，所有信息出入都必须经过中继接口，交换机与交换机之间连接的线称为中继线，一般是采用 75 Ω 的同轴电缆。

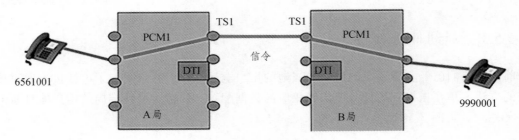

图 5-37　局间通话实验原理

因此，我们要实现局间电话互通，在本局通话的基础上，对信令和语音的传输通道作正确配置，首先我们来了解一下如何正确选择信令的传输通道，它也是局间通话实验能否成功的关键。

现在用本局 A 中 6561001 的号码去拨打对局 B 中 9990001 的号码，要实现两个交换局用户电话的互通，必须先打开交换机的 DTI 单板，一块 DTI 单板可提供 4 个 PCM 链路，分别是 PCM1、PCM2、PCM3 和 PCM4，也称为 4 个子单元或 E1 接口；每个 PCM 子单元提供 32 个时隙，编号为 TS0 ~ TS31；信令和语音都在这 32 条时隙上传输，但是不是任意一条时隙都可以使用呢？我们规定 TS0 只用来做"帧同步"，还剩下 31 条时隙从 TS1 ~ TS31 用来传送话音和信令，No.7 信令要单独占用一条时隙，不能与话音共用一条时隙。

通过查看对局信息，对局 B 选择了 PCM1 子单元来作为信令的传输链路的话，本局也要选择和对局相同的 PCM1 子单元，从 TS1 ~ TS31，任选一条来进行信令的传输，对局选择了 TS1，那本局也要选择 TS1，双方的信息才能对接，两个交换局间的信令才能正常传输，最终实现两个局的电话互通。

5.5.3　局间典型任务分析

实现局间通话，首先要确认使用哪种局间信令，此处我们使用 No.7 信令系统，整个配置过程主要包括以下几个步骤：配置邻接交换局、打开数字中继、配置中继管理（走话音）、配置共路 MTP 数据（走信令）、建立出局号码分析、修改组网图和数据传送，见图 5-38。

图 5-38　配置过程

局间通话是在完成本局通话的基础上进行的，通过对局间通话实验原理的学习，我们知道在本局通话实验的基础上，局间通话实验主要增加了 3 个步骤：

（1）中继管理配置，增加出局路由、出局路由链，分配话音信息等；

（2）MTP 数据管理配置，增加信令链路、信令路由等；

（3）修改组网图，即硬件连接。

1. 配置中继管理

选择【数据管理】→【基本数据管理】→【中继管理】菜单，在【中继管理】界面选择【中继电路组】页面，单击【增加】按钮，如图 5-39 所示。中继管理需完成以下几个步骤：

（1）增加中继电路组。

中继组类别：采用双向中继，通过这个中继组可以呼出也可以呼入。

中继信道类别：数字中继 DT。

出/入局线路信号标志：选择局间共路信令【CCS7_TUP】。

邻接交换局局向：为"1"，指【邻接交换局】中所建立局向；此处指向的是话音电路直接相连的邻接交换局。

入向号码分析表选择子：该群入局呼叫时的号码分析子。

主叫号码的分析选择子：可以根据不同的主叫来寻找相应的号码分析子，不使用时填"0"。

中继组的阈值：当中继组内的电路被占用的百分比达到设定的阈值时，即使有空闲电路，后面的呼叫也不能占用；默认值是 100。

中继选择方法：按同抢方式处理。

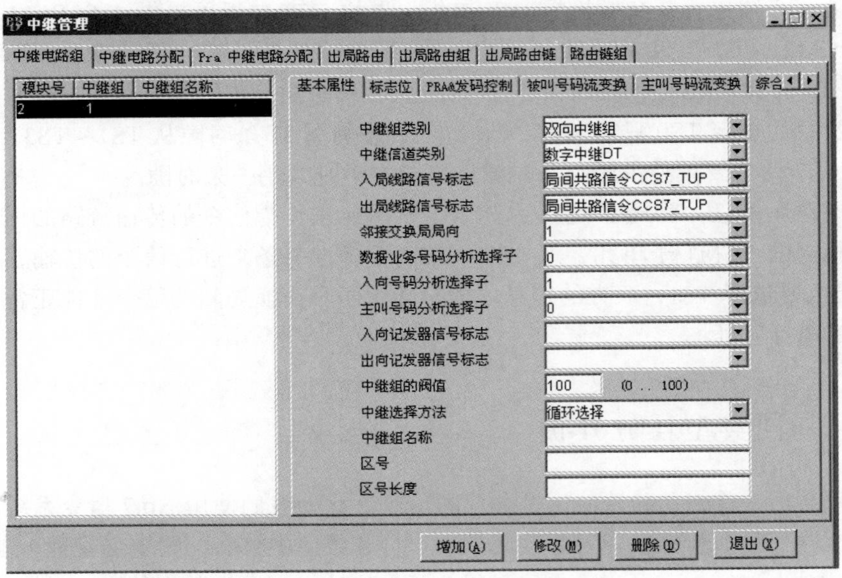

图 5-39　增加中继组

（2）分配中继电路

在【中继管理】界面选择【中继电路分配】页面，先点击【供分配的中继电路】，共出现 4 个子单元 PCM1、PCM2、PCM3、PCM4，由于 TS0 固定作帧同步，每个子单元对应剩下的 31 条电路（TS1～TS31）用来传送话音和控制信息（信令），根据对局 MTP 信息管理的信息，只分配中继单元的 PCM1 子单元，点击【分配】，进入【组内的中继电路】，如图 5-40 所示。

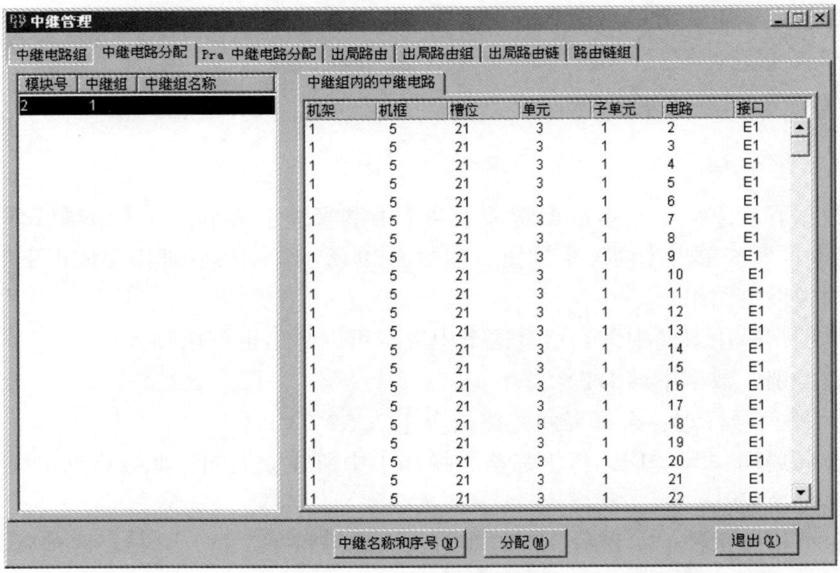

图 5-40　增加中继电路

（3）增加出局路由。

在【中继管理】界面选择【出局路由】页面，单击【增加】按钮，在页面中填入路由编号、模块号、中继组号，其余选项根据需要设置，一般不要修改，如图 5-41 所示。

图 5-41　增加出局路由

（4）增加出局路由组。

在【中继管理】界面选择【出局路由组】页面，将路由加入路由组中，如图 5-42 所示。路由组可以由一个或多个路由组成，各路由组之间为负荷分担的关系。

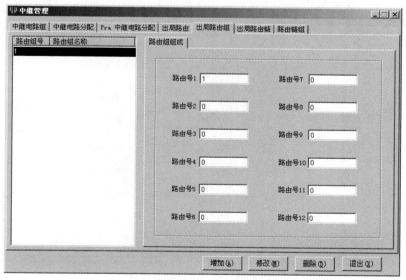

图 5-42　增加出局路由组

（5）增加出局路由链

在【中继管理】界面选择【出局路由链】页面，将前面设置的路由组加入路由链中，如图 5-43 所示。路由链可以由一个或多个路由组组成。可以在这里设置优选、次选路由组。

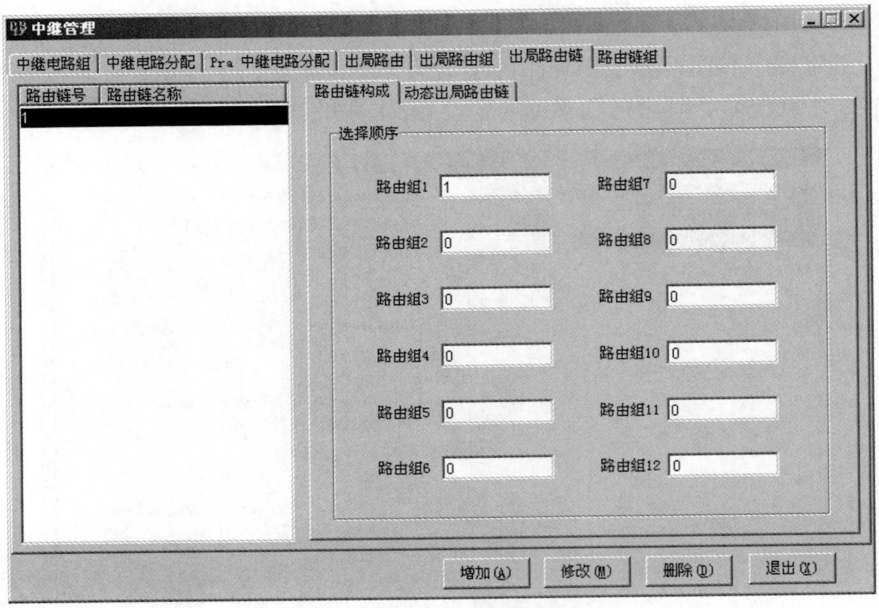

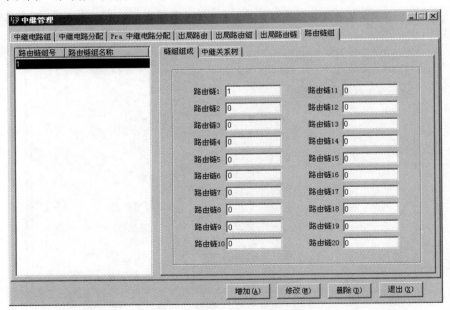

图 5-43　增加出局路由链

（6）增加出局路由链组。

在【中继管理】界面选择【路由链组】界面，将路由链加入路由链组中，如图 5-44 所示，路由链组可以由一个或多个路由链组成，各路由链之间为负荷分担的关系。

图 5-44　增加出局路由链组

2. 配置共路 MTP 数据（信令）

信令是交换机和交换机之间沟通的语言，为了保证本局交换机与对局交换机进行正常通信，我们要对信令进行配置。在 No.7 信令数据配置中，必须使得本局信息与对局保持一致，在仿真软件中，对局信息是固定的，所以在配置本局信令数据时，要先查看对局信令数据。

在图 5-45 中，通过查看对局 MTP 管理信息内容，获得配置信令的信息。看到对局给出了两个新的信令链路，链路编码分别是 0 和 1，使用的电路号（即时隙号）分别是 TS1 和 TS2，中继线的 PCM 系统编号为 0，因此在本局信令信息配置中，链路编码、电路号、PCM 系统编号都要求与对局保持一致，接下来我们一起配置 No.7 信令系统的信令数据。

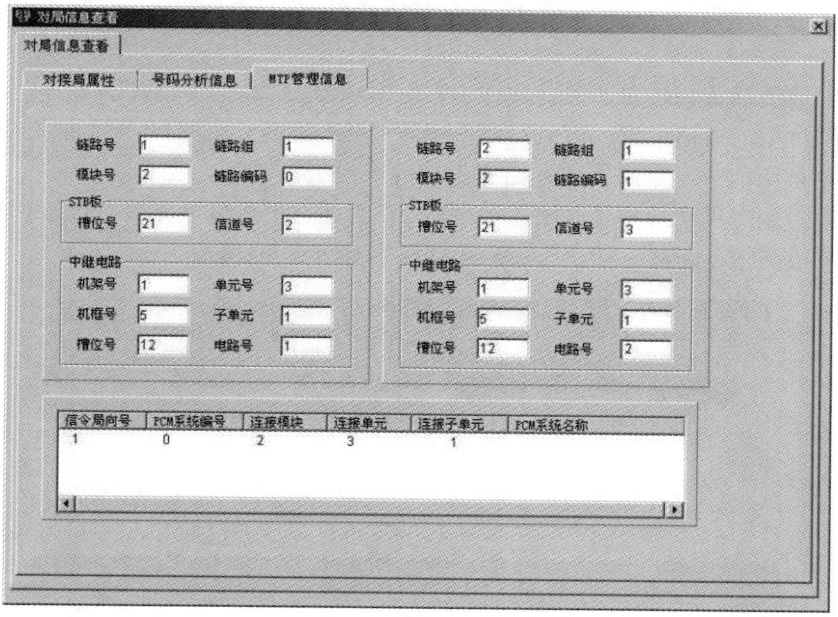

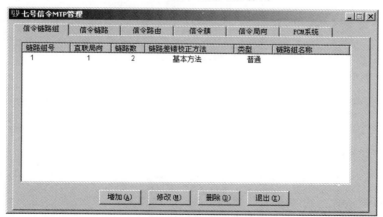

图 5-45　对局 MTP 信息

（1）增加信令链路组。

选择【数据管理】→【七号数据管理】→【共路 MTP 数据】菜单，选择【信令链路组】页面，单击【增加】按钮，增加信令链路组。

该设置界面中直联局向是【邻接信令点设置】中所设置的局向，这里所指的是直联局向。差错校正方法：根据对接双方要求和链路传输时延选取，在绝大多数情况下选【基本方法】，如图 5-46 所示，单击【增加】按钮，增加信令链路组成功。

图 5-46　增加信令链路组

（2）增加信令链路。

在【共路 MTP 数据】界面选择【增加链路】，单击【增加】按钮。

信令链路号：这是局内部标识，可根据需要自行设置。

链路组号：根据此前步骤中增加的信令链路组，设置本链路的链路组。

信令链路编码：与对局信息保持一致，在对局 MTP 管理信息中的设置情况，对局共有两个信令链路，编码分别是"链路编码 0"和"链路编码 1"，因此这里可以填 0 或 1，与对局对应即可。

模块号：该链路所在模块，仿真软件中固定模块号为 2。

信令链路可用的通信信道：该链路所占用的七号信令板（即 STB 板）信道号。

信令链路可用的中继电路：该链路所占用的中继板电路号，要与对方局一一对应。在对局信息查看中看到对局使用的是电路 1 和电路 2，因此这里可以设成 1，单击【增加】按钮，对应此电路即成为信令链路，点击【返回】按钮后如图 5-47 所示。

图 5-47　增加信令链路

（3）增加信令路由。

路由属性：若该局向有多组链路，则在链路组 1、组 2 中分别填入，并选择排列方式；否则只在组 1 中填入链路组号，同一路由里所有链路组中所有信令链路以任务分担方式工作，单击【增加】按钮，增加一条信令路由，单击【返回】按钮，如图 5-48 所示。

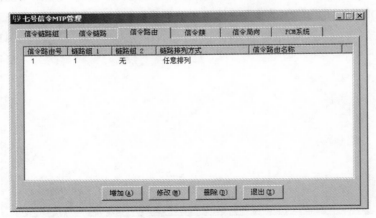

图 5-48　增加信令路由

（4）增加信令局向。

在【共路 MTP 数据】界面选择【信令局向】页面，单击【增加】按钮。

信令局向：指向信令链路与本局直接相连接邻接交换局。一般情况下与话路中继局向一致。

信令局向路由：填入正常路由，若有迂回路由，一并填入。对某一个目的信令点，有四级路由可供选择，即正常路由、第一迂回路由、第二迂回路由、第三迂回路由，是三级备用的工作方式，即正常路由不可达后，选第一迂回路由，若正常路由、第一迂回路由均不可达后，选第二迂回路由，以此类推。

增加信令局向如图 5-49 所示，单击【增加】、【返回】按钮，完成信令局向的增加。

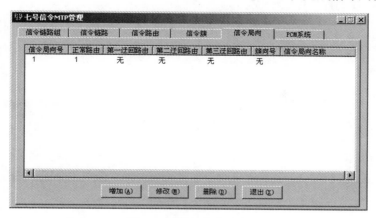

图 5-49　增加信令局向

（5）增加 PCM 系统

在【共路 MTP 数据】界面选择【PCM 系统】页面，单击【增加】按钮。

信令局向：与上一步中添加的信令局向相同。

PCM 系统编号：保持与对局信息一致，在对局信息中查看到的 PCM 系统编号是 0，因此这里也填 0。如图 5-50 所示，单击【增加】、【返回】按钮，完成 PCM 系统增加。

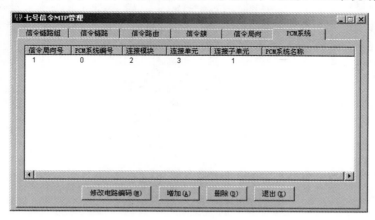

图 5-50　增加 PCM 系统

3. 修改组网图

要实现本局和对局之间信令和话音的正常传输，需在配置完中继数据后，将本局和对局的中继电路连接，即双方的 DTI 单板连接起来，否则不能实现业务，产生告警。在桌面上双击【组网图】，将出现如图 5-51 所示的界面。

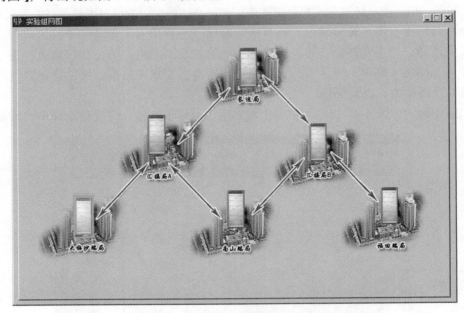

图 5-51　组网图 1

单击闪动的"大梅沙端局"，进入虚拟机房 2，选择数字中继板 DTI13，出现连线界面，如图 5-52 所示。

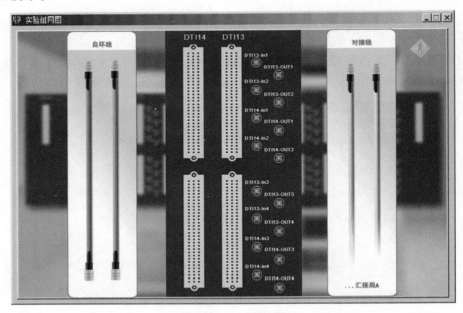

图 5-52　中继线连接 1

选择右边白色和黄色的两根对接线，用鼠标将它们连接到相应的 DTI 单板上的 PCM1 子单元的一对输入/输出接口，即 In1 和 Out1，如图 5-53 所示。

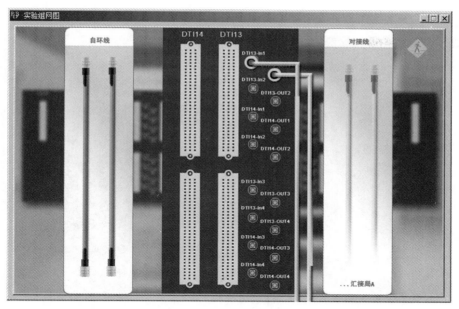

图 5-53　中继线连接 2

完成后退出连线界面，返回到组网图界面，显示"大梅沙端局"和"汇接局 A"之间信令可以实现正常传输，如图 5-54 所示。

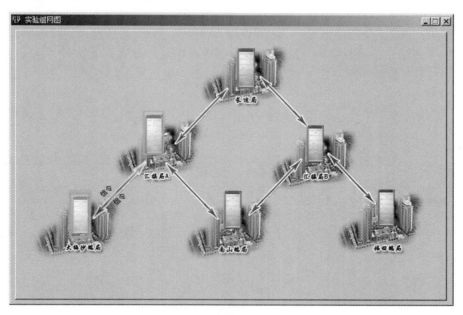

图 5-54　组网图 2

5.5.4　局间通话的硬件连线

在局间通话实验中的"修改组网图"步骤，如图 5-55 所示，要求将本局的数字中继接口板 DTI 与邻接局的数字中继接口板 DTI 通过对接线连接起来，因为 DTI 单板的选择是否正确将直接影响到本局的电话能否与对局顺利接通。

图 5-55　中继线 3

1. 数字中继板的槽位

数字中继板 DTI，位于机框 5，一般在中继框 $3N$ 和 $3N+1$ 板位插入，可与模拟信令板混插。如图 5-56 所示，按照数字中继板的槽位顺序插入规则，将第 1 块数字中继板插入第 3 槽位，第 2 块数字中继板则插入第 4 槽位，第 3 块数字中继板插入第 6 槽位，第 4 块数字中继板插入第 7 槽位……

因此，邻接交换局中位于槽位 6 的数字中继板，应该与本交换局中的第 3 块数字中继板连接。

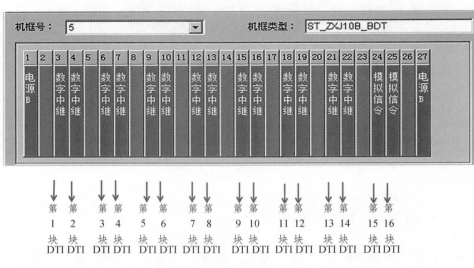

图 5-56　数字中继板的正确插入

2. 数字中继板的选择

在邻接交换局中，如果是位于槽位 12 和槽位 13 的数字中继板，在本局应该选择第几块数字中继板与之连接呢？按照前面讲到的顺序插入的方法，应该分别选择第 7 块和第 8 块数字中继板。

在图 5-57 中，如果选择了正确的数字中继板，那么如何在组网图中连接呢？图中的两组线路分别代表什么意思？我们在数字中继板的左右两边分别看到了两组不同的线路分别有不同的用途，左边的一组是用来实现自环功能，称为自环线，而右边一组是用来实现局间通话，称为对接线。一块 DTI 单板可提供 4 个 PCM 链路，分别是 PCM1、PCM2、PCM3 和 PCM4，而每个 PCM 链路可以提供一对输入（In）和输出接口（OUT），例如，DTI 7-In 1 代表第 7 块数字中继板 PCM1 链路的输入接口；DTI 7-OUT1 代表第 7 块数字中继板 PCM1 链路的输出接口。

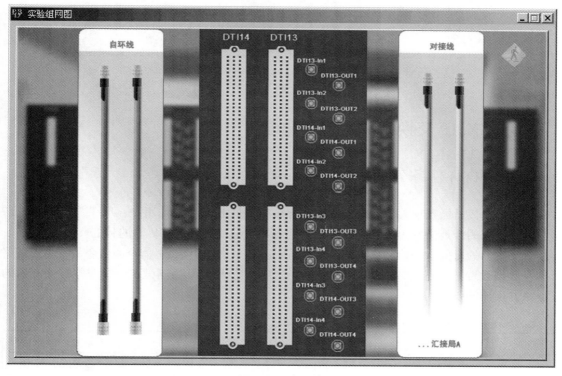

图 5-57　中继线

在局间实验中，通过查看对局【MTP 数据管理】可知，对局提供的是位于机框 5 槽位 24 的 DTI 单板的 PCM1 子单元作为信令传输线路，那么在组网时，我们只需选择本局中第 7 块数字中继板 PCM1 子单元的一对输入/输出接口与之对接，此时用鼠标点击右边的黄色对接线，将其放到 DTI 7-In 1，将白色对接线放到 DTI 7-OUT1，如图 5-58 所示。完成后退出连线界面，返回到组网图界面，显示"大梅沙端局"和"汇接局 A"之间信令可以实现正常传输。

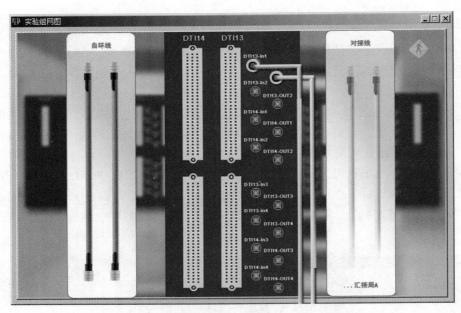

图 5-58　中继线 2

5.6　ZXJ10 交换机实现自环功能

5.6.1　自环任务分析

前面，我们已经实现大梅沙端局的用户能成功拨打汇接局 A 的用户，现在要求开通 No.7 信令和中继，用于连接两个交换局，以达到检测局间信令是否正常传输的目的。

自环实验的目的就是检测信令链路的配置，验证本交换机 No.7 信令的信令板、物理链路及信令数据设置是否正确，也是网络工程师在 No.7 信令的开通测试中一个非常行之有效的方法。自环任务要求见表 5-13。

表 5-13　自环任务要求

序号	大梅沙端局用户	本局电话号码	大梅汇接局 A 用户	对局电话号码
1	李强	6660001	刘老师	9990001
2	王明	6660002	吴老师	9990002
3	张伟	6660003	王老师	9990003

5.6.2　自环通话实验原理

如图 5-59 所示，现有交换局 A 局，假设有虚拟交换局 B 局，注意 B 局并不存在，因此 B 局中连接的用户电话也是不存在的。以仿真软件机房 1 为例，本局 A 虚拟机房里有 3 部电话，分别是 6660001，6660002 和 6660003，现在用 6660001 的座机拨打虚拟局 B 中 9990002 的座机，通过"号码流的转换"功能，将 999 局转换为本局的 666 局。

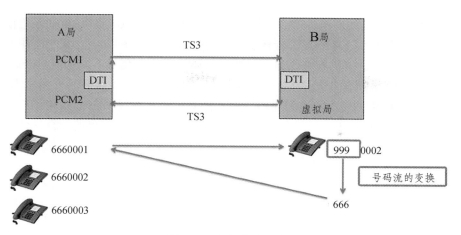

图 5-59　自环实验原理

因此，当 6660001 拨打电话 9990002 时，通过号码流的转换后，拨打对局的 9990002 变成了拨打本局 A 的 6660002，此时本局 A 中 6660002 的电话就会被拨通，来电显示是 6660001，如图 5-60 和图 5-61 所示，则说明两个局的信令链路是正常的。

图 5-60　自环实验去话显示

图 5-61　自环实验来话显示

其原理是，为了能够实现本局 A 拨打虚拟局 B 电话，现将两个交换局的 DTI 单板打开，每块 DTI 单板有 4 个子单元，分别是 PCM1，PCM2，PCM3 和 PCM4，这 4 个子单元都可用于连接 AB 局，为了实现信令的发送和回传，可任意选择其中 2 个子单元，例如，选择本局 A 的 PCM1 子单元和 PCM2 子单元，如图 5-59 所示，从本局 A 的 PCM1 子单元发送信令出去，经过 B 局的 DTI 单板，将信令传送回来，由本局 A 的 PCM2 子单元接收。因为每个 PCM 子单元都能提供 32 条时隙用来传送信令和话音信息，那我们到底选择哪一条来作为自环实验中信令的传输通道呢？TS0 只能用来作帧同步，暂不考虑，从剩下的 31 条时隙任选一条作为信令的传输通道就可以了，假如本局 A 选择了 PCM1 子单元 TS3 来作为信令传输通道，那么 PCM2 子单元在接收信令的时候，也必须选择 TS3 来接收信令。若电话能拨通，则说明本局 A 与虚拟局 B 的信令链路是正常的。

思考: 如果用本局 A 的座机 6660001 拨打虚拟局 B 的 9990001 座机，电话是否能拨通呢？

答: 不可以。因为经过号码流的转换后，9990001 转变为 6660001，相当于用本机拨打本机，电话是永远拨不通的，因此在做自环实验时，要选择拨打尾号不同的座机号码。

正确配置信令链路，是同学们在做自环实验与局间通话实验中最容易混淆和出错的地方。局间通话实验中，只需要信令发送到对局，但不需要信令从对局回传，因此只需要选择一个 PCM 子单元，一条信令链路就可以了，但自环实验当中，要形成信令的闭合回路，必须做到以下两点：

（1）选择两个 PCM 子单元；

（2）两个 PCM 子单元电路号必须一致。

5.6.3 自环典型任务分析

自环实验是在局间通话实验的基础上完成的，整个配置过程主要包括以下几个步骤：配置邻接交换局、打开数字中继、配置中继管理（走话音）、配置共路 MTP 数据（走信令）、建立出局号码分析、修改组网图和数据传送，如图 5-62 所示。

图 5-62　自环实验配置过程

通过对自环实验原理的学习，我们知道在局间通话实验的基础上，自环实验主要有 5 个步骤与局间有区别，分别作如下说明：

（1）中继管理配置，【分配中继电路】需同时分配 2 个子单元；

（2）增加【出局路由】，须完成【被叫号码流的转换】步骤；

（3）MTP 数据管理配置，一共需增加 2 次【信令链路】；

（4）增加【PCM 子系统】，需增加 2 次；

（5）修改组网图，选择"自环连接线"进行硬件连接。

下面，我们将对以上 5 个步骤进行重点讲述。

1. 分配中继电路

在【中继管理】界面选择【中继电路分配】页面，先点击【供分配的中继电路】，看到数字中继 4 个子单元，选中 PCM1 和 PCM2 中的全部时隙，点击【分配】，进入【组内的中继电路】，选择 PCM1 的 TS1 点击【释放】，选择 PCM2 的 TS2 点击【释放】，将其作为 No.7 信令的传输通道，在后面的 MTP 数据管理中进行配置，如图 5-63 所示。

2. 增加出局路由

在【中继管理】界面选择【出局路由】页面，单击【增加】按钮，在页面中填入路由编号、模块号、中继组号，其余选项根据需要设置，一般不要修改，点击【被叫号码变换】界面，如图 5-64 所示。

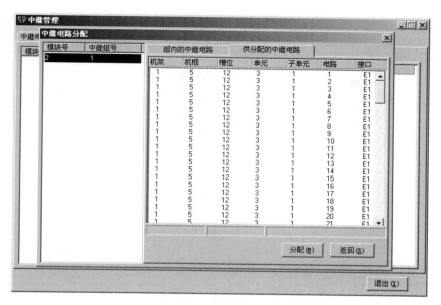

图 5-63 分配中继电路

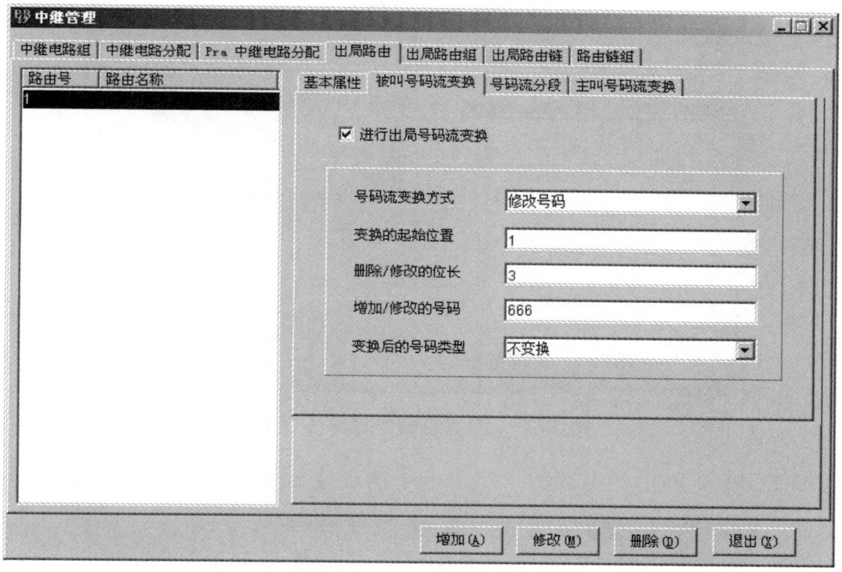

图 5-64 被叫号码流的转换

具体操作如下：

进行出局号码流变换：在复选框上打钩；

号码流变换方式：修改号码，表示对出局号码进行修改；

号码的起始位置：1，表示从第 1 位开始修改；

删除/修改的位长：3，表示修改号码位长度是 3 位；

增加/修改的号码：666，修改后的局号为 666 局；

变换后的号码类型：不变换。

3. 增加信令链路

在【共路 MTP 数据】界面选择【增加链路】，单击【增加】按钮，共增加 2 次，如图 5-65 所示。

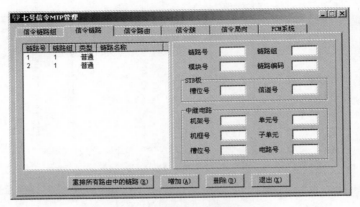

图 5-65　增加信令链路

第一次选择 PCM 子单元 1 电路号 1，单击【增加】按钮，增加成功后如图 5-66 所示。

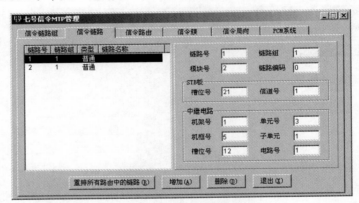

图 5-66　增加的信令链路 1 信息

第二次增加 PCM 子单元 2 电路号 2，单击【增加】按钮，增加成功后如图 5-67 所示。

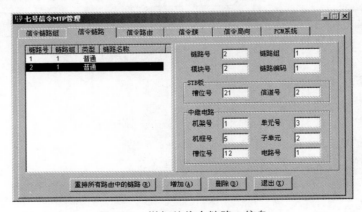

图 5-67　增加的信令链路 2 信息

4. 增加 PCM 系统

此时要增加 PCM1 和 PCM2 两个子单元，PCM 系统编号分别为 0 和 1，完成后如图 5-68 所示。

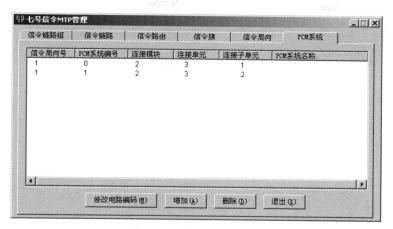

图 5-68　增加 PCM 系统

5. 修改组网图

单击闪动的"大梅沙端局"，进入虚拟机房 1，选择数字中继板 DTI7，出现连线界面，假如在数据配置时选择了 PCM1 子单元和 PCM2 子单元作为信令传输线路，那么在组网时，用鼠标点击左边的蓝色和绿色自环线，将第 7 块数字中继板 PCM1 的输入接口 DTI 7-In 1 与 PCM2 的输出接口 DTI 7-OUT 3 对接，第 7 块数字中继板 PCM1 的输出接口 DTI 7-OUT 1 与 PCM2 的输入接口 DTI 7-In 3 对接即可，完成后如图 5-69 所示。

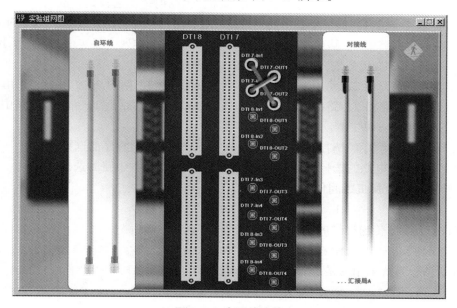

图 5-69　自环线连接

完成后退出连线界面，返回到组网图界面，显示"大梅沙端局"和"汇接局 A"之间信令可以实现正常传输。

请思考，如果在数据配置时选择了 PCM2 和 PCM4 作为信令传输线路，又该如何连接自环线呢？

【本章小结】

本章主要给同学们介绍了以下几个方面的内容：首先是机器间相互交流、识别的语言——信令；其次是在公共信道信令系统中，信令的传输构成了叠加在电路交换网上的一个专用的计算机通信网——信令网，并重点介绍了通信网中广泛使用的 No.7 信令系统。此外，为帮助同学们顺利完成局间电话互通业务，本章开篇向大家介绍了中继的相关知识和概念。通过局间通话典型任务分析，使同学们掌握了局间通话的方法和步骤，以及检测信令链路是否正确的有效方法。

【思考与练习】

一、填空题

1. 在 ZXJ10 交换机组成的网络里，最多＿＿＿＿＿＿＿＿路由组可以构成 1 个路由链。

2. 根据中继的开通方式，可将中继划分为＿＿＿＿＿＿＿＿、出向中继及＿＿＿＿＿＿＿＿。

3. 信令网一般由信令点（SP）、＿＿＿＿＿＿＿＿、＿＿＿＿＿＿＿＿ 组成。

4. 按照信令的传送信道划分，信令可分为随路信令和＿＿＿＿＿＿＿＿。

二、单选题

1.（　　　）是按事先规定的顺序依次进行选择，无论前一次选择是否成功。

　　A. 优选　　　　　　　B. 轮选　　　　　　　C. 同抢　　　　　　　D. 以上都不是

2. 1 号路由组由路由 1、路由 2 和路由 3 组成，下列路由排列中能实现路由 1 承担 50%话务量，路由 2 承担 25%话务量，路由 3 承担 25%话务量的是（　　　）。

　　A. 路由 1，路由 2，路由 2，路由 3　　　　B. 路由 3，路由 2，路由 1，路由 3

　　C. 路由 1，路由 2，路由 2，路由 1　　　　D. 路由 1，路由 1，路由 2，路由 3

3.（　　　）用于解决中继同抢。

　　A. 采用不同顺序的选择方法　　　　　　　B. 采用相同顺序的选择方法

　　C. 采用奇数电路的选择方法　　　　　　　D. 采用偶数电路的选择方法

4. 用户设备和交换机之间传送的信令，称为（　　　）。

　　A. 前向信令　　　　B. 后向信令　　　　　C. 用户信令　　　　　D. 局间信令

5. MTP1 为信令传输提供的是一条（　　　）的双向数据通路。

　　A. 2.048 Mb/s　　　B. 64 kb/s　　　　　C. 8.448 Mb/s　　　　D. 128 kb/s

6. No.7 信令系统采用的是（　　　）传送模式。

　　A. 电路交换　　　　B. 报文交换　　　　　C. 分组交换　　　　　D. 以上都不是

7. No.7 信令的 MTP2 实现的功能对应于 OSI 模型中的（　　　）。

　　A. 物理层　　　　　B. 数据链路层　　　　C. 网络层　　　　　　D. 传输层

三、多选题

1. 按照信令的功能划分，信令可分为（　　　）。
   A. 监视信令　　　　B. 记发器信令　　　　C. 用户信令　　　　D. 管理信令

2. 信令网的基本工作方式有（　　　）。
   A. 直连工作方式　　　　　　　　　　B. 准直连工作方式
   C. 非直连工作方式　　　　　　　　　D. 混合转发方式

3. 我国 No.7 信令网由（　　　）组成。
   A. HSTP　　　　　B. LSTP　　　　　C. SP　　　　　D. 以上都不是

四、判断题

1. 同抢是双向中继特有的现象，单向中继就不会发生同抢现象。　　（　　）
2. 信令系统是产生、发送、接收和识别信令所需软件和硬件的集合体。　（　　）
3. 随路信令是信令和用户信息在各自的通信信道上传输的信令。　　（　　）
4. 在电话通信网中用户及交换局的主叫、被叫地位是固定不变的。　　（　　）
5. 信令的传送方式可分为端到端方式、逐段转发方式及混合方式。　　（　　）
6. No.7 信令系统属于随路信令系统。　　（　　）
7. 信令网是公共信道信令系统中传送信令的专用数据支撑网。　　（　　）
8. 信令的工作方式是指信令消息的传输通路和被控话路之间的对应关系。　（　　）

五、简答题

1. 简述信令的分类。
2. 简述信令的传送方式及其区别。
3. 简述 No.7 信令系统的功能结构。

【大开眼界】

网络中的另一种语言——协议

协议（Protocol）是指两个或两个以上实体为了开展某项活动，经过协商后达成的一致意见。协议总是指某一层的协议。准确地说，它是在同等层之间的实体通信时，有关通信规则和约定的集合就是该层的协议，协议遵循严格的对等层通信。例如，物理层协议、传输层协议、应用层协议。

协议是一系列的步骤：它包括两方或多方，设计它的目的是要完成一项任务。

协议是对数据格式和计算机之间交换数据时必须遵守的规则的正式描述。简单来说，网络中的计算机要能够互相顺利地通信，就必须讲同样的语言，语言就相当于协议，它分为 Ethernet、NetBEUI、IPX/SPX 及 TCP/IP 协议等。

协议还有其他的特点：

（1）协议中的每个人都必须了解协议，并且预先知道所要完成的所有步骤。

（2）协议中的每个人都必须同意并遵循它。

（3）协议必须是清楚的，每一步必须明确定义，并且不会引起误解。

在计算机网络中用于规定信息的格式，以及如何发送和接收信息的一套规则称为网络协议或通信协议。协议也可理解为连入网络的计算机都要遵循的一定的技术规范，关于硬件、软件和端口等的技术规范。

网络是一个信息交换的场所，所有接入网络的计算机都可以通过彼此之间的物理设备进行信息交换，这种物理设备包括最常见的电缆、光缆、无线 WAP 和微波等，但是单纯拥有这些物理设备并不能实现信息的交换，这就好像人类的身体不能缺少大脑的支配一样，信息交换还要具备软件环境，这种"软件环境"是事先规定好的一些规则，被称作"协议"，有了协议，不同的计算机可以遵照相同的协议使用物理设备，并且不会造成相互之间的"不理解"。

这种协议很类似于"摩尔斯电码"，简单的一点一横，经过排列可以有万般变化，但是假如没有"对照表"，谁也无法理解一份杂乱无章的电码所表述的内容是什么。计算机也是一样，它们通过各种预先规定的协议完成不同的使命，例如，RFC1459 协议可以实现 IRC 服务器与客户端计算机的通信。因此，无论是黑客还是网络管理员，都必须通过学习协议达到了解网络运作机理的目的。

每一个协议都是经过多年修改延续使用至今的，新产生的协议也大多是在基层协议基础上建立的，因而协议相对来说具有较高的安全机制，黑客很难发现协议中存在的安全问题直接入手进行网络攻击。但是对于某些新型协议，因为出现时间短、考虑欠周到，也可能会因安全问题而被黑客利用。

对于网络协议的讨论，更多人则认为：现今使用的基层协议在设计之初就存在安全隐患，因而无论网络进行什么样的改动，只要现今这种网络体系不进行根本变革，就一定无法消除其潜在的危险性。

第 6 章　认识下一代网络交换技术

【本章概要】

通过本章的学习，了解并认识下一代网络交换技术，包括移动交换技术中移动交换机的结构、移动交换信令系统及移动交换的处理过程；光交换的概念及原理；ATM 的交换原理与交换技术；IP 交换的工作原理；NGN 软交换的功能特点及组网应用；智能网的基本结构与业务交换过程等。

【教学目标】

- 了解不同交换技术的产生及发展
- 了解各交换技术的特点及应用
- 掌握不同交换技术的原理及交换过程

6.1　移动交换技术

从移动通信技术出现到现在经过大约几十年的发展，已经可以实现全球移动功能，使任何人可在任何地点、任何时间、利用任何终端实现移动交换的功能。总的来说，移动通信技术大致经过了三个发展阶段：第一是模拟蜂窝状的移动通信系统，该系统的出现使公用移动电话业务成为可能；第二是数字蜂窝状的移动通信系统，可以说该系统是全球通信的基础，其具有优异的性能和巨大的发展潜力；第三是面向个人通信的移动通信系统，该系统具有很大的自由性，使个人业务扩大到全球范围，这种系统引领了 21 世纪通信技术发展的方向，具有风向标的作用。下面将从移动通信的基本概念、特点及分类入手，以第二代数字移动通信系统 GSM/GPRS 为参照，全面地讨论公用蜂窝移动通信系统的网络结构、系统组成、编号与识别、空中接口等。最后对移动交换的引入、结构、技术特点、接口信令，以及移动交换的呼叫处理、移动性管理等进行较全面的介绍。

6.1.1　移动通信系统的结构与接口

移动通信是指通信双方或至少一方是处于移动中进行信息交流的通信。泛指用户接入采用无线技术的各种通信系统，它包括陆地移动通信系统、卫星移动通信系统、集群调度通信系统、无绳电话系统、无线寻呼系统、地下移动通信系统等。基于蜂窝技术的陆地公用移动通信系统（PLMN），按照话音信号采用模拟还是数字方式传送分为模拟移动通信系统和数字移动通信系统；按照用户接入的多址方式分为频分多址（FDMA）系统、时分多址（TDMA）系统、码分多址（CDMA）系统。移动通信技术的发展经历了从第一代到第五代。

第一代（1G）：模拟通信系统，主要采用 FDMA 技术。

第二代（2G）：数字通信系统，主要采用 TDMA（如 GSM）和 CDMA（如 IS-95）技术。

第三代（3G）：主要采用 CDMA（如 CDMA2000、WCDMA、TD-SCDMA）技术，比 2G 可以提供更宽的频带，不仅传输话音，还能传输高速数据。

第四代（4G）：包括 TDD-LTE 和 FDD-LTE 两种制式。集 3G 与 WLAN 于一体，并能够快速传输数据、高质量音频、视频和图像等。4G 能够以 100 Mb/s 以上的速度下载，比家用宽带 ADSL（4 Mb/s）快 20 倍，并能够满足几乎所有用户对于无线服务的要求。

第五代（5G）：5G 是对现有无线接入技术（包括 2G、3G、4G 和 WiFi）的技术演进，以及一些新增的补充性无线接入技术集成后解决方案的总称。5G 是 4G 之后的延伸，与 4G 网络相比，5G 网络的传输速率提升 10 ~ 100 倍，频谱效率比 IMT-A 提升 5 ~ 10 倍。最终实现千亿设备连接、海量数据传输和所处即所得的用户体验。

移动通信系统的基本特性包括：① 移动用户的移动性，网络必须随时确定用户当前所在的位置区，以完成呼叫、接续等功能；② 频率资源的有限性，因此如何提高频率资源的利用率是发展移动通信要解决的主要问题。

1. 移动通信系统的组成

对移动通信而言，在通信网络的总体规划和设计中必须解决的一个问题是，为了满足运行环境、业务类型、用户数量和覆盖范围等要求，通信网络应该设置哪些基本组成部分（如基站和移动台、移动交换中心、网络控制中心、操作维护中心等），以及这些组成部分应该怎样部署，才能构成一种实用的网络结构。图 6-1 表示了一个数字蜂窝移动通信系统的网络结构。

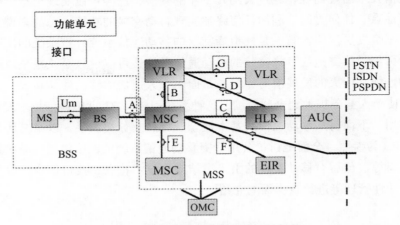

图 6-1　数字蜂窝通信系统的网络结构

基站子系统（简称基站 BS）由基站收发台（BTS）和基站控制器（BSC）组成；网络子系统由移动交换中心（MSC）、操作维护中心（OMC）、原籍位置寄存器（HLR）、访问位置寄存器（VLR）、鉴权中心（AUC）和移动设备识别寄存器（EIR）等组成。一个 MSC 可管理多达几十个基站控制器，一个基站控制器最多可控制 256 个 BTS。由 MS、BS 和网络子系统构成公用陆地移动通信网，该网络由 MSC 与公用交换电话网（PSTN）、综合业务数字网（ISDN）和公用数据网（PDN）进行互连。

1）移动台 MS

移动台 MS 实现移动终端功能，GSM 移动台包括移动台物理设备（即手机的裸机）和 SIM 卡两部分。移动台的类型很多，除了人们最熟悉的手机之外还包括车载台、便携式移动台。

移动台的一个重要组成部分是用户识别模块，即 SIM 卡。SIM 卡中存放着所有和用户有关的用户无线接口侧的信息，包括鉴权、加密信息。使用 GSM 系统进行呼入和呼出的移动台必须插入 SIM 卡，只有在处理紧急呼叫时（如呼 110 和 119），才可以在不插入 SIM 卡的情况下使用移动台。

2）基站子系统（BSS）

基站子系统 BSS 主要负责完成无线发送/接收和无线资源管理等功能，可分为基站控制器 BSC（Base Station Controller）和基站收发信台 BTS（Base Transceiver Station）。BSS 一方面通过 BTS 利用无线接口与移动台相连，负责信息的无线发送/接收和无线资源的管理；另一方面，通过 BSC 和网络子系统（NSS）中的移动业务交换中心（MSC）相连，实现移动用户之间及移动用户和固定电话网络用户之间的通信连接。

3）网络子系统（NSS）

由 6 个功能单元组成：移动业务控制中心 MSC（Mobile service Switching center）、访问用户位置寄存器 VLR（Visitor Location Register）、归属用户位置寄存器 HLR（Home Location Register）、鉴权中心 AUC（Authenticate Center）、移动设备标识寄存器 EIR（Equipment Identity Register）、操作维护中心 OMC（Operation and Maintenance Center）。

（1）移动业务控制中心 MSC：MSC 是整个网络子系统的核心。首先，MSC 是交换机，它通过接口和其他 MSC 或 PSTN 建立连接、进行呼叫控制和计费。在一个容量较大的移动通信系统中，其网络子系统中可能包含若干个 MSC。同时和移动网络及固定网络连接、负责移动网至固定网及固定网到移动网呼叫转接功能的 MSC 叫作网关 MSC（即 GMSC）。GSM 系统通过 GMSC 与公用电信网 PSTN 互连，一般采用 No.7 信令系统接口。其物理连接方式是通过在 GMSC 与 PSTN 或 ISDN 交换机之间采用 2.048 Mb/s 的 PCM 数字传输链路来实现的。MSC 具有号码存储、呼叫处理、路由选择等功能。MSC 可以从 HLR、VLR 和 AUC 获取处理用户位置登记和呼叫请求所需要的全部数据。反之，MSC 也可以根据其获取的最新信息请求更新数据库的部分数据。

（2）访问用户位置寄存器（VLR）：VLR 中存放的是 MSC 管辖范围内的用户的相关信息。VLR 负责用户的位置登记和位置信息的更新，MSC 根据用户在 VLR 中登记的位置，对其发起寻呼。VLR 中的数据是临时的（只有用户在其服务区内时，VLR 中才保留该用户的数据）。

（3）归属用户位置寄存器（HLR）：HLR 是 GSM 系统的中央数据库，存储着该 HLR 控制区内所有用户的相关数据。一个 HLR 可以控制一个或者若干个 VLR。HLR 中存储着该 HLR 控制区内所有移动用户的静态和动态数据，保证每个入局呼叫都能按最新的路径信息接续至被叫用户。

（4）鉴权中心（AUC）：AUC 中存储着鉴权算法和加密密钥，用来防止非法用户接入系统，并保证通过无线接口进行通信的用户数据的安全。

（5）移动设备识别寄存器（EIR）：EIR 中存储着移动设备的国际移动设备识别码 IMEI，分别列出准许使用的、失窃不准使用的、出现异常需要监视的移动设备。AUC 根据 MSC 的要求检查 IMEI，确保入网设备不是被盗用的或者故障设备。

（6）运营与维护中心（OMC）：OMC 用于对 GSM 系统进行集中操作与维护，允许远程接入对系统进行运行维护和管理，并提供和高层网络管理中心（NMC）之间通信的接口。

2. 移动通信系统的接口

（1）Um 接口（MS-BS）：无线接口，又称空中接口，该接口采用的技术决定了移动通信系统的制式。它用于移动台与 GSM 系统的固定部分之间的互通。其物理连接通过无线链路实现，传递的信息包括无线资源管理、移动性管理和接续管理等。

（2）A-bis 接口：基站收发信机 BTS 与基站控制器 BSC 之间的接口。

（3）A 接口（BS-MSC）：无线接入接口。其物理连接通过采用标准的 2.048 Mb/s PCM 数字传输链路来实现。该接口传送有关移动呼叫处理、基站管理、移动台管理、信道管理等信息，并与 Um 接口互通，在 MSC 和 MS 之间互传信息。

（4）B 接口（MSC-VLR）：MSC 通过该接口向 VLR 传送漫游用户位置信息，并在呼叫建立时向 VLR 查询漫游用户的有关数据。

（5）C 接口（MSC-HLR）：MSC 通过该接口向 HLR 查询被叫移动台的选路信息，以便确定呼叫路由，并在呼叫结束时向 HLR 发送计费信息。

（6）D 接口（VLR-HLR）：该接口主要用于登记器之间传送移动台的用户数据、位置信息和选路信息。

（7）E 接口（MSC-MSC）：该接口主要用于越局切换。当移动台在通信过程中由某一 MSC 业务区进入另一 MSC 业务区时，两个 MSC 需要通过该接口交换信息，由另一 MSC 接管该移动台的通信控制，使移动台通信不中断。

（8）F 接口（MSC-EIR）：MSC 通过该接口向 EIR 查询发呼移动台设备的合法性。

（9）G 接口（VLR-VLR）：当移动台由某一 VLR 管辖区进入另一 VLR 管辖区时，新老 VLR 通过该接口交换必要的信息。

（10）MSC 与 PSTN/ISDN 的接口：利用 PSTN/ISDN 的 NNI 信令建立网间话路连接。

3. 移动交换机的结构

常用的 MSC/VLR 综合式移动交换机结构如图 6-2 所示。

与固话网程控交换机相比，其结构上的差异为：

（1）增设基站信令接口 BSI 和网络信令接口 NSI。BSI 传送与移动台通信的信息，以及基站控制和维护管理信息；NSI 向 PLMN 其他网络部件传送移动用户管理、频道转接控制、网络操作维护管理等信息。这些通道与话音传输通路是分开的。

（2）增设 HLR、VLR 数据库。

（3）撤除用户级设备。

（4）增设码型变换和子复用设备 TCSM（可选）。

（5）增设网络互通单元 IWF（可选）。在 GSM 系统与 PSTN 系统的接口处可设置此设备，用于两个系统之间信号的转换。

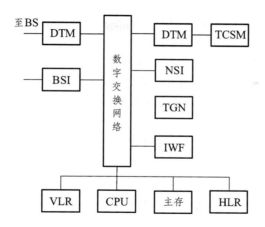

图 6-2　MSC/VLR 综合式移动交换机的基本结构

4. 移动通信系统位置信息的表示方法

移动通信系统位置信息的表示方法如图 6-3 所示。

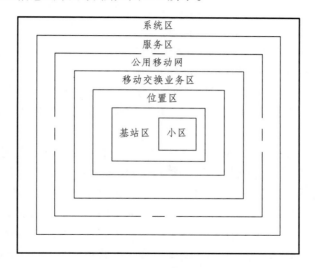

图 6-3　移动通信系统位置信息的表示方法

（1）蜂窝小区 Cell：为 PLMN 的最小空间单元，每个小区分配一组信道。小区半径按需要划定，一般为 1 km 至几十 km 范围。半径在 1 km 以下的称为微小区，还有更小的微微小区。小区越小，频率重用距离越小，频谱利用率就越高，但是系统设备投资也越高，且移动用户通信中的越区切换也越频繁。

（2）基站区：一个基站管辖的区域。如果采用全向天线，则一个基站区仅含一个小区，基站位于小区中央。如果采用扇形天线，则一个基站区包含数个小区，基站位于这些小区的公共顶点上。

（3）位置区：可由若干个基站区组成。移动台在同一位置区（LAI）内移动可不必进行位置登记，移动台可任意移动不需要进行位置更新的区域。位置区可由一个或若干个小区（或基站区）组成。为了呼叫移动台，可在一个位置区内所有基站同时发寻呼信号。

（4）移动交换业务区：一个 MSC 管辖的区域。一个 MSC 区可以由一个或若干个位置区组成。

（5）公用移动网区：是由一个公用陆地移动通信网（PLMN）提供通信业务的地理区域，如贵州移动。一个公用移动网通常包含多个业务区。

（6）服务区：由若干个互相联网的 PLMN 覆盖区组成的区域。在此区域内，移动用户可以自动漫游，如中国移动。

（7）系统区：指的是同一制式的移动通信系统的覆盖区，在此区域中 Um 接口技术完全相同。

6.1.2　移动通信系统的编号计划

在移动通信系统中，由于用户的移动性，需要有 4 种号码对用户进行识别、跟踪和管理，分别是：移动用户的 ISDN 号——MSDN（Mobile Station Directory Number，在 GSM 系统中称为 MSISDN）、国际移动台标识号——IMSI（International Mobile Station Identification）、国际移动台设备标识号——IMEI（International Mobile Equipment Identification）、移动台漫游号——MSRN（Mobile Station Roaming Number）。

（1）移动用户的 ISDN 号码（MSISDN）：呼叫移动用户所拨的号码。结构：国际电话字冠+国家号码+国内有效号码。国内有效号码的结构：（我国为 11 位）移动网号+H0H1H2H3+ABCD（例如：13605191551）。其中移动网号（13×/158/159）用来识别不同的移动系统；H0H1H2H3 标识用户所属的 HLR；ABCD 是用户号码。MSDN 采用 E.164 编码方式，存储在 HLR 和 VLR 中。

（2）国际移动用户识别码 IMSI：唯一地识别一个移动用户的国际通用号码，为一个 15 位数字的号码，移动用户以此号码发出入网请求或位置登记，移动网据此查询用户数据，此号码也是 HLR、VLR 的主要检索参数。CCITT 规定 IMSI 的结构为：我国 15 位，国际规定最大 15 位。MCC+MNC+MSIN，其中 MCC 为国家码——3 位，由 CCITT 统一分配，我国为 460；MNC 为移动网号——2 位，00 为中国移动，01 为中国联通；MSIN 为网内移动台号，采用等长 10 位数字编号格式。IMSI 采用 E.212 编码方式，存储在 SIM 卡、HLR 和 VLR 中，在无线接口及 MAP 接口上传送。

（3）移动用户漫游号码 MSRN：系统赋给来访用户的一个临时号码，供移动交换机路由选择使用。当移动台漫游进入其他地区接受来话呼叫时，该地区的移动系统（MSV/VLR）必需根据当地编号计划赋予它一个 MSRN，经由 HLR 告知 MSC，MSC 据此才能建立至该用户的路由。MSRN 由被访地区的 VLR 动态分配，它是系统预留的号码，一般不向用户公开，用户拨打 MSRN 号码将被拒绝。

（4）国际移动台设备标识号 IMEI：这是唯一标识移动台设备的号码，又称移动台串号。该号码由制造厂家永久性置入移动台，用户和电信部门均不能改变，其作用是防止有人使用非法的移动台进行呼叫。根据需要，MSC 可以发指令要求所有的移动台在发送 IMSI 的同时发送其 IMEI，如果发现两者不匹配，则确定该移动台非法，应禁止使用。在 EIR 中建有一张"非法 IMEI 号码表"，俗称"黑表"，用以禁止被盗移动台的使用。EIR 也可设置在 MSC 中。CCITT 建议 IMEI 的最大长度为 15 位。其中，设备型号占 6 位，制造厂商占 2 位，设备序号占 6 位，另有 1 位保留。我国数字移动网即采用此结构。

（5）临时移动用户识别码 TMSI：为了对 IMSI 保密，VLR 可给来访移动用户分配一个唯一的 TMSI 号码，它仅在本地使用，为一个 4 字节的 BCD 编码。由各个 VLR 自行分配。

（6）位置区识别码 LAI：位置区由若干个基站区组成，当移动台在同一位置区内时可不必向系统进行强迫位置登记。当呼叫某一移动用户时，只需在该移动台当前所在的位置区下属的各小区中寻呼即可。位置区识别码 LAI 由三部分组成：移动国家号 MCC+移动网号 MNC+LAC，其中 MCC、MNC 与国际移动用户识别码（IMSI）中的编码相同，LAC 为 2 字节 16 进制的 BCD 码，表示为 L1L2L3L4。其中 L1L2 全国统一分配，L1L2L3L4 全为 0 的编号不用，L3L4 由各省分配。

（7）MSC/VLR 号码：用于在七号信令消息中识别 MSC/VLR 的号码，规定为 13S M0 M1M2M3，其中 M0M1M2M3 的数值与 H0H1H2H3 相同。

（8）HLR 号码：在 No.7 信号消息中用来对 HLR 寻址的号码，HLR 的号码规定为 13S H0H1H2H30000。

（9）切换号码 HON：当进行移动局间切换时，为选择路由，由目标 MSC（即切换要转到的 MSC）临时分配给移动用户的一个号码。切换号码 HON 的结构与漫游号码 MSRN 的结构类似。

6.1.3 移动交换信令系统

移动交换信令系统的结构如图 6-4 所示。

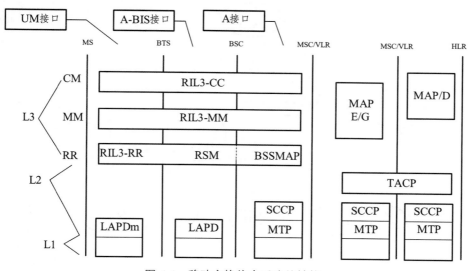

图 6-4 移动交换信令系统的结构

1. 物理层（第一层）

GSM 系统将无线信道分为两类，物理信道和逻辑信道。逻辑信道分为业务信道（TCH）和控制信道（CCH），前者用于传送用户信息，包括话音或数据控制信道（CCH）；后者用于传送信令消息，又称为信令信道。4 类控制信道：① 广播信道（BCH），下行信道，BS→MS；

② 公共控制信道（CCCH），为系统内移动台所共用；③ 专用控制信道（DCCH），使用时由基站将其分给移动台，进行移动台与基站之间的信号传输；④ 随路控制信道（ACCH），和别的信道一起使用。GSM 系统逻辑信道见表 6-1。

表 6-1　GSM 系统逻辑信道

信道名	缩写	方向
业务信道	TCH	MS→BS
快速随路控制信道	FACCH	MS→BS
广播控制信道	BCCH	MS→BS
频率校正信道	FCCH	MS→BS
同步信道	SCH	MS→BS
随机接入信道	RACH	MS→BS
寻呼信道	PCH	MS→BS
接入准许信道	AGCH	MS→BS
独立专用控制信道	SDCCH	MS→BS
慢速随路控制信道	SACCH	MS→BS

为了节省无线资源，信道按一定方式构成组合信道，每个组合信道占用一个物理信道。

常用的 3 种组合信道：TCH+FACCH+SACCH；BCH+CCCH；SDCCH+SACCH。逻辑信道的类型如图 6-5 所示。

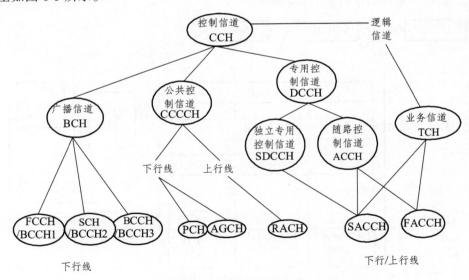

图 6-5　逻辑信道的类型

2. 数据链路层（第二层）

第二层协议称为 LAPDm，主要目的是在移动台和基站之间建立可靠的专用数据链路。LAPDm 是在 ISDN 的 LAPD 协议基础上做少量修改形成的。主要的不同之处在于取消帧定界标志（Flag）和帧校验序列（FCS），因为其功能已由 TDMA 系统的定位和信道纠错编码完成。

此外还定义了多种简缩的帧格式用于各种特定的情况。

3. 第三层（信令层）

第三层是收发和处理信令消息的实体，包括 3 个功能子层。无线资源管理（RR）对无线信道进行分配、释放、切换、性能监视和控制，共定义了 8 个信令过程。移动性管理（MM）完成移动台位置更新过程，定义了 7 个过程：移动用户位置更新、定期更新、鉴权、开机接入、关机退出、TMSI 重新分配、设备识别。连接管理（CM）负责呼叫控制，包括补充业务和 SMS（短消息）的控制，由于有 MM 子层的屏蔽，CM 子层已感觉不到用户的移动性，其控制机理继承 ISDN，包括去话建立、来话建立、呼叫中改变传输模式、MM 连接中断后呼叫重建和 DTMF 传送等 5 个信令过程。

GSM 系统将基站系统（BSS）进一步分解为基站收发信系统（BTS）和基站控制器（BSC）两部分，它们之间的接口称为 A-bis。一个 BSC 可以控制分布于不同地点的多个 BTS，对于小型基站系统也可以合二为一。

A-bis 接口信令也是三层结构，其第二层采用 LAPD 协议。A-bis 接口信令第三层有三个实体。① 业务管理过程：GSM 标准定义，SAPI=0，对应的第二层逻辑链路称为 RSL（无线信令链路）。② 网络管理过程：尚未标准化，SAPI=62，对应的第二层逻辑链路称为 OML（操作和管理链路）。③ 第二层管理过程：LAPD 定义，SAPI=63，对应的第二层逻辑链路称为 L2ML（第二层管理链路）。

B-GSM 规范将 BTS 的管理对象分为 4 类，它们是无线链路层、专用信道、控制信道和收发信机，相应定义了 4 个管理子过程：无线链路层管理过程负责无线通路数据链路层的建立和释放及透明消息的转发；专用信道管理过程负责 TCH、SDCCH 和 SACCH 的激活、释放、性能参数和操作方式控制及测量报告等；控制信道管理过程负责不透明消息转发及公共控制信道的负荷控制；收发信机管理过程负责收发信机流量控制和状态报告等。

GSM 规范将 A 接口分为三层结构，即第一层：物理层（MTP-1：64 kb/s 链路）；第二层：MTP2/3+SCCP，负责消息的可靠传送；第三层：应用层。MTP-3 的使用主要是用其信令消息处理（SMH）功能。因为有许多和电路无关的管理消息，所以采用 SCCP，但其全局名翻译功能基本不用。SCCP 的使用主要采用类别 1 和类别 2，类别 1（无连接服务功能）适用于整个基站系统和特定事务无关的全局消息；类别 2（面向连接服务）传送某一特定事务（如呼叫）的消息序列和操作维护消息序列。SCCP 的子系统号（SSN）可识别多个第三层应用实体。第三层包括 3 个应用实体：BSS 操作维护应用部分（BSSOMAP）用于和 MSC 及网管中心（OMC）交换维护管理信息，与 OMC 间的消息传送也可采用 X.25 协议。直接传送应用部分（DTAP）用于透明传送 MSC 和 MS 间的消息，这些消息主要是 CM 和 MM 协议消息。RR 协议消息终结于 BSS，不再发往 MSC。BSS 管理应用部分（BSSMAP）用于对 BSS 的资源使用、调配和负荷进行控制和监视。消息的源点和终点为 BSS 和 MSC，消息均和 RR 相关。某些 BSSMAP 过程将直接引发 RR 消息，反之，RR 消息也可能触发某些 BSSMAP 过程。GSM 标准共定义了 18 个 BSSMAP 信令过程。BSSMAP 和 DTAP 合称为基站系统应用部分（BSSAP）。

网络接口包括接口 B～G，其信令的传送采用的是 No.7 信令方式。E 接口：关于话路接续时 TUP/ISUP 协议/随路信令。MSC 和 PSTN/ISDN 之间：TUP/ISUP/随路信令。B、C、D、

E、F、G 接口的应用层协议：移动应用部分（MAP）。MAP 由 SCCP 和 TCAP 支持，主要支持移动用户漫游、切换和网络的安全保密，实现全球联网。为此，需要在 MSC 和 HLR、VLR、EIR 等网络数据库之间频繁地交换数据和指令，这些信息都与电路连接无关，最适于采用七层结构的 No.7 信令方式传送。移动通信应用部分有以下几类信令过程：位置登记和删除；补充业务的处理；呼叫建立期间用户参数的检索；频道切换（转换）；用户管理；操作和维护；国际移动设备识别管理；支持短消息业务；鉴权。

6.1.4　移动交换的处理过程

GSM（全球移动通信系统），是由欧洲电信标准化研究所（ETSI）下的特别小组开发并成功运用。我国 GSM 通信系统一般采用 900 MHz 频段。上行信道频率为 905～915 MHz，下行信道频率为 950～960 MHz，频道号为 76～124。1 800 MHz 频段的上行信道频率为 1 710～1 785 MHz，下行信道频率为 1 805～1 880 MHz，频道号为 512～562。GSM 相邻两频道间隔为 200 kHz，每个频道采用时分多址接入（TDMA）方式，分为 8 个时隙，即 8 个信道，每个信道带宽为 25 kHz。频道号为 76～124，共 10 M 带宽。中国移动公司：905～909 MHz（上行），950～954 MHz（下行），共 4 M 带宽，20 个频道，频道号为 76～95。中国联通公司：909～915 MHz（上行），954～960 MHz（下行），共 6 M 带宽，29 个频道，频道号为 96～124。

1. 移动呼叫处理的特点

（1）用户数据集中管理。由用户归属的 HLR 集中管理移动用户的用户数据，HLR 中主要存储两类信息：移动用户的用户数据和移动用户目前所处位置。

（2）位置登记与更新。当用户的位置发生改变时，须将用户当前所在的位置报告给系统。

（3）移动用户接入处理。对于 MS 始发呼叫，不存在用户线扫描、拨号音发送和收号等处理过程，MS 接入和发号通过无线接口信令完成，交换机的功能主要是检查 MS 的合法性及其呼叫权限。对于 MS 来话呼叫，则要执行寻呼过程。

（4）信道分配。由于无线接口的频率资源有限，移动用户并没有固定的业务信道和信令信道，而是在通信时由交换机按需给 MS 分配业务信道和必要的信令信道。

（5）路由选择。由于移动用户的位置是经常发生变化的，所以当移动用户为被叫时始发 MSC 要向被叫用户归属的 HLR 查询用户的当前位置，再由被叫用户归属的 HLR 向被叫当前所在的 VLR 要求为该次呼叫分配漫游号码，始发 MSC 通过漫游号码来选择路由。

（6）切换。这是移动交换区别于一般交换机的重要特点，它要求交换机在用户进入通信阶段后继续监视业务信道质量，必要时进行切换以保证通信连续性。

2. 呼叫处理的一般过程

与固定交换机中的呼叫处理不同，由于无线接口的频率资源有限，移动用户并没有固定的业务信道和信令信道，而是在通信时由交换机按需给 MS 分配业务信道和必要的信令信道。移动通信系统的通信一般包括接入阶段、鉴权加密阶段（如果需要）、完成业务（位置更新、呼叫、发送短消息等）阶段和释放连接阶段。

接入阶段的一般处理过程如图 6-6 所示，流程说明如下：

（1）信道请求：MS-BTS-BSC；

（2）信道激活：BSC-BTS；

（3）信道激活响应：BTS-BSC；

（4）立即指配：BSC-MS；

（5）SABM 帧：MS-BTS；

（6）UA 帧应答：BTS-MS；

（7）RR 连接 SCCP 连接。

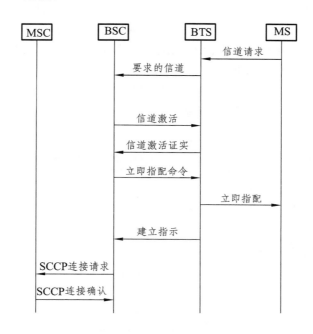

图 6-6　接入阶段的一般处理过程

鉴权的目的是确定用户身份的合法性，保证只有有权用户才可以访问网络。加密的目的是保护用户的隐私，防止在无线信道上窃听通信信息。用户鉴权由 AC、VLR 和用户配合完成。当用户起呼或进行位置更新登记时,MSC 向需被鉴权用户发送一个随机数 RAND,用户的 SIM 卡以（RAND，Ki）为输入参数执行鉴权算法 A3，得到计算结果即数字签名 SRES-Signed RESponse）回送 MSC，MSC 将此结果和暂存器中存储的预先算好的结果比较，如果两者相符，就表示鉴权成功。数据加密用于信令和重要的用户通信信息的保密传送，用户信息是否需要加密可在呼叫建立时由信令指明。考虑到数据加密，VLR 中存储的用户保密数据共有 3 个，即 RAND、SRES、Kc。鉴权时，RAND 送经用户；鉴权成功后，Kc 送往基站。

移动通信系统与固定电话系统的一个主要不同之处就是移动台 MS 的位置是在不断变化的，为了与系统保持联系，MS 就需要不断地向系统报告自己当前的位置。

GSM 网络被划分为不同的位置区，位置区由位置区识别码 LAI 标识，每个小区的广播信道广播的系统消息中，都包含该小区所属的位置区识别码 LAI，每个 MS 当前所在的位置区的 LAI 被保存在 MS 的 SIM 卡和该 MS 位于的 VLR 中。MS 进入了新的位置区，发现当前小区广播信道广播的系统消息中包含的位置区识别码 LAI 与 SIM 卡中保存的 LAI 不一致时，系统定义的周期性位置更新。

在 GSM 系统中有三个地方需要知道位置信息：HLR、VLR 和 MS（SIM 卡），在 MS 的位置发生变化时需要保持三者的一致性，在 VLR 和 SIM 卡中保存的位置信息是 MS 当前所在的位置区识别码 LAI，在 MS 归属的 HLR 中保存的位置信息是 MS 当前所在的 VLR 号码。同一 MSC/VLR 区不同的 LAI 的位置更新，只需更新 VLR 和 MS（SIM 卡）中的位置信息。不同 MSC/VLR 区不同的 LAI 的位置更新，需更新 HLR、VLR 和 MS（SIM 卡）中的位置信息。

在位置更新过程中，如果移动用户（MS）用其识别码（IMSI）来标识自身时，其位置更新过程只涉及用户新进入区域的 MSC/VLR 及用户注册所在地的 HLR。

当 MS 从 MSC/VLR-B 管辖的区域进入 MSC/VLR-A 管辖的区域，在位置登记时用 MSC/VLR-B 分配给它的临时号码 TMSI 来标识自己的位置更新/删除过程。经过位置更新过程后，管辖 MS 当前所在区域的 VLR 中已存放了该用户主要的用户数据，MS 注册的 HLR 中也已存放了该用户的位置信息。MS 原来登记位置的 VLR 已删除该用户的用户数据。

移动台 MS 主叫处理过程如图 6-7 所示。

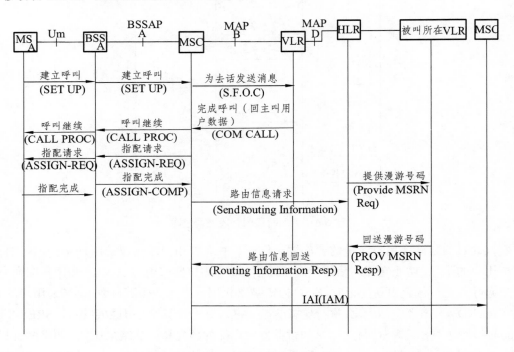

图 6-7　MS 主叫处理流程

MS 被叫处理流程比手机主叫流程要复杂，由于移动网络中手机位置的移动性，当呼叫发起时，系统并不知道被叫手机当时所处的具体位置。因此，首先要查询被叫手机的位置，然后在被叫手机所在的位置区寻呼。手机为被叫时主要包括两个流程：查询被叫手机的位置的过程如图 6-8 所示；寻找到手机之后的接续过程如图 6-9 所示。

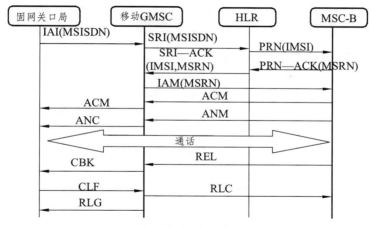

图 6-8　查询被叫手机的位置的过程

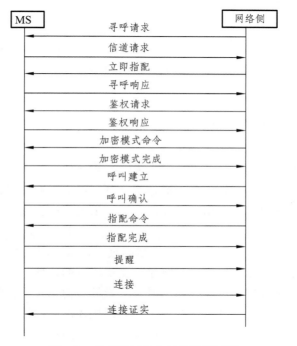

图 6-9　寻找到手机之后的接续过程

　　处于通话状态的移动用户从一个 BSS 小区移动到另一个小区时，需要进行切换，以保持移动用户已经建立的通话不被中断。一般在下述 3 种情况下要进行切换：

　　（1）通话过程中 MS 从一个基站覆盖区移动到另一个基站覆盖区。

　　（2）由于外界干扰而造成通话质量下降时，必须改变原有的话音信道而转接到一条新的空闲话音信道上去，以继续保持通话。

　　（3）MS 在两个小区覆盖重叠区进行通话，已占用 TCH 的这个小区业务特别忙，这时 BSC 通知 MS 测试它邻近小区的信号强度、信道质量，决定将它切换到另一个小区，这就是业务平衡所需要的切换。

　　不同 MSC 之间切换的信令流程如图 6-10 所示。

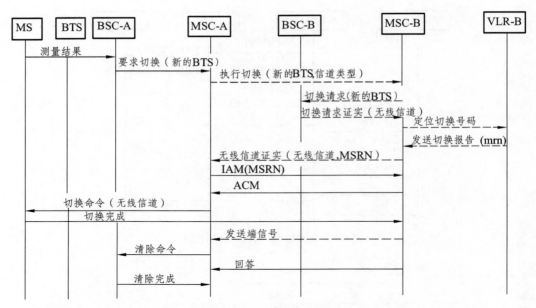

图 6-10　不同 MSC 之间切换的信令流程

6.2　光交换技术

光纤网络作为高速有效的代名词已经深入人心，在通信系统中也已经大规模地实现部署和应用。而实现透明的、高生存性的全光通信网是宽带通信网的发展目标。光交换技术作为全光通信网络中的一项重要基础技术，其发展和应用很大程度上决定未来光通信网络的前进方向。

光纤通信的优势在于巨大的信息容量和极强的抗干扰能力，其优越的性能早已得到证实，并且在现代通信系统中逐步取代以往电子线路为主要组成的通信网络，成为现代通信的重要组成方式。而原有通信系统中的电子线路却阻碍了光纤通信系统优势的发挥，成为性能的瓶颈。在光纤通信系统中，只有科学合理的通信体系结构才能够发挥光纤系统的优势，组成理想的高速、大容量、高质量的光纤网络，而原有的电子线路通信在全光网络实行中是一个巨大的阻碍，要去除电子线路的影响需要光纤通信系统技术的进步。传统通信网络和光纤网络并存时存在光电变换的过程，并且二者的结合受限于电子器件，光电交换信息的容量决定于电子部分的工作速度，本来带宽较大的光纤网络在进行光电交换时就变得狭窄了，致使整个网络的带宽也随之受限。因此，在光通信网络中需要在交换节点上直接进行光交换而省去光电变换的过程，这样才能释放光纤的通信带宽，实现其通信容量大和通信速率高的优点。所以光交换技术备受瞩目，被认为是新一代宽带技术中最重要的部分。

6.2.1　光通信的产生与发展

通信是指人与人、人与自然之间通过某种行为或媒介进行的信息交流与传递。通信系统是通信过程的具体实现。一个完整的通信系统包括了信息的采集、格式变换、传输和交换等过程所涉及的所有实体。

光通信是指利用某种特定波长（频率）的光信号承载信息，并将此光信号通过光纤或者大气信道传送到对方，然后再还原出原始信息的过程。那么，光通信和我们所说的光纤通信又有什么联系和区别呢？其实，光通信分为两大类：一类是光纤通信；一类是大气光通信。光纤通信使用光导纤维作为传输媒质，是目前最主要的光通信应用形式。大气光通信中，光信号直接在大气（或其他介质）中传输，主要应用于地面-卫星通信或接入网中应用。

光通信可以说是一门既非常古老又比较新的技术，在中国和西方古代的典籍中，都有许多关于用光来传递信息或者发送信号的记载：在明朝冯梦龙所著的《东周列国志》中就有一个著名的周幽王烽火戏诸侯的情节，一旦有外敌入侵，哨兵就点燃烽火台传递信息。在古代西方也有类似的记载：大约公元前 300 年，在埃及亚历山大港的法罗斯岛上，修建有一座灯塔，传说高度达到 115～150 m，灯光在数十里外都可以看见，这是古代西方七大奇迹之一。在 2004 年上映的好莱坞电影《指环王 3 王者归来》中，就有一段非常生动的使用烽火台来传递信息的例子，为了召唤中土的战士们一起抵御兽人的入侵，白袍巫师甘道夫指引皮平点燃了米纳斯提力斯的烽火台，接着一座一座的烽火台逐渐点燃，告警的消息一直传到了哨塔上的阿拉贡，为召唤人类战士的集合提供了及时消息。

当然，除了这些典籍或是影视作品中使用光信号来传递信息外，直到今天，我们的身边仍然还有这样用光来进行通信或者传递信息的手段，比如说在航海领域广泛使用的灯光，用明暗变化的灯光代表摩尔斯电码；或者用人举着旗子，用旗语来反映不同的信息。

现代意义的光通信大家一般认为是由贝尔在 1876 年发明电话开始的，他在光通信的发展中也做出了重要的贡献。1880 年，贝尔用弧光灯作为光源。其原理是：将弧光灯的恒定光束投射在话筒的音膜上，随声音的振动而得到强弱变化的反射光束。这一大胆的尝试，可以说是现代光通信的开端。

不管是贝尔光电话还是烽火报警，它们都具有相同的特点：① 采用可见光作为信号；② 在大气中直接传输信号。利用大气作为光通道，光波传播易受气候的影响，在大雾天气，它的可见度距离很短，遇到下雨下雪天也有影响。另外，很难找到合适的信号源。因此，实用化的光通信必须要解决两个根本问题：① 必须有稳定的、低损耗的传输媒质；② 必须要找到高强度的、可靠的光源。

此时，我们就要提到光通信的奠基人——高锟。高锟提出了用光导纤维作为媒质传输光信号的设想，这篇论文也被公认是光纤通信的理论奠基石。高锟大胆分析了玻璃纤维损耗大的原因，他提出，只要能够设法把玻璃纤维中的杂质尽可能地降低，就有可能使光纤的损耗从 1000 dB/km 降低到 20 dB/km，从而有可能用于通信。高锟的论文奠定了光纤通信的理论基础，也使得许多科学家受到鼓舞，为了实现低损耗的光纤而付出了努力。高锟因为对光纤通信做出的巨大贡献而被称为"光纤之父"，他本人也因此获得了 2009 年诺贝尔物理学奖。有了科学的理论做基础，随着工程技术的进步，光纤通信的实用化也就水到渠成了。

下面我们来看一下光纤通信的发展：1970 年，美国康宁（Corning）公司首先研制成衰减为 20 dB/km 的光纤。从此，光纤就进入了实用化的发展阶段，世界各国纷纷开展光纤通信的研究。1970 年，美国贝尔实验室研制成功可在室温下连续振荡的镓铝砷（GaAlAs）半导体激光器，为光纤通信找到了合适的光源。1973 年，贝尔实验室将光纤的损耗系数下降到 1 dB/km；

1974 年，日本解决了光缆的现场铺设及接续问题；1976 年，日本把光纤的损耗降低到 0.5 dB/km，同年美国首先成功地进行了系统容量为 44.736 Mb/s、传输距离为 10 km 的光纤通信系统现场试验。从这里可以看到，70 年以后，在传输介质、光源及在系统实验上都取得了一系列的成就，传输介质光纤和光源技术的成熟为整个光纤通信的商用化打下了坚实的基础。

6.2.2 光交换技术简介

光交换技术是指用光纤来进行网络数据、信号传输的网络交换传输技术。光交换技术不经过任何光/电转换，在光域直接将输入光信号交换到不同的输出端。密集波分复用技术的进步使得一根光纤上能够承载上百个波长信道，传输带宽最高记录已经达到了 T 比特级。同时，现有的大部分情况是光纤在传输部分带宽几乎无限——200 Tb/s，窗口 200 nm。相反，在交换部分，仅仅只有几个 Gb/s，这是因为电子的本征特性制约了它在交换部分的处理能力和交换速度。所以，许多研究机构致力于研究和开发光交换/光路由技术，试图在光子层面上完成网络交换工作，消除电子瓶颈的影响。当全光交换系统成为现实，就足够可以满足飞速增长的带宽和处理速度需求，同时能减少多达 75%的网络成本，具有诱人的市场前景。

光信号处理可以是线路级的、分组级的或比特级的。WDM 光传输网属于线路级的光信号处理，类似于现存的电路交换网，是粗粒度的信道分割；光时分复用 OTDM 是比特级的光信号处理，由于对光器件的工作速度要求很高，尽管国内外的研究人员做了很大努力，但离实用还有相当的距离；光分组交换网属于分组级的光信号处理，和 OTDM 相比对光器件工作速度的要求大大降低，与 WDM 相比能更加灵活、有效地提高带宽利用率。随着交换和路由技术在处理速度和容量方面的巨大进步，OPS 技术已经在一些领域取得了重大进展。

6.2.3 光交换分类与特点

光交换技术可以分成光路交换技术和分组交换技术。光路交换又可分成 3 种类型，即空分（SD）、时分（TD）和波分/频分（WD/FD）光交换，以及由这些交换组合而成的结合型。其中空分交换按光矩阵开关所使用的技术又分成两类，一是基于波导技术的波导空分，另一个是使用自由空间光传播技术的自由空分光交换。光分组交换中，异步传送模式是 2006 年来广泛研究的一种方式。

日本开发了两种空分光交换系统——多媒体交换系统和模块光互连器。两种系统均采用 8×8 二氧化硅光开关。多媒体光交换系统支持 G4 传真、10 Mb/s 局域网和 400 Mb/s 的高清晰度电视。

光时分交换技术开发进展很快，交换速率几乎每年提高一倍。1996 年推出了世界上第一台采用光纤延迟线和 4×4 铌酸锂光开关的 32 Mb/s 时分复用交换系统。光波分交换能充分利用光路的宽带特性，不需要高速率交换，技术上较易实现。1997 年采用高速 MI（Michelson Interferometer）波长转换器的 20 Gb/s 波分复用光交换系统问世。

采用极短脉冲的超高速 ATM 光交换机较为普遍，交换容量可达 64 Gp/s，已有实验样机。

全光分组交换网可分成两大类：时隙和非时隙。在时隙网络中，分组长度是固定的，并在时隙中传输。时隙的长度应大于分组的时限，以便在分组的前后设置保护间隔。在非时隙网络中，分组的大小是可变的，而且在交换之前，不需要排列，异步地、自由地交换每一个分组。这种网络竞争性较大，分组丢失率较高。但是结构简单，不需要同步，分组的分割和重组不需要在输入/输出节点进行，更适合于原始 IP 业务，而且缓存容量较大的非时隙型网络性能良好。

在光网络设计中，对网络设计者来说，非常重要的是减少使用网络中协议层的数目，保留已有功能，并尽量利用现有的光技术。而光分组交换技术独特之处在于：

（1）大容量、数据率和格式的透明性、可配置性等特点，支持未来不同类型数据；

（2）能提供端到端的光通道或者无连接的传输；

（3）带宽利用效率高，能提供各种服务，满足客户的需求。

把大量的交换业务转移到光域，交换容量与 WDM 传输容量匹配，同时光分组技术与 OXC、MPLS 等新技术的结合，实现网络的优化与资源的合理利用，因而光分组交换技术势必成为下一代全光网网络规划的"宠儿"。

6.2.4　光交换的方式

光信号复用一般有空分复用、时分复用、波分复用 3 种方式，相应地，也有空分交换、时分交换和波分交换来完成 3 种复用信道的交换。

空分交换是交换空间域上的光信号，其基本的功能组件是空间光开关。空间光开关原理是将光交换元件组成门阵列开关，可以在多路输入与多路输出的光纤中任意地建立通路。其可以构成空分光交换单元，也可以和其他类型的开关一起构成时分或者波分的交换单元。空分光开关一般有光纤型和空间型两种，空分交换是交换空间的划分。

时分复用是通信网络中常用的信号复用方式，将一条信道分为若干个不同的时隙，每个光路信号分配占用不同的时隙，将一个基带信道拟合为高速的光数据流进行传输。时分交换需要使用时隙交换器来实现。时隙交换器将输入信号依序写入光缓存器，然后按照既定顺序读出，这样就实现了一帧中的任一时隙交换到另外的一个时隙而输出，完成了时序交换的程序。一般双稳态激光器可以用来作为光缓存器，但是它只能按位输出，不能满足高速交换和大容量的需求。而光纤延时线是一种使用较多的时分交换设备，将时分复用的光路信号输入到光分路器中，使得其每条输出通路上都只有某个相同时隙的光信号，然后将这些经过不同光延时线的信号组合起来，经过了不同延时线的信号获得了不同的时间延迟，最后组合起来正好符合了信号复用前的原信号，从而完成时分交换。

在光传输系统中波分复用技术应用十分广泛，一般在光波分复用系统中，源端和目的端都需要使用同样波长的光来传输信号，如此多路复用时每个复用终端都需要使用额外的复用设备，这样就增加了系统的使用成本和复杂度。因此如果在波分复用系统中，在中间传输节点上使用波分光交换，就可以满足不额外增加器件实现波分复用系统的源端与目的端互通，并且可以节约系统资源，提高资源利用率。

波分光交换系统首先将光波信号用分解器分割为多个进行波分光交换所需的波长信道，再对每个信道都进行波长交换，最后将得到的信号复用后组成一个密集的波分复用信号，由一条光缆输出，这就利用光纤宽带的特性，在损耗低的波段复用多路光信号，大大提高了光纤信道的利用率，提高了通信系统容量。

混合交换技术则是在大规模的通信网络中使用多种交换技术混合组成的多级链路的光路连接。在大规模网络中需要将多路信号分路后再接入不同的链路，使得波分复用的优势无法发挥，因此需要在各级的连接链路中使用波分复用技术，然后再在各级链路交换时使用空分交换技术完成链路间的衔接，最后在目的端再用波分交换技术输出相应的光信号，进行信号合并，最后分路输出。常用的混合使用的交换技术有空分-时分混合、空分-波分混合、空分-时分-波分混合等几种。

6.2.5　光网交换技术

全光交换的实现第一步，首先要利用基于电路交换方式的光分插复用（OADM）和光交叉连接（OXC）技术实现波长交换，然后再进一步实现光分组交换。

波长交换是以波长为单位进行光域的电路交换，波长交换是为光信号提供端到端的路由和分配波长信道。进行波长交换的关键是要使用相应的网络节点设备，即光分插复用或者光交叉连接。光分插复用的工作原理是以全光的方式在网络节点中分出和插入所需的波长通路。其主要的组成元件有复用器和解复用器，以及光开关和可调谐波器等。光分插复用的工作原理和同步数字系统（SDH）中分插复用器的功能类似，不过一个是在时域，而另一个是作用在光域。而光交叉连接则是和同步数字系统中的数字交叉连接器（DXC）作用相似，不过是实现在光网络节点处的波长通路的交叉连接。

光波长交换本质上仍然是效率不高的光交换方式，其面向连接的属性使其对已经建立的波长通道不能实现再次分配以实现利用效率最大化，即使通信处于闲置状态。而光分组交换能够以极小的交换粒度实现带宽资源的复用，提高光网络的通信效率。光分组交换目前一般有光透明包交换（OTPS）、光突发交换（OBS）和光标记交换（OMPLS）技术。光透明包交换主要特点是分组长度固定，采用同步交换的方式，需要对所有输入分组在时间上同步，因此增大了技术难度，增加了使用成本。而光突发使用了变长度分组，使用传输包头的控制信息和包身的数据在时间和空间上分离的传输方式，克服了同步时间的缺点，但是有可能产生丢包的问题。而光标记交换则是在 IP 包在核心网络的接入处添加标记进行重新封包，并在核心网内部根据标记进行路由选择的方法。

虽然光交换的方式对数字传输速率要求较高（一般 10 Gb/s 以上）的通信场合更为合适，可以实现更低的传输成本和更大的系统容量；但当系统要求的传输速率要求较低（指 2.5 Gb/s 以下）、连接配置方式较为灵活时，使用旧式的光电转换的方式接入可能更为合适。因此在实际应用中，应当根据应用场景选择合适的系统部署。

随着未来通信网技术的发展和全光网络实现，光交换技术也会以更加新颖和更有效率的方式为通信网络的全光化做出贡献，成为社会发展和人们生活中的重要部分。

6.3　ATM 交换技术

异步传送模式（ATM）交换技术是一种包含传输、组网和交换等技术内容的新颖的高速通信技术。它是由产业界、用户团体、研究机构和标准化组织开发和定义的，被设计满足下一代通信技术要求，如支持带宽资源的有效利用，有利于各种类型的网络互联，以及能够提供各种先进的通信业务。它被看作是先进和有效的军用和民用通信的先进通信技术，适用于局域网和广域网，它具有高速数据传输率和支持许多种类型，如声音、数据、传真、实时视频、CD 质量音频和图像的通信。ATM 技术已被选定为下一代 B-ISDN 的基础和核心。ATM 具有如下特点：

（1）ATM 采用了分组交换中统计复用、动态按需分配带宽的技术。

（2）ATM 将信息分成固定长度的交换单元——信元。信元长度为 53 个字节，其中 5 个字节用来标识虚通道（VPI）和虚通路（VCI）、检测信元正确性、标识信元的负载类型。由于采用短固定长度的信元，可用硬件逻辑完成对信元的接收、识别、分类和交换，保证 155～622 Mb/s 的高速通信。

（3）ATM 网内不处理纠错重发、流量控制等一系列复杂的协议。这样能减少网络开销，提高网络资源利用率。

（4）在 ATM 网中可承载不同类型的业务，如话音、数据、图像和视频等，这在其他的网络中是不可能实现的。

（5）ATM 提供适配层（AAL）的功能。不同类型的业务在该层被转换成标准信元。

（6）ATM 是面向连接的。

（7）ATM 是目前唯一具有 QOS（服务质量）特性的技术。

（8）ATM 在专网、公网和 LAN 上都可以使用。

6.3.1 ATM 交换的基本原理

1. ATM 信元格式及速率

从技术上看，ATM 是从快速分组交换技术演变而来的，用于信息传输的基本的 ATM 数据单元是 ATM 信元。这种 ATM 信元的长度是固定的，并由 53 个 8 位二进制数组成，包括 5 个 8 位二进制数的头标字段和 48 个 8 位二进制数的信息有效载荷字段。在信元交换过程中，主要是参照信头的内容对信元进行处理。信头内容在 UNI 和 NNI 中略有不同，如图 6-11 所示。

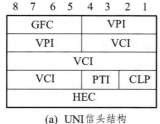
(a) UNI信头结构

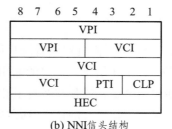
(b) NNI信头结构

图 6-11 ATM 信头结构

信元头字段的主要功能是建立通信信道，识别属于同一通信信道的信元，在网络节点之间交换信元并为信元选择路由，区分信息流的优先等级和控制信息流。

GFC（Generic Flow Control）：一般流量控制，只用于 UNI 接口，目前没用，置为 0000。

VPI（Virtual Path Identifier）：虚通道标识，在一个接口上将若干个虚通路集中起来组成一个虚通道（VP），并以虚通道为网络管理的基本单位。VPI 在 UNI 中为 8 bit，在 NNI 中为12 bit。

VCI（Virtual Channel Identifier）：虚通路标识，标识虚通道内的虚通路，VPI/VCI 一起标识一个虚连接。

PTI（Payload Type）：载荷类型指示，用于指明信元中的载荷（数据域中携带的数据）类型。

CLP（Cell Loss Priority）：信元丢失优先级，用于拥塞控制。当网络出现拥塞时，首先抛弃 CLP 等于 1 的信元。

HEC（Header Error Control）：信元差错控制，用来检测信头中的错误，并可以纠正信头中的 1 bit 差错。HEC 的另一个作用是用于信元定界，利用 HEC 字段和它之前的 4B 的相关性可识别出信头位置。HEC 的功能在物理层实现。

ATM 信元的信息有效载荷（I）字段包括用户和管理数据。在 I 字段的 48 个 8 位字节中，前面的少数 8 位字节（最多达 4 个 8 位字节）与业务无关，其余的 8 位字节按特定业务编码。一个 ATM 信元的总 ATM 具有分组交换和电路交换的特征，并包含传输、组网、多路复用和交换技术。ATM 典型的数据速率为 155 Mb/s，通过计算 150M/8/53=360 000，即每秒钟信道上有 36 万个信元来到，所以每个信元处理周期仅为 2.7 μs。商用 ATM 交换机可以连接 16 ~ 1 024 个逻辑信道，于是每个周期中要处理 16 ~ 1 024 个信元。短的、固定长度的信元为使用硬件进行高速交换创造了条件。

ATM 是一种面向连接的技术，即通信信道建立阶段必须处理实时信息交换。在通信信道建立阶段，通过网络建立一条端到端的通信信道。在 ATM 中，通过网络中节点到节点连接的连锁逻辑关联来实现这样的信道。每次逻辑关联表明传输 ATM 信元的单向信息传输能力，并调用一个虚信道（VC）。由于虚信道与专用的物理线路无关，并且它与其他连接共享其物理信道，所以把它视为虚拟。一个局部性的显著逻辑标识符 VCI 识别一个 VC，而 VCI 由 ATM 层分配并放置在信元头标中。当 ATM 层分配一个 VCI 值时，产生一条 VC 链路。一旦 VC 链路建立起来，它的后面将跟随属于同一 VC 连接的所有信元，从而确保在属于 VC 连接的传输中以这样的方式排序。整个 ATM 网络中实现端到端连接 VC 连锁连接被称作虚信道连接（VCC）。

2. ATM 交换机

在 B-ISDN 中，ATM 交换机连接着用户线路和中继线路。在用户线路上和中继线路上传送的都是 ATM 信元。ATM 信元交换机的通用模型及其原理如图 6-12 所示。其通用模型有一些输入线路和一些输出线路，通常在数量上相等（因为线路是双向的）。在每一个周期从每一输入线路取得一个信元（如果有的话）。通过内部的交换结构，并且逐步在适当的输出线路上传送。从这一角度上看，ATM 交换机是同步的。而且，它不关心信息的内容和形式。它简单地把信息分割成相同长度的分组，并给分组加上头部，以使分组能到达目的地。ATM 信头只有很少的几项功能，这使其能被网络无时延地处理。

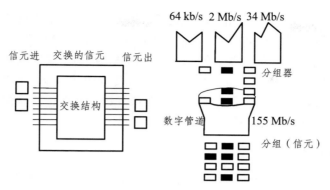

图 6-12 一个通用的 ATM 交换机及其原理

所有的 ATM 交换机都有两个共同的目标：一个是以尽可能低的丢失率交换所有的信元；另一个是决不能在虚电路上记录信元。可以说，ATM 交换机的任务，就是根据 ATM 信头上虚通道标识符和虚通路标识符，把送入的 ATM 信元转送到相应的中继线或用户线上去。举例来说，用户 A 正在使用虚通道 VPI；虚通路 VCI=1 向北京发送一幅图片；同时又在使用 VPI=3、VCI=1 向北京发送一段语音；同时还在用 VPI=4、VCI=2 从深圳接收数据。那么，交换机就应该把从用户线 A 上收到的 VPI=2、VCI=1 的 ATM 信元转送到中继线 C 上，把从用户线 A 上收到的 VPI=3、VCI=1 的 ATM 信元也转送到中继线 C 上；同时把从中继线 D 上收到的 VPI=4、VCI=2 的 ATM 信元转送到用户 A 上，如图 6-13 所示。

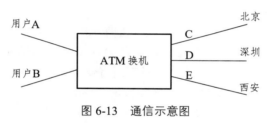

图 6-13 通信示意图

由于在 B-ISDN 上，用户线和中继线上传送的都是 ATM 信元，所以对 ATM 交换机来说，可以在许多情况下对中继线和用户线不予区分，这样就可以得到一个抽象的 ATM 模型。连接在这个交换机模型上的一部分线路向这个交换机抄送出 ATM 信元，因而叫作这个交换机的入线；另一部分线路则从这个交换机接收 ATM 信元，因而叫作这个交换机的出线。ATM 交换机的功能就是根据送入的 ATM 信元的 VPI 和 VCI，把它们送到相应的出线上去。

为了完成上述 ATM 信元的工作，一个 ATM 交换机一般由 3 个基本部分构成：入线处理和出线处理部分、ATM 交换单元、ATM 控制部分。其中，ATM 交换单元完成交换动作；ATM 控制单元对 ATM 交换单元的动作进行控制；入线处理部分对各入线上的 ATM 信元进行处理，使它们成为适合送入 ATM 交换单元的形式，出线处理部分对 ATM 交换单元送出的 ATM 信元进行处理，使它们成为适合于传输的形式。

我们知道，在通信线路上常常是传送一个比特一个比特的串行信号，而在 ATM 交换单元中为了提高速度，常常需要一次读入若干比特的并行信号。因此，诸如串/并转换等功能，在入、出线处理部件里总是需要的。事实上，为了简化交换单元的设计，我们也总是把那些可以在入线和出线就能处理的事放入到入/出线处理部件上工作。

交换机的主要功能是提供一种方法，将来自输入端口的信元快速、有效地路由到输出端口。ATM 交换设备将进行单个信元的输入处理、标头的转换及输出处理。信元标头必须按输出端口的要求进行转换。为确保信元进入适当的物理链路，交换机必须对信元进行输出处理。

ATM 技术所基于的工作原理是分解业务信号，把这些信号映射成固定长度的 ATM 信元，以异步方式多路复用这些 ATM 信元，从而组成连续传输的数据流，接着通过网络上的虚拟通信信道，使数据流实现高速交换和传输。减少协议开销、增加误差检校和对终端系统高层的重发这样一些功能，可提高传输速度。

3. ATM 交换标记交换

ATM 方式时，根据信元标记字段中包含的信息进行信元寻由和交换，而信元标记字段是信元头标的 VCI 和 VPI。信元标记并非是一个明确地址。

鉴于 ATM 固有的优点及其对潜在应用的支持，它将对民用和军事通信产生重大影响，并将引起通信方式的变革。就经济效益而言，其优点包括按使用付费、较好的带宽保证、减少（昂贵的）租用线预订、资源优化、可缩放的和灵活的带宽分配及投资保证。就提供业务来说，其优点包括支持 LAN、MAN 和 WAN 环境中的综合通信，改善 QoS、保证带宽、按需带宽和可缩放的带宽分配，继续提供高质量的业务以及提供新的业务。就网络基础结构而言，其优点包括多种类型的网络互连，支持灵活的网络基础结构，并支持多机种网络基础结构。

6.3.2　ATM 交换的传送方式

ATM 通信技术将现有的线路交换方式数字通信方式与分组通信方式加以综合。第一，ATM 允许凭借信元标记定义和识别个人通信，就此而论，ATM 装配普通的分组传输方式。第二，ATM 与分组方式通信紧密相连，因此，它只有当有业务要传送时才利用带宽。第三，像分组交换一样，在呼叫建立阶段，ATM 支持服务质量（QoS）协商，并通过在多种连接中共享其传输媒体而支持虚电路的利用。但是也有明显差别，因为分组方式一般利用可变长度的分组，而 ATM 则将固定长度分组的 ATM 信元作为其基本的传输媒介。此外，普通的分组方式主要是为可变比特率（VBR）、非实时数据信号创建的，而 ATM 同样可以很好地管理实时恒定比特率（CBR）信号。

6.3.3　ATM 交换网络的实现技术

与普通 IP 传输的非面向连接不同，ATM 是一种面向连接的交换方式。ATM 交换机是根据信元头的信息，基于信元完成的。一个 ATM 交换机可能只使用信元头的 VPI 部分，或只使用 VCI 部分，或者两个部分都使用来决定如何转发信元。其工作过程大致是：ATM 交换机接收来自特定输入端口的、带有标记的 VPI/VCI 字段和表明属于特定虚电路的信元，然后检查路由表，从中找出从哪个输出端口转发该信元，并设置输出信元的 VPI/VCI 值。就像电话呼叫的例子，只使用信元头部的 VPI 字段进行 ATM 信元的大量交换是非常有用的。

ATM 采用了虚连接技术，将逻辑子网和物理子网分离。类似于电路交换，ATM 首先选择路径，在两个通信实体之间建立虚通路，将路由选择与数据转发分开，使传输中间的控制较为简单，解决了路由选择瓶颈问题。设立虚通路和虚通道两级寻址，虚通道是由两节点间复用的一组虚通路组成的，网络的主要管理和交换功能集中在虚通道一级，减少了网管和网控的复杂性。在一条链路上可以建立多个虚通路。在一条通路上传输的数据单元均在相同的物理线路上传输，且保持其先后顺序，因此克服了分组交换中无序接收的缺点，保证了数据的连续性，更适合于多媒体数据的传输。在信头的各个组成部分中，VPI 和 VCI 是最重要的。这两个部分合起来构成了一个信元的路由信息，该信息表示这个信元从哪里来，到哪里去。为此常把这两个部分合起来记作 VPI 和 VCI。ATM 交换就是依据各个信元上的 VPI 和 VCI，来决定把它们送到哪一条输出线上去。

每个 ATM 交换机建立一张对照表。对于每个交换端口的每一个 VPI 和 VCI，都有对应表中的一个入口。当 VPI 和 VCI 分配给某一信道时，对照表将给出该交换机的一个对应输出端口，以及用于更新信头的 VPI 和 VCI 值。

当某一信元到达交换机时，交换机将读出该信元信头的 VPI 和 VCI 值，并与路由对照表比较。当找到输出端口时，信头的 VPI 和 VCI 被更新，信元被发往下一段路程。

在 ATM 环境中，怎样使用 VP 和 VC 呢？VP 就像一个能够携带许多 VC（最多可达 65 000 条）的管道或通道，它可以是从交换机到交换机的虚拟线路，也可以是横穿 ATM 网络由终端到终端的所有线路。除了最大的专用局域网或广域网外，65 000 条 VC 现在是足够的。实际上支持复杂的 VP 并不需要这么多 VC，许多 ATM LAN 发送点仅支持一条虚通道，即 VPI=0。当只有一条 VP 被支持时，它不用作端到端的连接，所以这里并不要求 VC 一定在给定的 VP 中，这样 VC 可连接任何一组站群而不受 VP 的影响。通常数据是在一条 VC 中传送的。另一方面，交换机在典型情况下，必须支持成百上千条不同的 VP，最大可能支持上百万条不同的 VC。通常客户系统希望能够提供给他们用户一条通过网络的专用 VP，VP 可以连接网络中任意两个端到端用户，若 VP 使用这种方式，则被称为一条虚通道连接（VPC）或称为一个"虚通道路径（VP Channel）"。它可以带有"永久虚拟线路（PVC，Permanent Virtual Circuits）"和"交换虚拟线路（SVC，Switched Virtual Circuits）"，如图 6-14 所示。

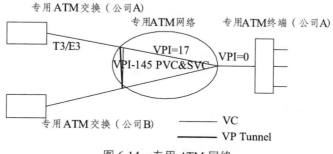

图 6-14　专用 ATM 网络

在一个 VP 通道中，系统用户可以建立 PVC 和 SVC，而无须系统以任何方式参与，甚至系统的交换机也不必直接支持 SVC。VP 通道能够提供一条路径将公用网中不同的公司互相隔离开来。在使用公用 ATM 服务器的这条路径中，就需要用复合 VP 通道互联用户网络中的网点。

在公用 ATM 网络环境中，若系统不提供 VP 通道的能力（有些可能没有），则系统只能提供 PVC，这是因为交换机不能直接支持 SVC（有些从不支持），有些系统也不希望支持 SVC（因为它使企业间账目复杂化，并增加了保密数据的流量）。若无 VP 通道，系统通常在网络端点用 VPI=0，产生和结束 PVC，如图 6-15 所示。

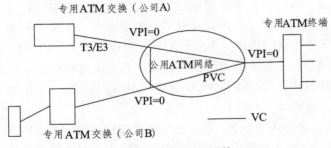

图 6-15   公用 ATM 网络

在公用网络中，PVC 是用户提前申请并由系统建立的。PVC 在对外连接 "ATM 网络设备"（如以太网或带 ATM 的 FDDI 转换器、ATM 集线器）时是相当有用的。许多非 ATM 信号源可通过单个 PVC 动态多路复合返回到指定点。在 ATM 主机间使用 PVC 也可限制预定端点的通信。在公用网中这是符合要求的。

在专有网络（LAN 或 WAN）中，由于终端站可以自己申请建立 SVC，SVC 是站点之间的通信更可取的路径。这就是当今大多数专用非 ATM LAN 和 WAN 的工作方式。因此，占用网络 ATM 交换机必须直接支持 SVC。但是，若终端站或边缘设备不支持 SVC 或是按要求不允许申请连接 SVC，这时在专用网中有用 PVC 的，PVC 必须由网络控制者提前建立。但由于路径是预定的，所以当网络出现故障时，PVC 比 SVC 优越性差。因此，在专用网络中虚通道 VP 不重要甚至不需要了，如图 6-16 所示。

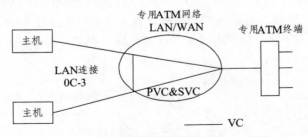

图 6-16   没有虚通道 VP 的专用 ATM 网络

6.3.4   ATM 交换的分层技术

ATM 交换分为 ATM 物理层和 ATM 层，ATM 物理层分为物理介质相关子层和传输聚合子层两个子层。

物理介质相关子层 PDM（Physical Medium Dependent Sublayer）是有关传输介质、信号电平、比特定时等规定。但是 ATM 没有提供相应的规则，而是准备采用现有的传输标准。传输聚合子层 TC（Transmission Convergence）提供与 ATM 层的统一接口。在发送方，它从 ATM 层接收信元，组成特定形式的帧。在接收方，它从 PDM 子层提供的比特流中提取信元，验证信元头，并将有效的信元提交给 ATM 层。这一层类似于数据链路层的功能。

ATM 层类似于网络层的功能，它以虚电路提供面向连接服务。ATM 支持两级连接，即虚通路（Virtual Path）和虚信道（Virtual Channal）。虚信道相当于 X.25 的虚电路，一组虚信道捆绑在一起形成虚通路，这样的两级连接提供了更好的调度性能。

6.4 IP 交换技术

6.4.1 IP 交换概述

1996 年美国 Ipsilon 公司提出了一种专门用于在 ATM 网上传送 IP 分组的技术，称之为 IP 交换（IP Switch）。它只对数据流的第一个数据包进行路由地址处理，按路由转发，随后按已计算的路由在 ATM 网上建立虚电路 VC。以后的数据包沿着 VC 以直通（Cut-Through）方式进行传输，不再经过路由器，从而将数据包的转发速度提高到第 2 层交换机的速度。IP 交换基于 IP 交换机，可被看作是 IP 路由器和 ATM 交换机组合而成，其中的"ATM 交换机"去除了所有的 ATM 信令和路由协议，并受"IP 路由器"的控制。

IP 交换可提供两种信息传送方式：一种是 ATM 交换式传输；另一种是基于 Hop-by-Hop 方式的传统 IP 传输。对于连续的、业务量大的数据流采用 ATM 交换式传输，对于持续时间短的、业务量小的数据流采用传统 IP 传输，IP 交换是基于数据流驱动的。IP 交换的核心思想就是对用户业务流进行分类。对持续时间长、业务量大、实时性要求较高的用户业务数据流直接进行交换传输，用 ATM 虚电路来传输；对持续时间短、业务量小、突发性强的用户业务数据流，使用传统的分组存储转发方式进行传输。

6.4.2 IP 交换模型与结构

实现 IP 与 ATM 融合的模型主要有重叠模型和集成模型两大类。

（1）IP 交换重叠模型。在重叠模型中，IP 运行在 ATM 之上，IP 选路和 ATM 选路相互独立，系统需要 IP 和 ATM 两种选路协议，使用 IP 和 ATM 两套地址，并要求地址解析功能，重叠模型使用标准的 ATM 论坛/ITU-T 的信令标准，与标准的 ATM 网络及业务兼容。但需要维护两个独立的网络拓扑结构，地址重复，路由功能重复，因此网络扩展性不强，不便于管理，IP 分组的传输效率较低。IETF 推荐的 IPOA、ATM Forum 推荐的 LANE 和 MPOA 等都属于重叠模型。

（2）IP 交换集成模型。集成模型只需要一套地址和一种选路协议，不需要地址解析协议，将逐跳转发的信息传送方式变为直通连接的信息传送方式，因而传送 IP 分组的效率高，但它与标准的 ATM 融合较为困难。Ipsilon 公司的 IP 交换、Cisco 公司的标记交换、IBM 的 ARIS 和 IETF 的 MPLS 都属于集成模型。

图 6-17 IP 交换机实物图

IP 交换机的结构是由 IP 交换控制器和 ATM 交换器两部分构成，如图 6-17 所示。

IP 交换控制器实际上就是运行了标准的 IP 选路软件和控制软件的高性能处理机，其中控制软件主要包括流的判识软件、Ipsilon 流管理协议和通用交换机管理协议。

（1）流的判识软件。流的判识软件用于判定数据流，以确定是采用 ATM 交换式传输方式，还是采用传统的 IP 传输方式。

（2）Ipsilon 流管理协议（IFMP）。在 IP 交换机之间通信所使用的协议是 IFMP（Ipsilon 流管理协议），用于 IP 交换机之间分发数据流标记，即传递分配标记（VCI）信息和将标记与特定 IP 流相关联的信息。

（3）通用交换机管理协议（GSMP）。在 IP 交换控制器和 ATM 交换器之间所使用的控制协议是 GSMP，是一个主/从协议，此协议用于 IP 交换器对 ATM 交换器的控制，以实现连接管理、端口管理、统计管理、配置管理和事件管理等。

ATM 交换器实际上就是去掉了 ATM 高层信令（AAL 以上）、寻址、选路等软件，并具有 GSMP 处理功能的 ATM 交换机。它们的硬件结构相同，只存在软件上的差异。

6.4.3　IP 交换的工作原理

IP 交换的工作过程可分为 4 个阶段。

1. 对默认信道上传来的数据分组进行存储转发

在系统开始运行时，IP 数据分组被封装在信元中，通过默认通道传送到 IP 交换机。当封装了 IP 分组数据的信元到达 IP 交换控制器后，被重新组合成 IP 数据分组，在第三层按照传统的 IP 选路方式，进行存储转发，然后再被拆成信元在默认通道上进行传送。

2. 向上游节点发送改向消息

在对从默认信道传来的分组进行存储转发时，IP 交换控制器中的流判识软件要对数据流进行判别，以确定是否建立 ATM 直通连接。对于连续的、业务量大的数据流采用 ATM 交换式传输，对于持续时间短的、业务量小的数据流采用传统 IP 存储转发方式。当需要建立 ATM 直通连接时，则从该数据流输入的端口上分配一个空闲的 VCI，并向上游节点发送 IFMP 的改向消息，通知上游节点将属于该流的 IP 数据分组在指定端口的 VC 上传送到 IP 交换机。上游 IP 交换机收到 IFMP 的改向消息后，开始把指定流的信元在相应 VC 上进行传送。

3. 收到下游节点的改向消息

在同一个 IP 交换网内，各个交换节点对流的判识方法是一致的，因此 IP 交换机也会收到下游节点要求建立 ATM 直通连接的 IFMP 改向消息，改向消息含有数据流标识和下游节点分配的 VCI。随后，IP 交换机将属于该数据流的信元在此 VC 上传送到下游节点。

4. 在 ATM 直通连接上传送分组

IP 交换机检测到流在输入端口指定的 VCI 上传送过来，并收到下游节点分配的 VCI 后，IP 交换控制器通过 GSMP 消息指示 ATM 控制器，建立相应输入和输出端口的入出 VCI 的连接，这样就建立起 ATM 直通连接，属于该数据流的信元就会在 ATM 连接上以 ATM 交换机的速度在 IP 交换机中转发。

6.4.4　IP 交换的特性

（1）开放——对于任何想要采纳必备的公共 IPX 技术和商业原则并签约的固网运营商、移动网络运营商及其他服务提供商都开放。

（2）质量——通过使用网络中的技术特性的组合，以及能够确保所牵涉的所有参与方之前的合同的执行模式（端到端 SLA）来提供对 QoS 的支持。

（3）级联支付——IPX 中的级联责任是指，传输链中的每一方都对下一方的性能负责。因为所有的参与者都做出这个承诺，所以对该服务的提供所涉及的财务收益是顺着这个价值链而级联的，使得所有的前设防都能够因为它们的参与而获得一个商业上的回报。

（4）高效连通性——连接到 IPX 的运营商可以选择一个多边网间互联模式，这种模式下，一个多边网间互联合同可以开放多个网间互联合作伙伴。

（5）全 IP——生来就支持基于 IP 的协议（如 SIP、RTP、GTP、SMTP、SIGTRAN 等）。

（6）安全——不论是逻辑的还是物理的，都完全独立于公共的互联网。IPX 在互联网上无法寻址或可见。

（7）全球性——不局限于某一个特定的地理区域。

（8）后向兼容——IPX 规范符合现存的规范和建议。不需要为诸如一个符合 3GPP 的 IMS 核心网去更新它的接口，为一个符合 IPX 的网络到网络的接口（NNI）。

（9）仅 NNI——IPX 需求仅处理 NNI，而用户到网络接口（User-to-Network Interface，UNI）不在它的范围内。

（10）公共技术规范——端到端地被使用。

（11）网间互联和漫游——IPX 同时覆盖网间互联和漫游场景。

（12）竞争环境（Competitive Environment）——IPX 服务由很多个相互竞争的国际 IP 运营商来提供，它们通过一个专用的 IPX 对等点来相互连接。

6.4.5　IP 交换的发展现状

IPX 的原则已经由 GSMA 成功地测试和验证。在 2004 年以前，GSMA SIP 实验局用多个基于 IMS 的业务测试了基于 IP 的 NNI。IPX 预商用实现实验局从 2007 年 4 月开始运行，特别专注于分组交换语音业务。

2008 年的 GSMA 通稿声明，IPX 实验局完全成功。很多国际运营商都准备推出 IPX 业务，如 IPX 语音（IPX Voice）、比利时电信国际运营商业务（Belgacom International Carrier Services）、英国电信（BT）、中信国际电讯（CITIC 1616）、德国电信（Deutsche Telekom ICSS）、iBasis、Reach、SAP 移动服务、Syniverse、塔塔电信等。这些公司都面向固定和移动运营商和其他服务提供商类型作为 IPX 提供商。GSMA 公开地按需支持进一步的实验。

6.5 NGN 软交换技术

6.5.1 软交换技术概述

中国电信集团公司总工程师韦乐平指出，泛义的 NGN 包容了所有新一代网络技术，狭义的 NGN 就是指软交换。在国内，人们往往把 NGN 与软交换联系在一起，甚至将它们等同起来。实际上，由国际上有关 NGN 的研究与行动可以看出，NGN 包含的内容非常广泛。

随着通信网络技术的飞速发展，人们对于宽带及业务的要求也在迅速增长，为了向用户提供更加灵活、多样的现有业务和新增业务，提供给用户更加个性化的服务，提出了下一代网络的概念，且目前各大电信运营商已开始着手进行下一代通信网络的实验。软交换技术又是下一代通信网络解决方案中的焦点之一，已成为近年来业界讨论的热点话题。

软交换的概念最早起源于美国。当时在企业网络环境下，用户采用基于以太网的电话，通过一套基于 PC 服务器的呼叫控制软件（CallManager, CallServer），实现 PBX 功能（IPPBX）。对于这样一套设备，系统不需单独铺设网络，而只通过与局域网共享就可实现管理与维护的统一，综合成本远低于传统的 PBX。由于企业网环境对设备的可靠性、计费和管理要求不高，主要用于满足通信需求，设备门槛低，许多设备商都可提供此类解决方案，因此 IP PBX 应用获得了巨大成功。受到 IP PBX 成功的启发，为了提高网络综合运营效益，网络的发展更加趋于合理、开放，更好地服务于用户。业界提出了这样一种思想：将传统的交换设备部件化，分为呼叫控制与媒体处理，二者之间采用标准协议（MGCP、H248）且主要使用纯软件进行处理，于是，SoftSwitch（软交换）技术应运而生。

软交换概念一经提出，很快便得到了业界的广泛认同和重视，ISC（International Softswitch Consortium）的成立更加快了软交换技术的发展步伐，软交换相关标准和协议得到了 IETF、ITU-T 等国际标准化组织的重视。

根据国际 Softswitch 论坛 ISC 的定义，Softswitch 是基于分组网利用程控软件提供呼叫控制功能和媒体处理相分离的设备和系统。因此，软交换的基本含义就是将呼叫控制功能从媒体网关（传输层）中分离出来，通过软件实现基本呼叫控制功能，从而实现呼叫传输与呼叫控制的分离，为控制、交换和软件可编程功能建立分离的平面。软交换主要提供连接控制、翻译和选路、网关管理、呼叫控制、带宽管理、信令、安全性和呼叫详细记录等功能。与此同时，软交换还将网络资源、网络能力封装起来，通过标准开放的业务接口和业务应用层相连，可方便地在网络上快速提供新的业务。

6.5.2 软交换的功能和特点

软交换技术是一个分式的软件系统，可以在基于各种不同技术、协议和设备的网络之间提供无缝的互操作性，其基本设计原理是设法创建一个具有很好的伸缩性、接口标准性、业务开放性等特点的分布式软件系统，它独立于特定的底层硬件/操作系统，并能够很好地处理各种业务所需要的同步通信协议，在一个理想的位置上把该架构推向摩尔曲线轨道。并且它应该有能力支持下列基本要求：

（1）独立于协议和设备的呼叫、设备的呼叫处理和同步会晤管理应用的开发。

（2）在其软交换网络中能够安全地执行多个第三方应用而不存在由恶意或错误行为的应用所引起的任何有害影响。

（3）第三方硬件销售商能增加支持新设备和协议的能力。

（4）业务和应用提供者能增加支持全系统范围的策略能力而不会危害其性能和安全。

（5）有能力进行同步通信控制，以支持包括账单、网络管理和其他运行支持系统的各种各样的后营业室系统。

（6）支持运行时间捆绑或有助于结构改善的同步通信控制网络的动态拓扑。

（7）从小到大的网络可伸缩性和支持彻底的故障恢复能力。

软交换的实现目标是在媒体设备和媒体网关的配合下，通过计算机软件编程的方式来实现对各种媒体流进行协议转换，并基于分组网络（IP/ATM）的架构实现 IP 网、ATM 网、PSTN 网等的互联，以提供和电路交换机具有相同功能并便于业务增值和灵活伸缩的设备。

软交换技术区别于其他技术的最显著特征，也是其核心思想的 3 个基本要素是：

（1）开放的业务生成接口。

软交换提供业务的主要方式是通过 API 与"应用服务器"配合以提供新的综合网络业务。与此同时，为了更好地兼顾现有通信网络，它还能够通过 INAP 与 IN 中已有的 SCP 配合以提供传统的智能业务。

（2）综合的设备接入能力。

软交换可以支持众多的协议，以便对各种各样的接入设备进行控制，最大限度地保护用户投资并充分发挥现有通信网络的作用。

（3）基于策略的运行支持系统。

软交换采用了一种与传统 OAM 系统完全不同的、基于策略（Policy-based）的实现方式来完成运行支持系统的功能，按照一定的策略对网络特性进行实时、智能、集中式的调整和干预，以保证整个系统的稳定性和可靠性。

作为分组交换网络与传统 PSTN 网络融合的全新解决方案，软交换将 PSTN 的可靠性和数据网的灵活性很好地结合起来，是新兴运营商进入话音市场的新的技术手段，也是传统话音网络向分组话音演进的方式。目前在国际上，软交换作为下一代网络（NGN）的核心组件，已经被越来越多的运营商所接受和采用。

分组语音技术：将来自电路交换网的模拟或数字化的语音信号转换成一定长度的分组，通过 IP/ATM 网络进行交换和传送。

软交换关键技术包括：

（1）语音编码技术：支持 G.711、G.728、G.729/A/B、G.723.1、GSM 全速率、GSM 半速率等多种语音编解码算法，满足不同的需求。视频 H.261、H.263、H.264 等支持静音检测、回声消除、分组丢失补偿等技术，以改善语音质量。

（2）实时传输技术：支持 RTP/RTCP 协议来提供实时媒体传输。

（3）网络协议技术：控制层接口协议：MGCP、H.248/Megaco；用户接入协议：V5.2、V5UA、DSS1、IUA；核心网接入协议：ATM、IP、DiffServ、RSVP；网络管理协议：SNMP。

6.5.3 软交换组网及发展

软交换是下一代网络的核心设备之一，各运营商在组建基于软交换技术的网络结构时，必须考虑到与其他各种网络的互通。在下一代网络中，应有一个较统一的网络系统结构。软交换位于网络控制层，较好地实现了基于分组网利用程控软件提供呼叫控制功能和媒体处理相分离的功能。

软交换与应用/业务层之间的接口提供访问各种数据库、三方应用平台、功能服务器等接口，实现对增值业务、管理业务和三方应用的支持。其中：软交换与应用服务器间的接口可采用 SIP、API，如 Parlay，提供对三方应用和增值业务的支持；软交换与策略服务器间的接口对网络设备工作进行动态干预，可采用 COPS 协议；软交换与网关中心间的接口实现网络管理，采用 SNMP；软交换与智能网 SCP 之间的接口实现对现有智能网业务的支持，采用 INAP 协议。

通过核心分组网与媒体层网关的交互，接收处理中的呼叫相关信息，指示网关完成呼叫。其主要任务是在各点之间建立关系，这些关系可以是简单的呼叫，也可以是一个较为复杂的处理。软交换技术主要用于处理实时业务，如话音业务、视频业务、多媒体业务等。

软交换之间的接口实现与不同软交换之间的交互，可采用 SIP-T、H. 323 或 BICC 协议。

目前比较普遍的看法认为，软交换系统主要由下列设备组成：

（1）软交换控制设备（Softswitch Control Device）。这是网络中的核心控制设备（也就是我们通常所说的软交换）。它完成呼叫处理控制功能、接入协议适配功能、业务接口提供功能、互联互通功能、应用支持系统功能等。

（2）业务平台（Service Platform）。完成新业务生成和提供功能，主要包括 SCP 和应用服务器。

（3）信令网关（Signaling Gateway）。目前主要指 No.7 信令网关设备。传统的 No.7 信令系统是基于电路交换的，所有应用部分都是由 MTP 承载的，在软交换体系中则需要由 IP 来承载。

（4）媒体网关（Media Gateway）。完成媒体流的转换处理功能。按照其所在位置和所处理媒体流的不同可分为：中继网关（Trunking Gateway）、接入网关（Access Gateway）、多媒体网关（Multimedia Service Access Gateway）、无线网关（Wireless Access Gateway）等。

（5）IP 终端（IP Terminal）。目前主要指 H.323 终端和 SIP 终端两种，如 IP PBX、IP Phone、PC 等。

（6）其他支撑设备。如 AAA 服务器、大容量分布式数据库、策略服务器（Policy Server）等，它们为软交换系统的运行提供必要的支持。

今天的大多数网络运营商最为关注的是保证其现有业务的安全。在近期内，话音和拨号业务仍是他们的主要收入来源，且流量还会继续增长。虽然宽带接入正在增长，但在大多数市场中仍然非常有限。与此同时，解除管制和竞争导致价格下降并侵蚀了运营商的利润。这些因素，再加上资金有限，迫使运营商不得不降低运营和资本开支（OPEX 和 CAPEX）。然而在实现这些节约的过程中，运营商投资于未来技术显然比利用现有技术优化网络更好一些，虽然许多情况下后者也能够实现类似的节约。这一决策主要是从商业而非技术方面考虑的。只降低成本还远远不够。虽然通过提供传统业务来降低成本可以带来保护运营商的利润，但是创造和部署能够产生收入的新业务才是固定电话业务提供商得以生存的关键。

　　基本业务（如添加/取消媒体、演示、消息传递及媒体组合等）将被整合，从而为用户提供可以任何接入形式访问的会话式多媒体业务。这些业务可能包括视频会议、可视电话、话音增强式游戏及由用户控制的呼叫处理等。目前的普遍观点认为：网络运营商的发展方向将是基于分组交换的多业务网络环境，由软交换提供呼叫和会话控制。

　　然而，在目前的商业形势下，向软交换环境融合存在着巨大的挑战。如果现有基础设施不能有效满足其目标应用和客户的需求，它根本不可能存在。任何替代技术都必须能够与现有解决方案一样或更出色地处理某一应用——在功能和/或价格方面更具优势。另外，新的业务模式必须证明能够满足对现有技术所支持业务的需求。但是，由于电话仍然是运营商的主要收入来源，所以不能提供全套 PSTN 业务和电信级服务质量（QoS）的 PSTN 替代解决方案不能获得采用。运营商们不能拿自己的电话客户和收入去冒险。通信服务提供商需要采取渐进式发展方法，把软交换技术作为经济高效的宽带多业务网络的一部分进行部署。

6.5.4　软交换的应用

　　软交换技术从 1997 年开始发展，正在逐步从试验阶段走向商用阶段，并在国内外得到应用。总体上看，美国的运营商要领先于欧洲，新兴运营商要积极于传统运营商。目前，美国的 Verizon/Sprint 公司、加拿大的 BELL CANADA 公司、英国的 BT 等公司已经开始引入软交换系统并开展业务。国内运营商也陆续开始利用软交换系统提供业务。随着竞争的日益激烈和多样化、个性化业务需求的不断增加，软交换技术已经成为运营商实现综合业务经营，向不同业务领域渗透的重要技术手段。

　　中国通信标准化协会网络与交换技术委员会从 2001 年起开始制定软交换系统的相关规范及标准，主要包括设备规范、协议规范、接口规范和业务相关规范等，现共完成相关规范 59 个。

　　中国电信在集团公司的统一部署下，从 2001 年开始进行软交换技术的跟踪。2002 年，中国电信选用西门子、中兴通讯、阿尔卡特、爱立信、北电、华为 6 厂家的软交换系统，分别在广州、深圳、上海、杭州 4 个城市建设实验网络，对软交换系统的功能、性能和协议等能力进行了全面测试，并验证了应用编程接口（API）业务开发能力；2003 年，业务试验继续在广东、上海和浙江进行，进一步验证软交换系统提供业务的能力；2004 年，深圳、肇庆开展试商用，在业务、运维和营销等各方面全面验证软交换网络规模商用的能力。试验证明，软交换体系在技术上已经基本成熟，其中，窄带软交换产品已经成熟，宽带软交换产品基本成熟。

　　软交换业务的提供方式有 3 种：由软交换设备提供 PSTN 基本业务及补充业务；采用 SIP 应用服务器或者 Parlay 应用服务器来提供运营商自营的新型业务；利用 Parlay 应用服务器通过第三方提供业务。其中最后一种方式仍处于探索阶段，应进一步深入研究和实践。

　　对于在话音网络引入软交换技术，应认真研究引入的策略、组网架构方式和不同厂家业务平台的互通模式。

6.6 智能网业务交换

智能网（IN，Intelligent Network）是一个能快速、方便、灵活、经济、有效地生成和实现各种新业务的体系，这个体系可以为公用电话网、分组交换数据网、综合业务数字网（N-ISDN）、宽带综合业务数字网（B-ISDN）、移动通信网和 Internet 等所有的通信网络服务。

自 1992 年 ITU-T 提出第一代智能网体系结构、业务和通信协议的建议文本 IN CS-1 之后，智能网技术在通信网各个领域的应用发展迅速。首先是用在 PSTN 等固定电信网络上，称之为固定智能网。1997 年，ITU-T 又制定了 IN CS-2 建议，增加网间互联等功能，以及对用户和终端移动性的支持，先后应用于 GSM 和 CDMA 移动网，称为移动智能网。此后，又先后制定了 IN CS-3 和 IN CS-4，使 IN 适应不断发展的新业务和网络融合的需要。

6.6.1 智能网概述

从 20 世纪 70 年代开始，电话业务的种类日益增多，新业务的内容也日益复杂。这是由于各类电话用户的需求，同时也是由于存储程序控制（SPC）技术的广泛应用和发展，有了实现智能化业务的可能。

1965 年，应用存储程序控制技术的程控电话交换机诞生后，开始有了"等待呼叫"之类的新业务功能。可以认为这是开始有了早期的智能化业务。进入 20 世纪 70 年代后，存储程序控制技术提供的智能开始在电话网的支撑网中得到应用，主要是在网路管理和维护方面，在电信网中形成了智能化的系统。随着通信技术的发展，存储程序控制技术同时也为用户需要的业务开放提供智能，从而在电话网中出现了专门控制处理业务的操作系统（OS）。从 1981 年起，美国开发了"呼叫卡业务"和"800 号业务"（一种被叫用户付费的业务）等。复杂多变的业务处理已不可能完全由程控交换机来承担，为此，在电话网中采用了集中化的数据库，设置这些数据库的点叫作"网路控制点（NCP）"。通过公共信道局间信令（CCIS）把网路控制点和程控交换局连接起来，这种把复杂多变的业务处理控制功能与程控交换功能分开而又依靠公共信道信令系统把它们密切联系在一起的电信网就形成了智能网。

因此，智能网是把交换机系统、公共信道信令系统、存储程序控制系统和操作系统的功能综合起来的电信网。

智能网（IN）是在通信网上快速、经济、方便、有效地生成和提供智能业务的网络体系结构。它是在原有通信网络的基础上为用户提供新业务而设置的附加网络结构，它的最大特点是将网络的交换功能与控制功能分开。在原有通信网络中采用智能网技术可向用户提供业务特性强、功能全面、灵活多变的移动新业务，具有很大市场需求，因此智能网已逐步成为现代通信提供新业务的首选解决方案。智能网的目标是为所有通信网络提供满足用户需要的新业务，包括 PSTN、ISDN、PLMN、Internet 等，智能化是通信网络的发展方向。

由程控交换机节点、No.7 信令网及业务控制计算机构成了电话网。智能网是在现有电话网的基础上发展而来的，是指带有智能的电话网或综合业务数字网。它的网络智能配置于分布在全网中的若干个业务控制点中的计算机上，而由软件实现网络智能的控制，以提供更为智能网灵活的智能控制功能。智能网在增加新业务时不用改造端局和交换机，而由电信公司人员甚至用户自己修改软件就能达到随时提供新业务的目的。智能网（IN）是在原有通信网络的基础上设置的一种附加网络，其目的是在多厂商环境下快速引入新业务。像以下的业务就是智能业务：缩位拨号、热线电话、外出后暂停、免打扰、追查恶意呼叫、呼叫跟踪、语音信箱。这些智能业务也可以在交换中心实现，但由于大多交换中心原先并未提供智能业务或只提供了一小部分，而要实现智能业务就要升级交换中心的软件，或甚至要升级硬件。而且智能业务主要是网络范围的业务，一般不会局限在一个交换中心或一个本地网范围之内，这样升级就涉及网内所有的交换中心。要升级那么多交换中心肯定需要一段很长的时间，更不用说这种升级要投入大量的人力和物力了。

正是以上这些原因导致了智能网的产生，智能网的主要特点就是将交换与业务控制分离，即交换中心只完成基本的接续功能，而在电信网中另设一些新的功能节点，由这些功能节点协同原来的交换中心共同来完成智能业务。

智能网具有如下优势：

（1）在智能网中，智能业务主要由位于交换中心之外的独立业务点来完成。

（2）业务请求通过 SS7 网络被发送到这些业务点（SCP）。

（3）业务的创建和管理只由这些业务点来完成。

（4）由于只要做一个业务点的开发工作，就可以为全网提供这些业务，所以开发周期会比较短。

（5）业务的创建是和交换中心系统提供商无关的。

6.6.2　智能网概念模型

智能网的概念模型必须保持长期一致，以保证每一发展阶段的新标准具有向后兼容性。ITU-T 定义了分层的智能网概念模型，用来设计和描述智能网的体系结构，它可以使我们对智能网有更好的理解。

根据不同的抽象层次，智能网概念模型分为 4 个平面：业务平面、整体功能平面、分布功能平面、物理平面。其结构如图 6-18 所示。

1. 业务平面（SP）

业务平面（SP）描述了业务的外观，只说明业务具有的性能，与业务的实现无关。业务属性（SF）是业务平面中最小的描述单位，一个业务是由一个或多个业务属性组合而成的。IN CS-1 定义了 25 种业务和 38 种业务属性。被叫集中付费＝"公用一个号码"＋"反向计费"＋"由发端位置选路"＋"按时间选路"＋"遇忙/无应答呼叫前转"＋……。

2. 全局功能平面（GFP）

GFP 把智能网看成一个整体，对 SSP、SCP 等功能部件不加以区分，把它们合起来作为一个整体来考虑其功能。GFP 定义了一些标准的可重用块（SIB），利用这些标准的 SIB，搭配出不同的业务属性，进而构成不同的业务。IN CS-1 定义了 14 个 SIB，如号码翻译 SIB、发提示音并收号 SIB、基本呼叫处理 SIB 等。

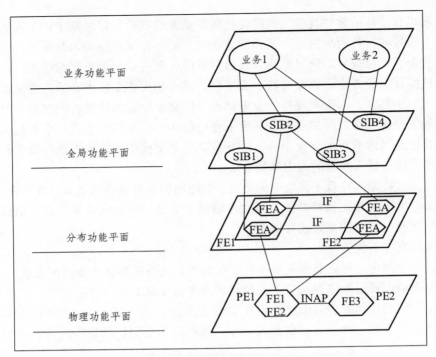

图 6-18　智能网概念模型的 4 个平面结构

3. 分布功能平面（DFP）

DFP 对智能网的各种功能加以区分，从智能网设计者的角度来描述智能网的功能结构。DFP 由一组被称为功能实体的软件单元组成，每个功能实体完成智能网的一部分特定功能，各个实体功能之间采用智能网应用协议接口进行交互。分布功能平面能完成呼叫控制接入功能（CCAF）、呼叫控制功能（CCF）、业务交换功能（SSF）、业务控制功能（SCF）、业务数据功能（SDF）、专用资源功能（SRF）、业务生成环境功能（SCEF）、业务管理功能（SMF）、业务管理接入功能（SMAF）等。

4. 物理平面（PP）

物理平面表明了分布功能平面中的功能实体可以在哪些物理节点中实现。一个物理节点中可以包括一个到多个功能实体，一个功能实体只能位于一个物理实体中，而不能分散在两个以上的物理节点中。

4 个功能平面的关系：业务平面（SP）由业务和业务属性组成，它们可以进一步采用全局功能平面中的 SIB 来加以描述和实现。全局功能平面（GFP）将智能网视为一个整体，其中的每个 SIB 完成某种标准的网络功能。每个 SIB 的功能又是通过分布功能平面（DFP）上不同的功能实体之间协调工作来共同完成的。不同的功能实体之间的协调是通过标准的智能网应用协议接口来实现的。物理平面（PP）说明了各个功能实体在硬件设备上的定位关系。

6.6.3　业务独立构件

智能网业务利用业务独立构件（SIB）来定义，SIB 是用于实现智能业务和业务属性的全网范围内的可再用能力。SIB 是与智能业务无关的最小功能块，完成一个独立的功能，可重复使用，如翻译功能、计费功能等。ITU-T 建议 IN CS1 定义的 14 个 SIB 见表6-2。

表 6-2　IN CS1 定义的 14 个 SIB

序号	SIB 类别	序号	SIB 类别
1	算法 SIB	8	筛选 SIB
2	鉴权 SIB	9	业务数据管理 SIB
3	计费 SIB	10	状态通知 SIB
4	比较 SIB	11	翻译 SIB
5	分配 SIB	12	用户交互作用 SIB
6	记录呼叫信息 SIB	13	核对 SIB
7	排队 SIB	14	基本呼叫处理 SIB

一个智能网业务逻辑由几个 SIB 来定义，各种不同 SIB 组合可以组成不同的智能网业务。在业务创建系统中，除使用 ITU-T 定义的 14 个 SIB 外，可根据实际情况需要补充一些 SIB。SIB 在执行时有逻辑顺序，我们把由若干个有序 SIB 组成的链接称为全局业务逻辑（GSL），即 SIB 图。

GSL 描述了 SIB 之间的链接顺序、各个 SIB 所需的数据、BCP 的启动点（POI）及 BCP 的返回点（POR）等。其中，基本呼叫处理（BCP）是一个特殊的 SIB，它说明一般的呼叫过程是如何启动智能网业务及如何被智能网控制的，POI 和 POR 是交换机（BCP）与 SCP 之间交互的接口。

智能网对业务的提供采用集中的业务控制点和数据库技术来实现。将不同组合的 SIB 加入智能网业务逻辑中，由业务逻辑来控制交换机的接续。当需要增加新业务的时候，只需要对相应的业务逻辑进行修改而无须对交换机软件进行大的改动，这样使得新业务的实现和修改均很方便，节省了投资和时间，使新业务可以快速、经济地提供给用户。

智能业务呼叫的实现过程中，实现把业务处理和呼叫处理分开。每个网络结点只完成基本的呼叫处理，把业务逻辑从结点上分离出来，每个网络结点均与智能网业务逻辑挂钩，向用户提供智能网业务。

6.6.4　智能网的基本结构

智能网的基本结构必须适应不断增长的业务需要和不断出现的新技术。智能网由业务交换点（SSP）、业务控制点（SCP）、信令转接点（STP）、智能外设（IP）、业务管理系统（SMS）和业务生成环境（SCE）等组成，智能网的总体结构如图 6-19 所示。

（1）业务交换点（SSP）具有呼叫处理功能和业务交换功能。呼叫处理功能接收用户呼叫；业务交换功能接收、识别智能业务呼叫，并向 SCP 报告，接收 SCP 发来的控制命令。SSP 一般以原有的数字程控交换机为基础，升级软件，增加必要的硬件以及 No.7 信令网的接口而构成的一种增强的交换系统。目前中国智能网采用的 SSP 一般内置 IP，SSP 通常包括业务交换功能（SSF）和呼叫控制功能（CCF），还可以含有一些可选功能，如专用资源功能（SRF）、业务控制功能（SCF）、业务数据功能（SDF）等。SSP 的关键是识别来自用户的信息是否是对智能网的呼叫。若是，则向 SCP 发询问信息，再接收从 SCP 发回的指令，执行业务接续或拆除连接等功能。

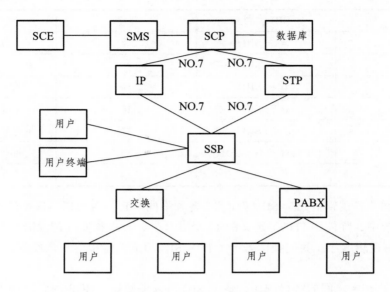

图 6-19　智能网的总体结构

（2）业务控制点（SCP）是智能网的核心部件，集中了所有业务的控制功能。它存储用户数据和智能网业务逻辑，主要功能是接收 SSP 送来的查询信息，并查询数据库，进行各种译码。它根据 SSP 送来的呼叫事件启动不同的业务逻辑，根据业务逻辑向相应的 SSP 发出呼叫控制指令，从而实现各种各样的智能呼叫。SCP 一般由大、中型计算机和大型实时高速数据库构成，要求具有高度的可靠性，双备份配置。若数据库作为独立节点设置，则称为业务数据点（SDP）。目前中国智能网采用的 SCP 一般内置 SDP，一个 SCP 含有业务控制功能（SCF）和业务数据功能（SDF）。

（3）信令转接点（STP）实际上是 No.7 信令网的组成部分。在智能网中，STP 双备份配置，用于沟通 SSP 与 SCP 之间的信令联系，其功能是转接 No.7 信令。

（4）智能外设（IP）是协助完成智能业务的特殊资源，通常具有各种语音功能，如语声合成、播放录音通知、进行语音识别等。IP 可以是一个独立的物理设备，也可以是 SSP 的一部分。它接受 SCP 的控制，执行 SCP 业务逻辑所指定的操作。IP 含有专用资源功能（SRF）。

（5）业务管理系统（SMS）是一种计算机系统。具有业务逻辑管理、业务数据管理、用户数据管理、业务监测和业务质量管理等功能。在 SCE 上创建的新业务逻辑由业务提供者输入到 SMS 中，SMS 再将其装入 SCP，就可在通信网上提供该项新业务。一个智能网一般仅配置一个 SMS。

（6）业务生成环境（SCE）是面向业务设计者的一个软件设计平台，具有友好的图形编辑界面，其功能是根据客户需求利用标准的图元设计新业务的业务逻辑，并定义相关数据。

上述每个功能实体完成 IN 特定部分的功能构成了智能网的总体功能结构，见图 6-19。

6.6.5 智能网的业务

智能网支持的业务在理论上是无限的，包括话音业务和非话业务。但是真正能开放的业务，取决于用户的需求和潜在的效益，依赖于信令系统、网络节点和相应软件的开发。在智能网中已使用的新业务有：① 被叫付费业务；② 指定人员呼叫号码业务；③ 联网的应急呼叫；④ 呼叫卡业务；⑤ 虚拟专用网业务等。

ITU-T 所建议的智能网能力集（IN CS）是智能业务的国际标准。IN CS1 定义了 25 种智能网业务，14 个 SIB，主要局限于电话网中的业务；IN CS2 定义了 16 种智能业务，增加 8 个 SIB，主要是实现智能业务的漫游，即增加了智能网的网间业务，加入了对移动通信网中的业务支持等；IN CS3 主要是实现智能网与 Internet 的综合、智能网支持移动的第 1 期目标（窄带业务）；IN CS4 主要是实现智能网与 B-ISDN 的综合、智能网支持移动的第 2 期目标（IMT2000）。IN CSI 定义的 25 种业务见表 6-3。

表 6-3　IN CSI 定义的 25 种业务

业务名称	英文缩写	业务名称	英文缩写
缩位拨号	ABD	记账卡呼叫	ACC
自动更换记账	AAB	呼叫分配	CD
呼叫前转	CF	重选呼叫路由	CRD
遇忙呼叫完成	CCBS	会议呼叫	CON
信用卡呼叫	CCC	按目标选择路由	DCR
跟我转移	FMD	被叫集中付费	FPH
恶意呼叫识别	MCS	大众呼叫	MAS
发端去话筛选	OCS	附加费率	PRU
安全阻止	SEC	遇忙/无应答有选择呼叫前转	SCF
分摊计费	SPL	电话投票	VOT
终端来话筛选	TCS	通用接入号码	UAN
通用个人通信	UPT	按用户规定选路	UDR
虚拟专用网	VPN		

根据通信发展的实际情况，原邮电部颁布了智能网上开放智能网业务的业务标准，定义了 7 种智能网业务的含义及业务流程。它们是：记账卡呼叫（ACC）、被叫集中付费（FPH）、虚拟专用网（VPN）、通用个人通信（UPT）、广域集中用户交换机（WAC）、电话投票（VOT）及大众呼叫（MAS）。此外，在一些经济发达地区可以根据用户的需要开放一些比较新颖的智能网业务，如广告业务、点击拨号业务、点击传真业务等。

6.6.6 智能网应用规程

INAP（Intelligent Network Application Protocol）是智能网应用规程。智能网各功能实体之间的消息流用一种高层通信协议的形式加以规范定义，即为智能网应用协议。它解决智能网各功能实体间的信息传递，以使各物理实体进行相应的操作，完成各项业务流程。在分布功能平面中，各功能实体间所传送的信息流，反映到物理平面，就是物理实体间传送的"操作""差错"和"结果"，即物理实体间的规程。

在 INCS-1 阶段，INAP 支持业务交换功能（SSF）、业务控制功能（SCF）、业务数据功能（SDF）、专用资源功能（SRF）4 个功能实体间的相互作用。INAP 主要规定了 SACF/MACF 规则、在实体间传送操作的规定、每一个实体所采取的动作的规定 3 个方面的内容。

智能网应用规程是独立于业务的应用规程，也就是说在 INAP 中的各项操作不是用于单一的智能网业务，而是可用于各种不同的业务。同一个操作可以在各种不同的业务中调用，它与 No.7 信令中的 TUP（电话用户部分）、ISUP（ISDN 用户部分）不一样，这些规程都是直接与业务相关的规程。

INAP 是 No.7 信令的第七层应用部分。根据 Q.1218 建议，不论是单个交互作用或多个并列的交互作用，INAP 都是由 TCAP 以单位数据放入 SCCP，作为 SCCP 消息通过 MTP 传送至对方。智能网具体应用的 No.7 信令是和 PSTN、ISDN 的 No.7 信令合用的。在 INAP 的规程中，根据开放业务需要采用 35 种操作，根据操作的返回结果共分 4 种类别。类别 1 成功和失败都报告；类别 2 仅报告失败；类别 3 仅报告成功；类别 4 成功和失败都不报告。操作可包含参数，有些参数必选，有些参数可选。

6.6.7 智能网的应用与发展

智能网的出现，除了通信行业飞速发展和市场需求的牵制外，还得益于计算机与通信的结合、数据库技术的发展及 No.7 信令系统的推广使用。它是采用附加网络结构的方式来快速提供增值业务。智能网的应用实例如下：

1. 移动智能网

智能网的目标是为所有通信网络提供满足用户需要的新业务。移动智能网是在移动网上快速、经济、方便、有效地生成和提供智能新业务的网络体系结构。

2. 智能公话网络

公用电话是公共电话交换网（PSTN）的一部分，是一项重要的公共服务设施。中国公话系统经历了投币电话、磁卡电话、IC 卡电话、智能公用电话等阶段。投币电话、磁卡电话已经淘汰，目前主要是人员值守型和 IC 卡型公用电话。中国公话系统正在向智能公话系统发展，智能公话系统利用智能网或智能平台来实现公用电话，解决了目前公用电话安全性差、盗打严重、计费纠纷、话费流失等问题，兼有电话卡业务和智能网的计费、路由优势和使用简便的特点。随着国家智能网和各省省内智能网的建成，中国智能公话系统将会得到广泛应用和迅速发展。

3. 宽带智能网

ITU-T 对宽带智能网的定义是：基于 B-ISDN 宽带网络平台上的智能网系统。就是在以 ATM 为基础的宽带网络上利用智能网技术提供各种多媒体业务。宽带智能网实现业务的灵活加载、扩展和新业务的增加。与以往的业务提供方式不同，宽带智能网能够在一个平台上提供多种业务，宽带智能网能有效地解决当前宽带网络提供多媒体业务的瓶颈问题。

4. 国家智能网

第 1 期国家智能网工程在北京、上海和广州各设置 1 个 SCP，而 SMP 和 SCE 设置在北京，全国配置 12 个 SSP。经过几年的发展，现在国家智能网已完成了四期扩容工程，在北京、上海、广州和成都设有 SCP 多个，各地设有 SSP 30 多个。

5. 省内智能网

各省智能网（省内智能网或本省智能网）的建设取决于本省的电信业务发展和 IN 业务需求，省内智能网一般设置一套 SMP、SCP、SCE 设备在省会城市，省会城市可设置一个独立的 SSP，各地区（市）可设置一个独立的 SSP 或几个地区（市）合设一个 SSP，也可将 SSP 与地区（市）级长途局或市话汇接局综合在一起。

由于智能网技术是最先从固定电话网中发展起来的，并作为固定网的一部分，因而利用智能网结构和技术实现传统电信网与 Internet 的结合也被称作智能网与 Internet 的互通。在下一代网络与智能网的结合中，IN 具有 3 种不同的实现方式：软交换访问传统智能网的 SCP、传统智能网的 SSP 访问应用服务器、利用第三方来实现智能业务。

【本章小结】

本章主要介绍了跟交换相关的移动交换技术、光交换技术、ATM 交换技术、IP 交换技术、NGN 软交换技术与智能网业务交换等。

移动交换机与固定交换机中的呼叫处理不同，由于无线接口的频率资源有限，移动用户并没有固定的业务信道和信令信道，而是在通信时由交换机按需给 MS 分配业务信道和必要的信令信道。移动通信系统的通信一般包括接入阶段、鉴权加密阶段（如果需要）、完成业务（位置更新、呼叫、发送短消息等）阶段和释放连接阶段。

光交换技术不经过任何光/电转换，在光域直接将输入光信号交换到不同的输出端。密集波分复用技术的进步使得一根光纤上能够承载上百个波长信道，传输带宽最高记录已经达到了 T 比特级。同时，现有的大部分情况是光纤在传输部分带宽几乎无限——200Tb/s，窗口 200 nm。相反，在交换部分，仅仅只有几个 Gb/s，这是因为电子的本征特性制约了它在交换部分的处理能力和交换速度。当全光交换系统成为现实，就足够可以满足飞速增长的带宽和处理速度需求，同时能减少多达 75% 的网络成本，具有诱人的市场前景。

ATM 技术所基于的工作原理是分解业务信号，把这些信号映射成固定长度的 ATM 信元，以异步方式多路复用这些 ATM 信元，从而组成连续传输的数据流，接着通过网络上的虚拟通信信道，使数据流实现高速交换和传输。该技术具有减少协议开销、增加误差检校和对终端系统高层的重发这样一些功能，可提高传输速度。

IP 交换（IP Switch）只对数据流的第一个数据包进行路由地址处理，按路由转发，随后按已计算的路由在 ATM 网上建立虚电路 VC。以后的数据包沿着 VC 以直通（Cut-Through）方式进行传输，不再经过路由器，从而将数据包的转发速度提高到第二层交换机的速度。IP 交换基于 IP 交换机，可被看作是 IP 路由器和 ATM 交换机组合而成，其中的"ATM 交换机"

去除了所有的 ATM 信令和路由协议，并受"IP 路由器"的控制。

软交换（Softswitch）是基于分组网利用程控软件提供呼叫控制功能和媒体处理相分离的设备和系统。因此，软交换的基本含义就是将呼叫控制功能从媒体网关（传输层）中分离出来，通过软件实现基本呼叫控制功能，从而实现呼叫传输与呼叫控制的分离，为控制、交换和软件可编程功能建立分离的平面。软交换主要提供连接控制、翻译和选路、网关管理、呼叫控制、带宽管理、信令、安全性和呼叫详细记录等功能。与此同时，软交换还将网络资源、网络能力封装起来，通过标准开放的业务接口和业务应用层相连，可方便地在网络上快速提供新的业务。

从 20 世纪 70 年代开始，电话业务的种类日益增多，新业务的内容也日益复杂。这是由于各类电话用户的需求，同时也是由于存储程序控制（SPC）技术的广泛应用和发展，有了实现智能化业务的可能。智能网是把交换机系统、公共信道信令系统、存储程序控制系统和操作系统的功能综合起来的电信网。智能网（IN）是在通信网上快速、经济、方便、有效地生成和提供智能业务的网络体系结构。它是在原有通信网络的基础上为用户提供新业务而设置的附加网络结构，它的最大特点是将网络的交换功能与控制功能分开。由于在原有通信网络中采用智能网技术可向用户提供业务特性强、功能全面、灵活多变的移动新业务，具有很大市场需求，因此，智能网已逐步成为现代通信提供新业务的首选解决方案。智能网的目标是为所有通信网络提供满足用户需要的新业务，包括 PSTN、ISDN、PLMN、Internet 等，智能化是通信网络的发展方向。

【大开眼界】

5G 网络

5G 网络是第五代移动通信网络，其峰值理论传输速度可达每 8 秒 1GB，比 4G 网络的传输速度快数百倍。举例来说，一部 1G 的电影可在 8 s 之内下载完成。随着 5G 技术的诞生，用智能终端分享 3D 电影、游戏及超高画质（UHD）节目的时代正向我们走来。

1. 研发进展

2013 年 5 月 13 日，三星电子宣布，其已率先开发出了首个基于 5G 核心技术的移动传输网络，并表示将在 2020 年之前进行 5G 网络的商业推广。2016 年 8 月 4 日，诺基亚与电信传媒公司贝尔再次在加拿大完成了 5G 信号的测试。在测试中诺基亚使用了 73 GHz 范围内的频谱，数据传输速度也达到了现有 4G 网络的 6 倍。三星电子计划于 2020 年实现该技术的商用化为目标，全面研发 5G 移动通信核心技术。随着三星电子研发出这一技术，世界各国的第五代移动通信技术的研究将更加活跃，其国际标准的出台和商用化也将提速。2017 年 8 月 22 日德国电信联合华为在商用网络中成功部署基于最新 3GPP 标准的 5G 新空口连接，该 5G 新空口承载在 Sub 6GHz（3.7GHz），可支持移动性、广覆盖及室内覆盖等场景，速率直达 Gb/s 级，时延低至毫秒级；同时采用 5G 新空口与 4G LTE 非独立组网架构，实现无处不在、实时在线的用户体验。2017 年 12 月 21 日，在国际电信标准组织 3GPP RAN 第 78 次全体会议上，5G NR 首发版本正式发布，这是全球第一个可商用部署的 5G 标准。2018 年 6 月 14 日，3GPP 全会（TSG#80）批准了第五代移动通信技术标准（5G NR）独立组网功能冻结。加之 2017 年 12 月完成的非独立组网 NR 标准，5G 已经完成第一阶段全功能标准化工作，进入了产业全面冲刺新阶段。此次 SA 功能冻结，不仅使 5G NR 具备了独立部署的能力，也带来全新的端到端新架构，赋能企业级客户和垂直行业的智慧化发展，为运营商和产业合作伙伴带来新的商业模式，开启一个全连接的新时代。2018 年 7 月 6 日在瑞典的爱立信实验室，爱立信携手英特尔及早期 5G 服务供应商，完成了 3.5 GHz 频段端到端的非独立组网标准（NSA）5G 数据呼叫。2018 年 9 月 12 日，移动电信设备制造商爱立信表示，已与美国移动运营商 T-Mobile US 签署价值 35 亿美元、为期多年的供货协议，以支持 T-Mobile US 的 5G 网络部署，这是爱立信获得的最大 5G 订单。2018 年 10 月 19 日，爱立信携手 Qualcomm 将 28 GHz 加入 5G 商用频段。2018 年 12 月 7 日，工业和信息化部许可中国电信、中国移动、中国联通自通知日至 2020 年 6 月 30 日在全国开展第五代移动通信系统试验。其中，中国电信获得 3 400～3 500 MHz 共 100 MHz 带宽的 5G 试验频率资源；中国联通获得 3 500～3 600 MHz 共 100 MHz 带宽的 5G 试验频率资源；中国移动获得 2 515～2 675 MHz、4 800～4 900 MHz 频段的 5G 试验频率资源，其中 2 515～2 575 MHz、2 635-2 675 MHz 和 4 800～4 900 MHz 频段为新增频段，2 575～2 635 MHz 频段为中国移动现有的 TD-LTE 频段。2019 年 3 月 31 日前，中国联通方面将在全国范围内逐步停止使用 2 555～2 575 MHz 频率，中国电信方面将逐步停止使用 2 635～2 655 MHz 频率，前述频率将由工信部收回。

2. 主要功能

5G 网络的主要目标是让终端用户始终处于联网状态。5G 网络将来支持的设备远远不止是智能手机——它还要支持智能手表、健身腕带、智能家庭设备（如鸟巢式室内恒温器等）。5G 网络是指下一代无线网络。5G 网络将是 4G 网络的真正升级版，它的基本要求不同于无线网络。

5G 网络已成功在 28 千兆赫（GHz）波段下达到了 1Gb/s 的传输速率，相比之下，当前的第四代长期演进（4G LTE）服务的传输速率仅为 75Mb/s。而此前这一传输瓶颈被业界普遍认为是一个技术难题，而三星电子则利用 64 个天线单元的自适应阵列传输技术破解了这一难题。未来 5G 网络的传输速率可达 10 Gb/s，这意味着手机用户在不到 1 s 时间内即可完成一部高清电影的下载。5G 网络意味着超快的数据传输速度。2013 年 5 月，三星宣称，它即将推出的 5G 技术每秒能够传输超过 1 Gb 的数据。相对而言，相对较快的 LTE 网络每秒可传输大约 60 Mb 的数据，这大约相当于 0.05 Gb。这样的无线网络速度将比你用任何智能手机体验到的速度都要快很多。谷歌宣称，即使以每秒 1 Gb 的速度，也能够用不到 2 min 的时间下载一部全高清的电影。

5G 网络中看到的最大改进之处是它能够灵活地支持各种不同的设备。除了支持手机和平板式计算机外，5G 网络将还需要支持可佩戴式设备，如健身跟踪器和智能手表、智能家庭设备等。在一个给定的区域内支持无数台设备，这就是科学家的设计目标。在未来，每个人将需要拥有 10～100 台设备为其服务。不过科学家很难弄清楚支持所有这些设备到底需要多大的数据容量。

5G 网络不仅要支持更多的数据，而且要支持更多的使用率。5G 网络，改善端到端性能将是另一个重大的课题。端到端性能是指智能手机的无线网络与搜索信息的服务器之间保持连接的状况。在发送短信或浏览网页的时候，在观看网络视频时，如果发现视频播放不流畅甚至停滞，这很可能就是因为端到端网络连接较差的缘故。

下一代无线网络还将会带来智能手机和移动设备电池寿命的大幅下降。因为有很多较小的任务需要应用程序不停歇地运行。电子邮件应用程序会反反复复向服务器发送请求信息，查核是否有新的电子邮件到来。有很多应用程序会不断地发送些短小的信息，请求信息虽然短小，但是它们会随着时间的推移不断地蚕食手机的电池电量。在贝尔实验室的团队有一项任务就是找出处理这些请求信息的更好的办法。如果能够处理好这些信息，那么我们就能极大地提升平板式计算机的电池寿命。

3. 发展前景

三星在 5G 网络上取得的技术突破，将给全球 5G 网络研发带来活力，并推动其商业化进程，同时有助于 5G 网络技术国际标准的制定。为抢占未来市场，当前全球多个国家已竞相展开 5G 网络技术开发，中国和欧盟正在投入大量资金用于 5G 网络技术的研发。

三星电子 DMC 研究所有关专家表示，随着移动网络数据传输速度的突飞猛进，画质超过全高清 4～8 倍的超高清（UHD）影像及 3D 立体影像制作业也将迎来发展的新时期。

华为在 3GPP RAN1 87 次会议的 5G 短码讨论方案中，凭借 59 家代表的支持，以极化码（Polar Code）战胜了高通主推的 LDPC 及法国的 Turbo2.0 方案，拿下 5G 时代的话语权。

4. 5G 网络试商用

1）海南

海南省政府办公厅公布《海南省信息基础设施水平巩固提升三年专项行动方案（2018—2020 年）》，方案透露，海南 2018—2020 年计划投资 120 亿元以上，总体上建成高质量高水平的通信网络。超前规划 5G 网络部署建设，推动琼海在国内先行推进 5G 网络试点建设，并争取海口成为建设试点城市。

2018 年海南开展博鳌 5G 网络试点建设工作并争取海口 5G 试点建设，在博鳌年会核心区域建设 5G 试点基站，实现 VR/AR、远程医疗、外场支援、物联网、智慧城市、智能家居、智能物流等连接量较大的应用在 5G 网络上承载，优先在博鳌地区推广 5G 商用。同时，海口 5G 规模组网开始试点，在重点园区、城区建设 5G 实验网。

2019 年，海南开始在各市县开展 5G 网络试商用，优先布局主城区和重点园区、高校等人流量较大的区域。2020 年，海南将全面开展 5G 商用网络建设，实现全省各城区及重要景区、交通枢纽、会展及重要园区等重点区域 5G 网络覆盖，智慧城市、智慧小区、产业互联网、智能网联汽车逐步发展。

2）云南

2019 年 1 月 23 日，从中国移动云南公司（下称"云南移动"）获悉，当日，云南移动率先在丽江大研古城开通了全省首个 5G 试验基站，标志着云南地区开启 5G 时代。据云南移动相关负责人介绍，5G（5th-Generation）是第五代移动通信技术的简称，是 4G 之后的新一代技术创新，具有高速率、低时延、广连接的特点。

在传输速度方面，理论上 5G 峰值速率可达 10 Gb/s，将会是 4G 的 100 倍以上，4G 时代下载一部高清电影需要数分钟，5G 速率环境下仅需几秒；在超低时延方面，5G 能为客户提供身临其境的风景观赏、全息直播、全息摄影等 AR/VR 全新应用体验。

3）上海

2019 年 3 月 30 日，首个行政区域 5G 网络在上海建成并开始试用。上海市副市长在虹口足球场拨通了首个 5G 手机通话，在询问对方是否清晰时，对方表示："太清楚了，我在黄浦江边，你就像在我身边。"上海经济和信息化委员会副主任表示，年内将建成超过 1 万个 5G

基站，到 2021 年全市将累计建设超过 3 万个 5G 基站，实现 5G 网络深度覆盖。上海成为全国首个 5G 试用城市。

【思考与练习】

一、填空题

1. 在移动通信系统中，基站子系统由＿＿＿＿＿＿＿和＿＿＿＿＿＿＿组成。

2. 光通信是指利用某种特定＿＿＿＿＿＿＿的光信号承载信息，并将此光信号通过光纤或者大气信道传送到对方，然后再还原出原始信息的过程。

3. 全光交换的实现第一步首先要利用基于电路交换方式的光分插复用＿＿＿＿＿＿和光交叉连接＿＿＿＿＿＿技术实现波长交换，然后再进一步实现＿＿＿＿＿＿＿。

4. 一个 ATM 交换机一般由 3 个基本部分构成：入线处理和出线处理部分、ATM 交换单元和＿＿＿＿＿＿。

5. 软交换的基本含义是将呼叫控制功能从媒体网关＿＿＿＿＿＿中分离出来，通过软件实现基本呼叫控制功能，从而实现＿＿＿＿＿＿与＿＿＿＿＿＿的分离。

二、单项选择题

1. 在移动通信系统中，一个 MSC 可管理多达几十个基站控制器，一个基站控制器最多可控制（　　）个 BTS。

    A. 128　　　　　　B. 256　　　　　　　C. 512　　　　　　　D. 1024

2. 系统赋给来访用户的一个临时号码，供移动交换机路由选择使用。这个号码是（　　）。

    A. 移动用户漫游号码 MSRN　　　　B. 移动用户的 ISDN 号码 MSISDN

    C. 国际移动用户识别码 IMSI　　　　D. 国际移动台设备标识号 IMEI

3. ATM 用于信息传输的基本的 ATM 数据单元是 ATM 信元，这种 ATM 信元的长度是固定的，并由（　　）个 8 位二进制数组成。

    A. 53　　　　　　B. 48　　　　　　　C. 54　　　　　　　D. 5

4. 光交换技术可以分为光路交换技术和（　　）。

    A. 同步交换技术　　　　　　　　　　B. 电路交换技术

    C. 分组交换技术　　　　　　　　　　D. 异步交换技术

5. 在 IP 交换的信息传送过程中，对于连续的、业务量大的数据流采用（　　）传输。

    A. ATM 交换方式　　　　　　　　　　B. 传统 IP 方式

    C. 异步方式　　　　　　　　　　　　D. 同步方式

三、多项选择题

1. 软交换的实现目标是在媒体设备和媒体网关的配合下，通过计算机软件编程的方式来实现对各种媒体流进行协议转换，并基于分组网络（IP/ATM）的架构实现（　　）。

    A. IP 网　　　　　　B. ATM 网　　　　　　C. PSTN 网　　　　　　D. 分组网

2. 光交换的方式有（　　）。

    A. 空分交换　　　　B. 时分交换　　　　　C. 波分交换　　　　　D. 码分交换

3. 在 B-ISDN 中，ATM 交换机连接着（　　　）和（　　　）。

    A. 用户线路　　　　　B. 中继线路　　　　　　C. 电话线路　　　　　　D. 分组线路

4. IP 交换可提供（　　　）两种信息传送方式。

    A. ATM 交换式传输　　　　　　　　　　B. 基于 hop-by-hop 方式的传统 IP 传输

    C. 分组交换式传输　　　　　　　　　　D. 电路交换式传输

5. 软交换技术区别于其他技术的最显著特征，也是其核心思想的 3 个基本要素是(　　　)。

    A. 综合的业务接入能力　　　　　　　　B. 开放的业务生成接口

    C. 综合的设备接入能力　　　　　　　　D. 基于策略的运行支持系统

四、判断题

1. 归属用户位置寄存器（HLR）中存放的是 MSC 管辖范围内的用户的相关信息。　（　　　）

2. 鉴权的目的是确定用户身份的合法性，保证只有有权用户才可以访问网络。（　　　）

3. 光交换技术不经过任何光/电转换，在光域直接将输入光信号交换到不同的输出端。
    （　　　）

4. 在 IP 交换模型中，集成模型只需要一套地址和一种选路协议，需要地址解析协议。
    （　　　）

5. 软交换技术是一个分布式的软件系统，可以在基于各种不同技术、协议和设备的网络之间提供无缝的互操作性。　　　　　　　　　　　　　　　　　　　　　　（　　　）

五、简答题

1. 与固话网程控交换机相比，MSC/VLR 综合式移动交换机在结构上的差异是什么？

2. 简要描述异步传送模式（ATM）交换技术的特点。

3. 描述 IP 交换的工作过程。

4. 软交换的关键技术有哪些。

5. 简单描述智能网概念模型中 4 个平面的关系。

第 7 章　ZXJ10 程控交换仿真教学软件实训

7.1　实训项目——物理配置

【实验目的】

熟悉物理配置的步骤，同时掌握交换机的工作原理、单板结构及背板连线情况。

【项目任务】

实习生小陈同学接到了一个配置任务，需要在 8K PSM 机房 2 中完成物理配置，并且第 5 框中只需要将 22 槽位的数字中继板配置成数字中继单元，如图 7-1 所示，其余机框中的单板则要求按照机架上实际板位来配置。

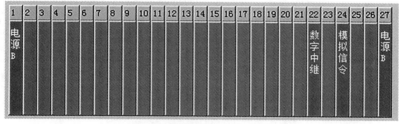

图 7-1　物理配置项目任务

【任务分析】

物理配置部分实际上是将前台的模块成局方式和模块的内部结构一一对应到后台的数据配置中，需要根据前台机房的单板和连线情况，对后台的数据进行相应的配置，待配置结束后，通过后台告警来监控和维护前台的设备情况。我们将该任务分解为 7 个步骤，如图 7-2 所示。

图 7-2　物理配置任务分解

【实验步骤】

进入实际机房进行配置之前，首先要进行机房环境检查、设备检查。在 ZXJ10 网管实验仿真系统中，首先要打开虚拟后台，第一种方法是通过在虚拟机房中单击虚拟服务器开关进入，如图 7-3 所示；第二种方法是直接在【ZXJ10 网管实验仿真系统】界面上单击【虚拟后台】选项进入虚拟桌面，在虚拟桌面上有个纵向排列的图标，如图 7-4 所示，分别是【ZXJ10 后台维护系统】、【本局电话】、【对局电话】、【组网图】、【对局信息查看】。

图 7-3　虚拟服务器开关启动虚拟后台维护系统

图 7-4　ZXJ10 虚拟后台桌面

单击【ZXJ10 后台维护系统】，出现欢迎界面，如图 7-5 所示，单击"确定"按钮进入操作维护界面。

图 7-5　启动后台维护系统

由于后台维护系统要用到相关的服务器进程，所以在虚拟后台启动之后，桌面下方任务栏中会看到很多已经启动的进程，例如：Windows 2000 Server、Windows 2003 Server 或者是 Windows NT Serve，数据库为 SQL Server 2000，如图 7-6 所示。

图 7-6　服务器进程

1. 局容量数据配置

首先通过【数据管理】的【基本数据管理】进入【局容量数据配置】，如图 7-7 所示。一个交换局在开通前，必须根据实际情况进行整体规划以确定局容量。前台 MP 内存和硬盘资源的划分是基于 ZXJ10 的局容量数据来配置的，局容量数据关系到 MP 能否正常发挥作用，一旦确定了，一般不再进行修改、增加或者是删除操作。

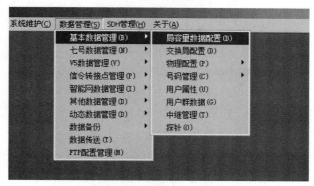

图 7-7　局容量数据配置入口

进入局容量数据配置之后，进行【全局规划】，如图 7-8 所示。单击【全局规划】，进入全局容量规划界面，如图 7-9 所示。在这里可以看到在全局容量规划里面，我们需要对交换局网络类型最大数、邻接局最大数、号码分析表容量及 SCCP（信令连接控制协议）中 GT 翻译表容量和交换局内用户群进行相对应配置，所有配置的数据一般来讲都要根据项目书中的具体数据来进行配置。在这里我们采用建议值进行配置，单击【全部使用建议值】并确定，返回到容量规划界面，如图 7-10 所示，此时的【增加】按钮由灰色变成了黑色，单击【增加】进入【增加模块容量规划】界面，如图 7-11 所示。

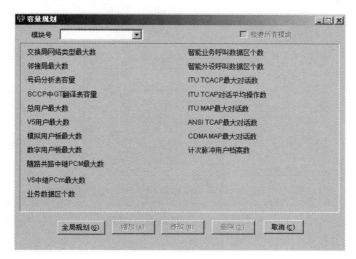

图 7-8　容量规划

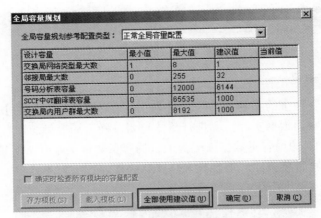

图 7-9　全局容量规划

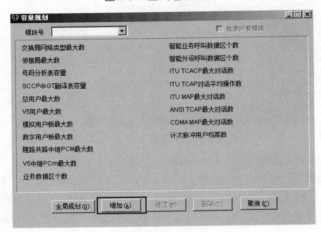

图 7-10　模块容量规划

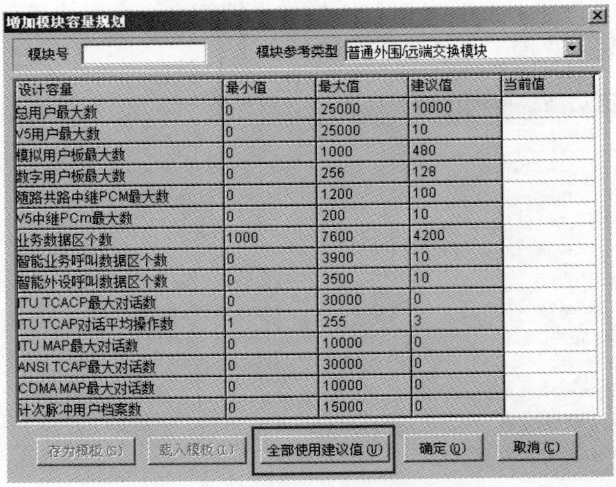

增加模块容量规划

模块号 [　　　]　　模块参考类型 [普通外围远端交换模块 ▾]

设计容量	最小值	最大值	建议值	当前值
总用户最大数	0	25000	10000	
V5用户最大数	0	25000	10	
模拟用户板最大数	0	1000	480	
数字用户板最大数	0	256	128	
随路共路中继PCM最大数	0	1200	100	
V5中继Pcm最大数	0	200	10	
业务数据区个数	1000	7600	4200	
智能业务呼叫数据区个数	0	3900	10	
智能外设呼叫数据区个数	0	3500	10	
ITU TCACP最大对话数	0	30000	0	
ITU TCAP对话平均操作数	1	255	3	
ITU MAP最大对话数	0	10000	0	
ANSI TCAP最大对话数	0	30000	0	
CDMA MAP最大对话数	0	10000	0	
计次脉冲用户档案数	0	15000	0	

图 7-11　增加模块容量规划

　　在【增加模块容量界面】进行配置时，可以看到模块号一栏是空的，我们知道 8K PSM 单模块成局的时候模块号是固定为 2 的，所以在这里输入 2 即可，然后根据实际配置容量来设置此模块的容量数据。系统为我们提供了一系列建议值，所有的参数都可以参考建议值来进行配置，单击【全部使用建议值】，然后点击"确定"按钮，这就完成了交换局容量规划，如图 7-12 和 7-13 所示。关掉界面进入下一个环节。

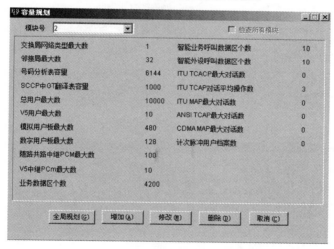

图 7-12　使用建议值配置模块容量

图 7-13　模块 2 容量规划

2. 交换局配置

8K PSM 交换机作为一个交换局在电信网上运行时必须和网络中其他交换节点联网配合才能完成网络交换功能，因此这个就涉及了交换局的信令点的配置、移动关口局配置、全局鉴权配置等。选择【数据管理】中的【基本数据管理】，进入【交换局配置】，如图 7-14 所示。当我们进行局间通话时，还要在这里配置邻接交换局的详细信息。

交换局配置数据主要包括了交换局名称、测试码、国家代码、交换局编码、长途区内序号、STP 选择子等。单击【设置】进入交换局设置界面。交换局的名称可以设为"大梅沙端局"。测试码可以随意设定为长度不大于 7 位的任意数字序列，为了简单，这里设置为 1。国家代码直接输入中国的国家代码 86 即可。每一个交换局都需要分配一个全国统一的交换局编号，它是根据使用者所在的地区来进行具体设定的，在虚拟机房中可以按规定随意设置（详见第 5 章）。长途区内序号一般取 1 或 2，催费选择子是本局催费用的号码分析选择子，虚拟机房可以不选，设为 1 即可。本局网络 CTC 码选择"中国电信"，来话忙提示号码、转接平台局码、转接平台密码、主叫智能接入码、被叫智能接入码在虚拟机房的配置中可以直接设置为 1。交换局网络这里有公众电信网、铁路电信网、军用电信网、电力电信网等，根据实际需要选择即可。交换局类别根据实际需要进行选择。我们所开局的信令点类型为【信令端】→【转接点】，因此本信令点也会作为 STP 在启动时间上默认为 20×100 ms，单击【确定】，交换局数据的配置就结束了，如图 7-15 所示。

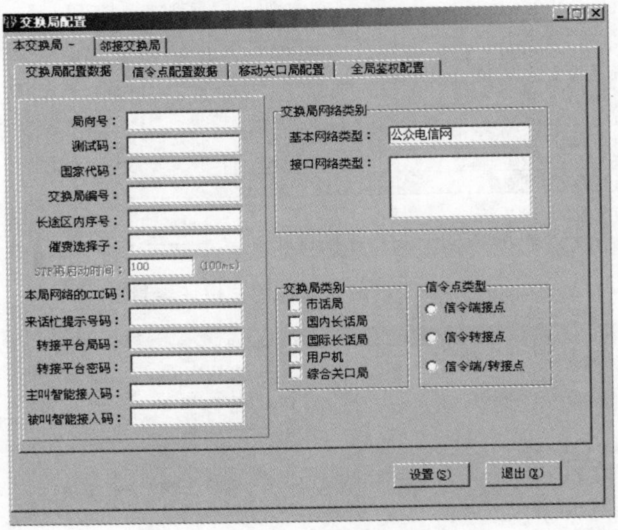

图 7-14　交换局配置

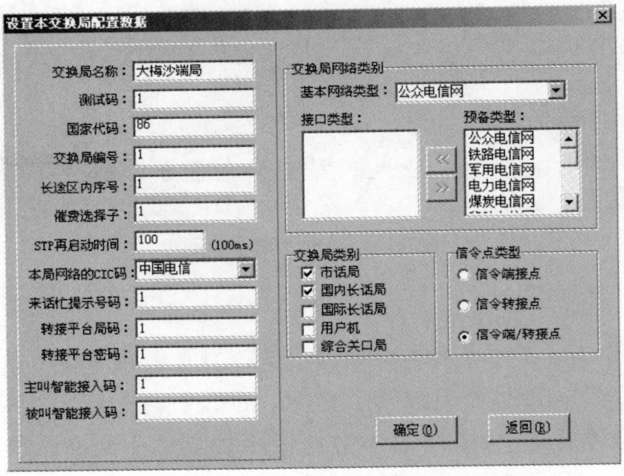

图 7-15　设置本交换局配置数据

3. 模块管理

ZXJ10 程控交换机的物理配置是按照模块→机架→机框→单板的顺序进行配置的，删除的操作与配置的操作顺序相反。用户在点击进行配置操作和删除操作时，必须严格按照顺序来进行。

前面模块成局讲过交换局的组网可以是单模块单独成局，也可以多模块成局。交换机组网的首要问题就是要知道需要配置什么样的交换模块及如何连接。我们所采用的 8K PSM 程控交换机是 PSM 单模块成局的，在配置模块的时候，首先通过【基本数据管理】进入【物理配置】，在该界面新增模块，如图 7-16 所示。

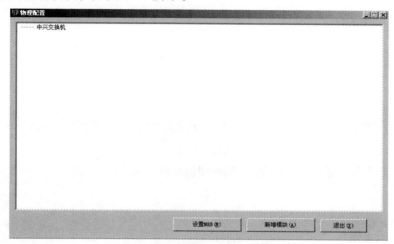

图 7-16　交换机物理配置界面

增加模块时，如果交换局是多模块局，还需在模块生成后修改它的邻接模块属性，如图 7-17 所示。

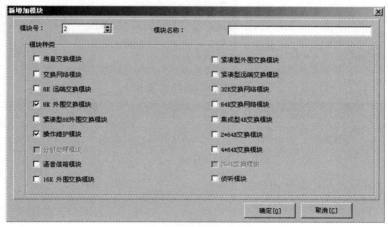

图 7-17　新增加模块

有了模块之后，需要进行模块内机架的添加。选中图 7-18 中的模块 2，单击【新增机架】，进入新增机架界面，如图 7-19 所示。结合虚拟机房实际情况，我们添加一个机架即可满足需求。紧接着进行机框的添加，在图 7-20 中选中机架 1，单击【新增机框】，进入新增机框界面，依次选择机框号和机框类型。这里所添加的机框是实际配置了单板的机框，在实验仿真系统的交换机上，第 2 框和第 6 框都没有配置单板，因此本机房中只需要新增机框 1，3，4，5，如图 7-21 所示。

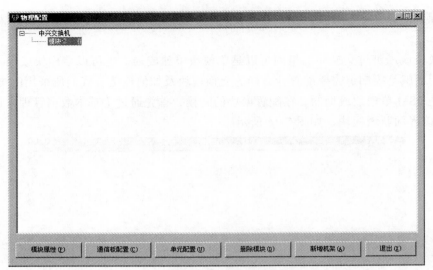

图 7-18　增加模块

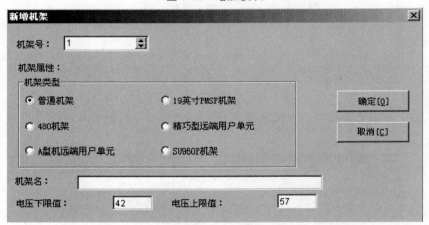

图 7-19　新增机架

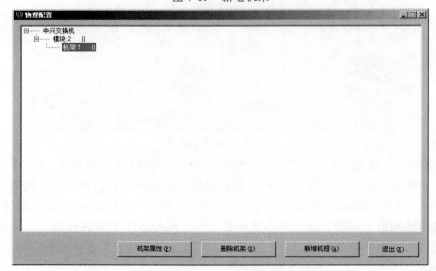

图 7-20　增加机框

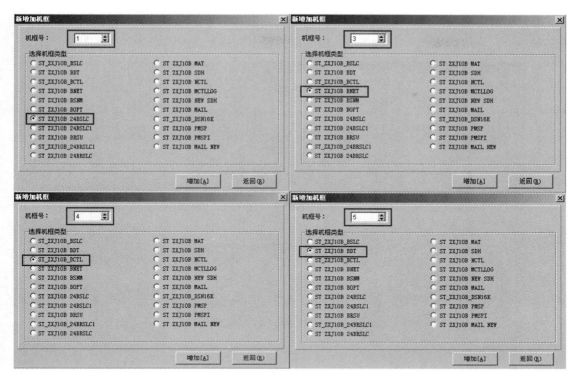

图 7-21　新增加机框

4 个机框添加完后，界面显示如图 7-22 所示，进而开始机框中的单板配置。可以选中对应机框，单击下方【机框属性】按钮，也可在每个机框上单击鼠标左键进入单板配置界面，同时双击各机框也可实现。

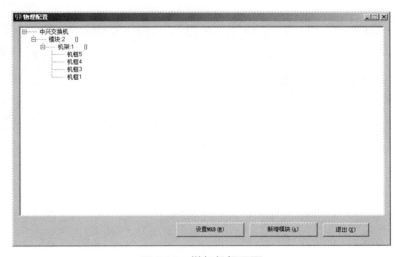

图 7-22　增加机框界面

4. 单板配置

在进行单板配置的时候，有两种插入单板的方式：① 在相应槽位单击鼠标右键选择【插入电路板】，进入【新增电路板】界面，选择所需要的单板类型，单击确定即可；② 在相应槽位单击鼠标右键选择【插入默认电路板】，这时会插入和下方参考配置类型相同的电路板，如图 7-23 所示。删除单板时，可以点击【删除电路板】抑或是右侧的【全部删除】。

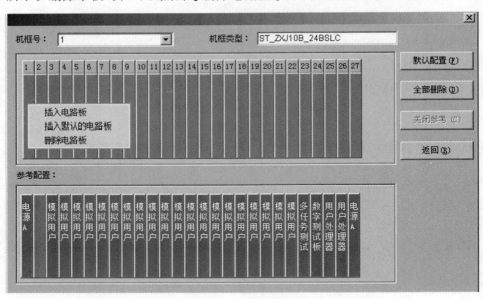

图 7-23　单板插入方式

我们需要根据本实验任务要求，第 5 框中只需要将 22 槽位的数字中继板配置成数字中继单元，因此第 21 槽位的数字中继板可以不进行配置，而其他单板则需要参考机架上的实际板位进行配置，一一对应。前面已经讲过各单板的作用和所在机框，这里不再赘述。虚拟机房 2 的机架实际板位及插入单板的机框如图 7-24 ~ 7-27 所示。

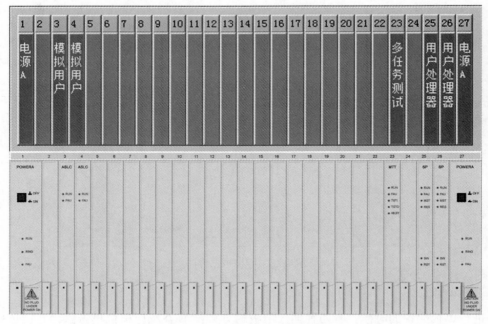

图 7-24　用户框单板与机架板位对照图

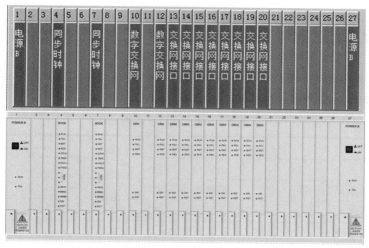

图 7-25　交换框单板与机架板位对照图

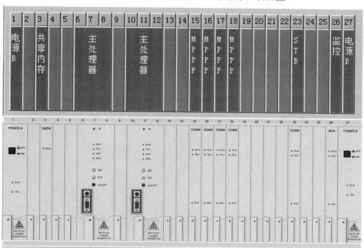

图 7-26　主控框单板与机架板位对照图

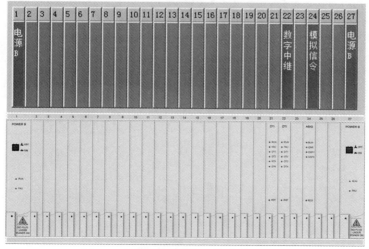

图 7-27　中继框单板与机架板位对照图

按要求插入完毕所有单板之后，还需要对通信板进行配置，即将 COMM 通信板的通信端口进行分配。我们知道，通信端口分为模块间通信端口、模块内通信端口和控制 T 网接续的通信端口。两个互连模块的 MP 需要通过模块间通信端口实现通信，而 MP 与模块内的功能单元进行通信时需要用到模块内通信端口，MP 控制 T 网接续时需要用到超信道。表 7-1 给出了各个功能单元、MP 控制 T 网及模块间通信的端口数量分配。

表 7-1　通信端口分配表

功能单元	通信端口类型	通信端口数量
用户单元	模块内通信端口	2
数字中继单元	模块内通信端口	1
模拟信令单元	模块内通信端口	1
MP 控制 T 网	超信道	2
模块间通信	模块间通信端口	至少 1 个

通信板我们已经在第 4 章学习过，接下来开始进行通信板的配置。如图 7-28 所示，在【物理配置】界面单击模块 2，找到最下方第 2 个按钮【通信板配置】，单击进入通信板端口配置界面，如图 7-29 所示。在【选择通信板】一栏选中所需的通信板，这里我们选择 15/16 槽位的 MPPP 板，单击【缺省配置】，系统将按默认的方式来配置所选择的通信板，如图 7-30 所示。

图 7-28　通信板的配置

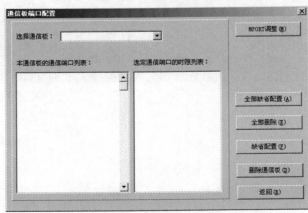

图 7-29　通信板端口配置

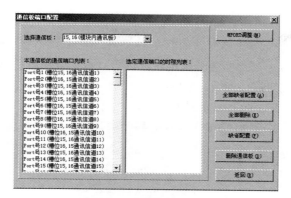

图 7-30　缺省配置通信板

5. 单元配置

通信板配置完毕之后，同样在物理配置界面中选中模块 2，单击下方第 3 个按钮【单元配置】，进入图 7-31 所示的单元配置界面。在单元配置界面内可以对单元进行增加、修改以及删除。

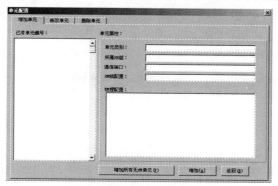

图 7-31　单元配置界面

（1）配置无 HW 单元。

首先配置无 HW 单元，单击图 7-31 下方的【增加所有无 HW 单元】，可以同时增加同步时钟单元、电源单元及交换网接口单元，如图 7-32 所示。

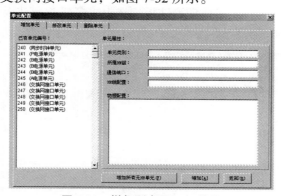

图 7-32　增加所有无 HW 单元

接下来，一步一步增加有 HW 单元，即用户单元、交换网单元、数字中继单元及模拟信令单元。

（2）用户单元。

单击【增加】进入增加单元界面，如图 7-33 所示。在单元类型一栏的下拉菜单中可以看到可供分配的所有单元项，选择需要分配的单元即可。首先选择用户单元，并对其网元属性、子单元、HW 线及通信端口进行配置，如图 7-34 所示。网元属性仅在配置全交叉 SDH 传输单元和 SDH 传输单元时有效，这里无须配置。

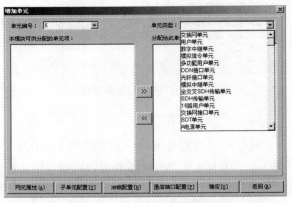

图 7-33　单元类型下拉列表

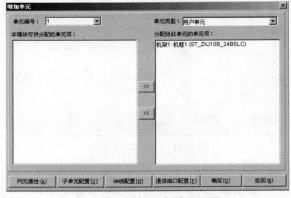

图 7-34　增加用户单元界面

用户单元的子单元只有一个多任务测试板，选中【多任务测试板】单击确定或直接采用缺省配置即可，如图 7-35 所示。

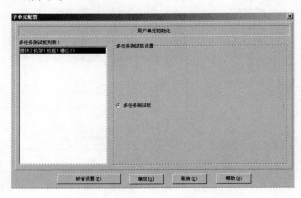

图 7-35　用户单元子单元配置

HW 线的编号是等于背板 SPC 号加 4。打开虚拟机房的机架，进入用户框的背板，在显示"单击查看背板连线"处单击即可进入背板硬件连线界面，如图 7-36 所示。用户单元采用两根 8 Mb/s 的 HW 线与数字交换单元相连，但是在背板只看到一根线，这是因为两条 HW 线组成了一个 D 电缆连接到了数字交换单元。经过后台硬件连线查看，我们发现用户单元的两条 HW 线分别接到了交换网框的 SPC32 和 33，如图 7-37 所示。经计算得到 HW 线编号分别是 36 和 37，将数据填入图 7-38 中的【物理 HW 号】一栏，单击【确定】结束 HW 线的配置。

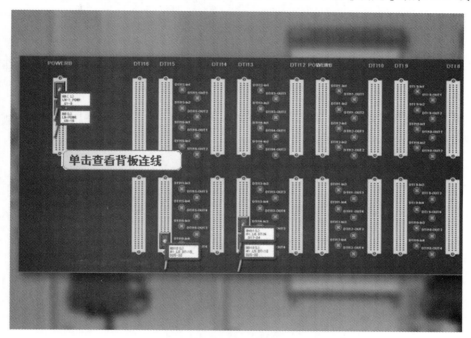

图 7-36　用户框背板

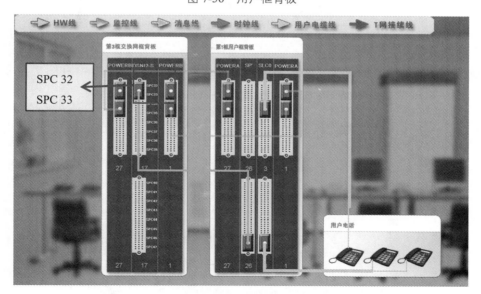

图 7-37　用户框背板连线

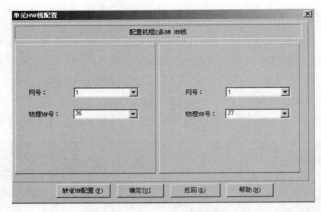

图 7-38　用户单元 HW 线配置

最后进行用户单元通信端口的配置。只需使用缺省值，系统会按顺序自动分配端口号。图 7-39 所示为用户单元配置了 2 个通信端口。

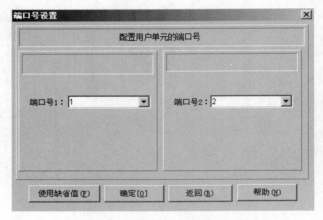

图 7-39　用户单元通信端口配置

（3）交网换单元。

交换网单元只需为其缺省分配通信端口，无须做其他配置，如图 7-40 和图 7-41 所示。

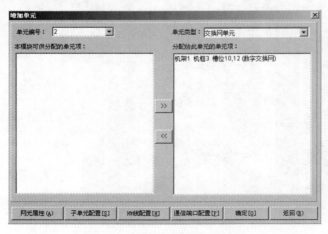

图 7-40　增加交换网单元界面

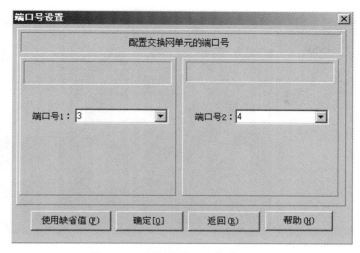

图 7-41　交换网单元通信端口配置

（4）数字中继单元。

每块 DTI 板分为 4 个子单元，每个子单元提供 4 个 2 Mb/s 的 PCM 链路。数字中继在局间通信或模块间连接时会使用到，在这里暂时不用，因此选中 4 个子单元，在图 7-42 所示的单元类型中选择【暂不使用】即可。

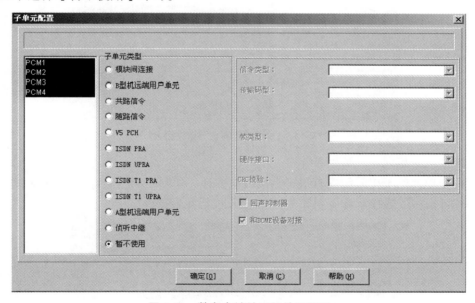

图 7-42　数字中继单元子单元配置

中继框的 HW 线配置前面我们已经讲过，连续的 $3n$ 和 $3n+1$ 两个槽位，既可以插入数字中继板又可以插入模拟信板，它们的 HW 线组成了一个 D 电缆连接到交换网单元。为了区分，我们遵循"大对大、小对小"的原则，小 SPC 号分配给 $3n$ 槽位的单元使用，大 SPC 号分配给 $3n+1$ 槽位的单元使用，因此通过图 7-43 显示的中继框背板，我们看到了位于槽位 22 的数字中继板，它属于 $3n+1$ 槽位，应当遵循大对大的原则，采用 SCP55，那么相应的 HW 线编号就是 59，如图 7-44 所示。最后，通信端口缺省配置即可。

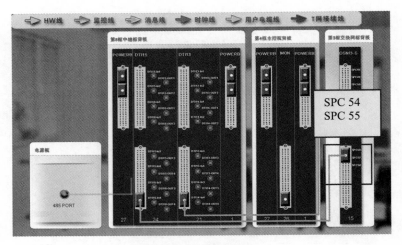

图 7-43　中继框背板 1

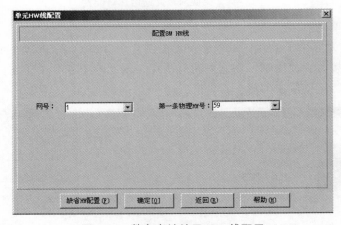

图 7-44　数字中继单元 HW 线配置

（5）模拟信令单元。

模拟信令单元的子单元配置有很多类型可供选择，如图 7-45 所示。在仿真软件中采用的是 860ASIG-1，所以选择双音多频和 64M 音板就能满足需要。

图 7-45　模拟信令单元子单元配置

位于槽位 24 的模拟信令单元，其 HW 线连接到交换网单元的 SPC56、57，由于 24 槽位是 3n 槽位，满足小对小原则，所以选择小的 SPC 值加 4 得出其 HW 线编号为 60，如图 7-46 所示。

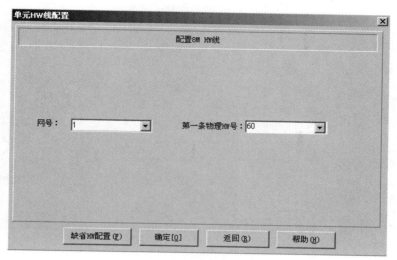

图 7-46 模拟信令单元 HW 线配置

配置完各单元之后，单元配置界面显示如图 7-47 所示。

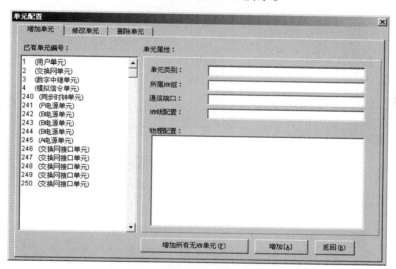

图 7-47 配置完成的单元配置界面

如果不小心把某个单元的 HW 线、子单元、通信端口配置错了，可单击【修改单元】，选中配置有误的单元对它进行相应修改。

6. 传送数据

数据配置完成之后，需要从后台把数据传送到前台 MP。选择【数据管理】中的【数据传送】，如图 7-48 所示，在图 7-49 所示的数据传送界面中可以看到有变化表和全部表两项，全部表用于传送后台配置好的所有数据，变化表仅用于更改数据后再传数据时使用。由于本次为首次传送，需要选择全部表传送后台所有数据，选中模块 2，单击【发送】，在图 7-50 所示的界面中输入密码单击【确定】，会出现数据传送状态进度条，如图 7-51 所示，待传输成功后，会提示如图 7-52 所示的内容。

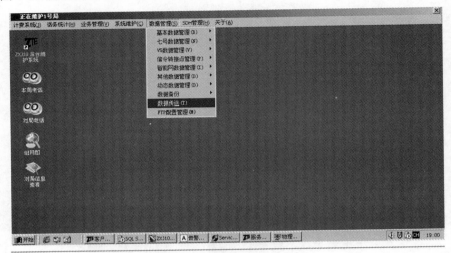

图 7-48　数据传送菜单

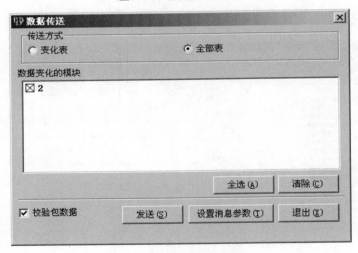

图 7-49　数据传送窗口

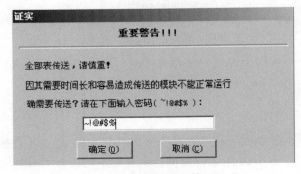

图 7-50　数据传送密码输入界面

图 7-51　数据传送进度条　　　　　　　　图 7-52　数据发送成功提示

数据配置完成之后，可根据需要备份数据，如图 7-53 所示，选择数据备份，在图 7-54 中选择【生成备份数据库的 SQL 文件】，再根据提示将数据存放在相应的文件夹即可。当再次使用时，可以选择【从 SQL 文件中恢复备份数据库】获取需要的数据。

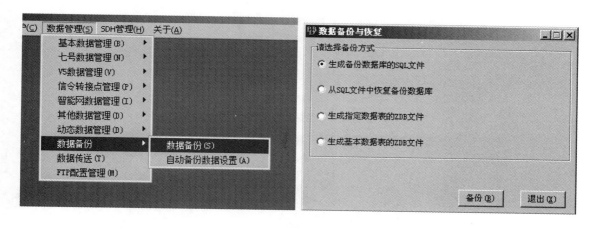

图 7-53　数据备份　　　　　　　　　图 7-54　数据备份与恢复

7. 查看告警

完成数据配置之后，可以通过后台告警工具查看数据是否正确。如图 7-55 所示，单击【后台告警】进入告警后台客户端界面，如图 7-56 所示。在该界面左侧栏单击【机架 1】，将显示如图 7-57 所示的硬件数据配置信息。单板的颜色代表了不同的告警级别，红色代表严重告警，绿色表示单板处于正常运行状态，灰色的单板处于备用状态，白色告警级别最低。如果某一块单板出现了告警，就要查看出现告警的单板，根据提示分析产生告警的原因，并逐一排查。一般来讲，HW 线的编号配置错误或者单板槽位插入错误会引起三级告警。

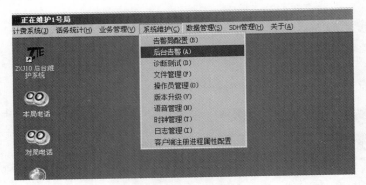

图 7-55　后台告警

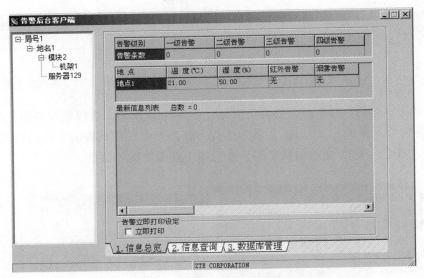

图 7-56　告警后台客户端界面

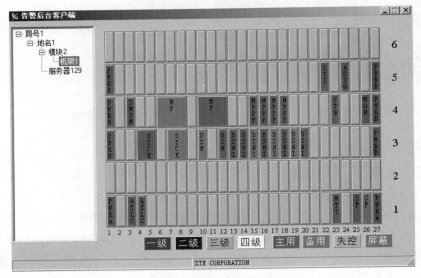

图 7-57　机架 1 后台告警

【任务拓展】

（1）按照虚拟机房 1 机框中实际板位完成机房 1 的物理配置。

（2）物理配置故障排查。

实习生小陈来到了 8K PSM 机房 3 工作，需要按照项目任务书的要求完成一项物理配置任务，其中，第 5 框中继框的单板配置要按照图 7-58 来完成，其余机框中的单板则要求按照机架上实际板位来配置。可是，由于小陈的疏忽，配置完毕之后，在后台告警中查看到的配置结果出现了多个三级告警和四级告警，如图 7-59 所示，你能利用学过的知识帮助小陈解决这个问题吗？

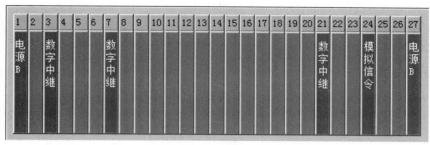

图 7-58 机房 3 中继框

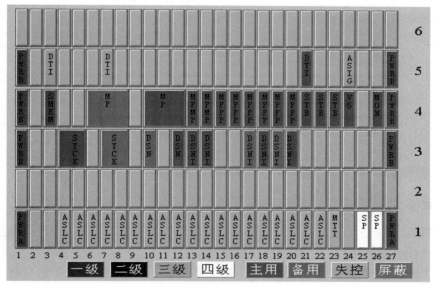

图 7-59 机房 3 后台告警

7.2 实训项目——实现本局电话互通

【实验目的】

掌握开局实现本局通话的基本步骤，了解电话号码编码规则，理解电话基本呼叫处理流程，以及此过程中交换机相关硬件协调工作原理。

【项目任务】

实习生小陈接到了去大梅沙端局为 Linda、Sarah、John 3 位用户在 8K PSM 机房 2 配置交换机数据的任务（见表 7-2），实现 3 位用户之间的电话互通。

表 7-2　本局通话任务数据

序号	用户	电话号码	电话线
1	Linda	8681101	机房 2 机框 1 槽位 4 序号 10
2	Sarah	8681202	机房 2 机框 1 槽位 4 序号 17
3	John	8681303	机房 2 机框 1 槽位 4 序号 18

【任务分析】

（1）本机房中继框中有 2 个 DTI 单板，但我们只需要将其中一块 DTI 配置成数字中继单元，可以结合之前已经配置完毕的物理配置数据，采用 22 槽位的 DTI 单板。

（2）3 位用户的局号都一致，唯一不同的只在于百号有所区别，在配置时需要分配 3 个不同的百号。

（3）用户号码是与座机用户线一一对应的，3 个用户的用户线分别是 10，17，18 号，在分配电话号码的时候要注意与相应编号的用户线一一对应。

根据前面第 6 章所学理论知识，我们知道实现本局电话互通的号码配置过程主要有 3 个环节，如图 7-60 所示。

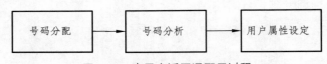

图 7-60　本局电话互通配置过程

【实验步骤】

1. 号码分配

实现本局用户电话互通，首先就是让每个用户都有一个电话号码。号码分配的过程包括了新建局号、分配百号和用户号码放号 3 个过程。

在虚拟后台桌面单击【基本数据管理】→【号码管理】→【号码管理】，如图 7-61 所示，进入图 7-62 所示的号码管理界面。

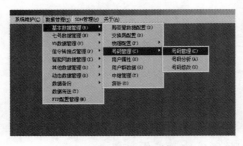

图 7-61　进入号码管理

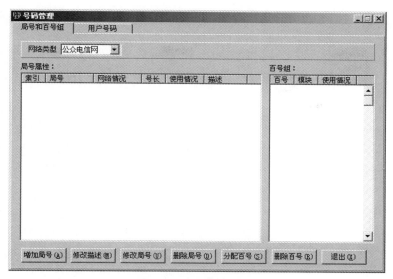

图 7-62 号码管理界面

在号码管理界面，首先我们单击【增加局号】新增一个局号，任务中已经明确了我们的局号是 868，图 7-63 要求我们填一个局号索引，什么是局号索引呢？所有本局局号都有一个唯一的编码叫作本局局码，也称为局号索引，它的编码范围为 1~200。局号是电话号码中类似于网络地址的一个部分，而局号索引是用来区分同一个交换局内不同局号的编码，因此两者是一一对应的关系，我们通过局号索引可以找到唯一对应的局号。当我们需要配置多个局号时，可以通过不同编号的局号索引与之对应来对局号加以区别。

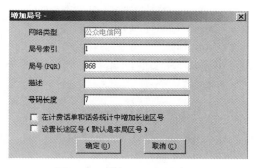

图 7-63 增加 868 局号窗口

在这里将局号 868 唯一对应的局号索引设置为 1，假如说在这个交换局中还有一个局号叫777，那可以为它设置专属一对一的局号索引 2。由于我们的局号是 868，3 位，PQR 格式的局号，因此号码长度则是 7 位，单击【确定】，局号就设置完毕了，如图 7-64 所示。若局号设置有误，可以单击【修改局号】进入如图 7-65 所示的【局号修改窗口】进行修改。多配、错配的局号可单击【删除局号】按钮做进一步操作。

紧接着我们来进行百号的分配。单击图 7-64 中的【分配百号】按钮，进入分配百号组窗口，选择局号，模块号选 2，可以在左侧【可以分配的百号组】一栏清晰地看到百号可以从00 一直编号到 99。我们任务要求的号码是 8681101、8681202、8681303，所以在这里百号要选择 11、12、13 这三个百号，单击【>>】按钮，这几个被选中的百号就显示在右边【可以释放的百号组】中，如图 7-66 所示，单击【返回】，此时可以看到图 7-67 中，局号的使用情况从刚才的"空闲"已经变成"已使用"的状态，但是百号还是处于空闲的状态，这就要求我们继续去配置用户号码，让百号从"空闲"状态变为"已使用"。

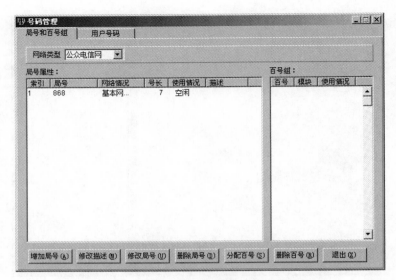

图 7-64 已增加局号的号码管理界面

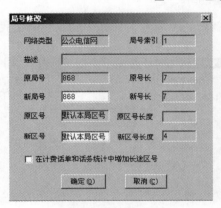

图 7-65 局号修改窗口

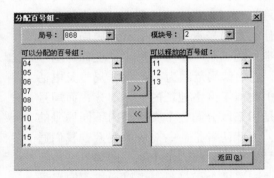

图 7-66 分配百号组窗口

图 7-67 已增加百号的号码管理界面

在号码管理界面右侧用户号码选项中，选择局号，我们可以看到图 7-68 中局号为 868，百号为 11 的号码中，用户号码的范围可以从 8681100 到 8681199，总共有一百个电话号码。百号为 12，13 的号码同样如此。

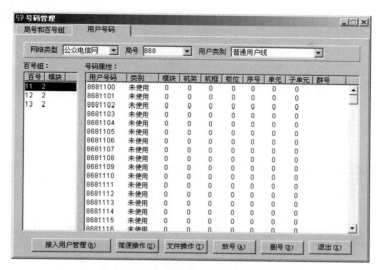

图 7-68　号码管理中用户号码窗口

我们的任务是要求把 8681101 的电话号码分配给第一台座机，8681202 的电话号码分配给第二台座机，8681303 的电话号码分配给第三台座机。单击【放号】按钮，选择我们的局号、百号、模块号、机架号及机框，如图 7-69 所示。

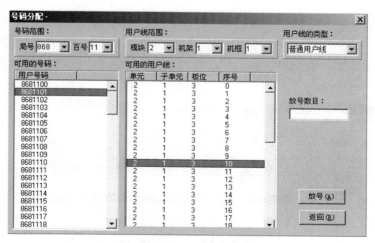

图 7-69　8681101 号码分配界面

在【可用的用户线】窗格中可以看到机框 1 中有两个模拟用户板，也就是存在于槽位 3 和 4 的这两块。前面我们学过了每一块模拟用户板可以携带 24 个用户，因此在【可用的用户线】中序号这一栏的编号是从 0 到 23，每一条编号代表一条用户线，24 个用户可以分别与这 24 条用户线相连，就能实现一个模拟用户板连接 24 位模拟用户。由于任务要求我们把 8681101 的电话号码分配给 10 号线，把 8681202 的电话号码分配给 17 号线，再把 8681303 的电话号码分配给 18 号线，且 3 个号码百号不同，因此我们需要选中不同的百号一一放号。在左边框中选中待放号码，在右边框内选定需要分配号码的用户线序号，单击【放号】，出现如图 7-70 所示的提示，单击确定即可完成 8681101 号码的放号操作，如图 7-71 所示，8680011 这个号码从"未使用"状态变成了"PSTN 用户"状态，其余未放号的号码仍然显示"未使用"。采用同样的操作方法为 17 号、18 号用户线进行放号，结果如图 7-72 和图 7-73 所示。

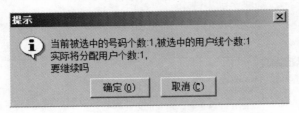

图 7-70　放号提示

图 7-71　8681101 完成放号

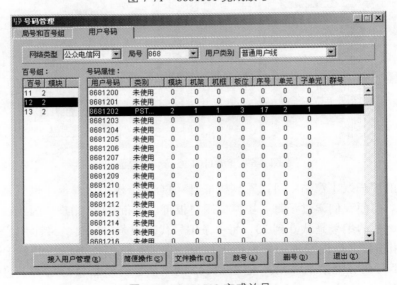

图 7-72　8681202 完成放号

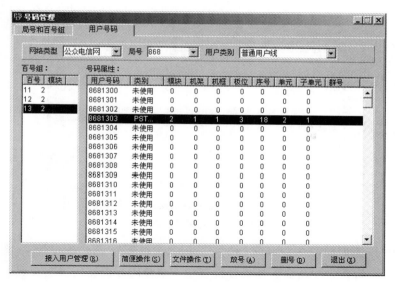

图 7-73 8681303 完成放号

这个时候 10 号线、17 号线、18 号线都分配了相应的电话号码，放号成功后，就相当于把用户号码和物理的用户线一一对应起来，交换机在此表中会根据被叫号码找到对应的电话线，当用户摘机的时候 MP 也可以根据此表来确认主叫用户的电话号码。

除了一一对应的这种放号方式，我们还可以批量放号。即不选择指定号码和指定用户线序号，直接在图 7-69 所示的【放号数目】中填入实际放号数目，单击【放号】按钮，把左边有的用户号码资源与物理用户线进行关联，如果放号成功，会弹出如图 7-74 所示的提示，单击【确定】完成放号操作。

图 7-74 批量放号完成提示

2. 号码分析

我们知道交换机处理器会根据电话号码找到被叫，所以在号码分析环节，首先我们要制作号码分析器。按照图 7-75 进行操作，进入号码分析界面，如图 7-76 所示。

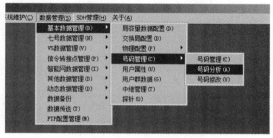

图 7-75 进入号码分析

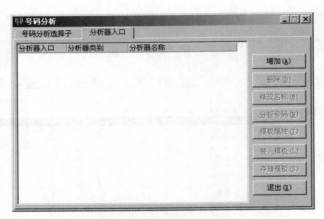

图 7-76 号码分析界面

单击【增加】，出现如图 7-77 所示的创建分析器入口界面。在这个程控交换机中我们只需要用到两个号码分析器，即新业务号码分析器和本地号码分析器，就能实现本局通话。每一次只能增加一个号码分析器，我们先增加新业务号码分析器，再增加本地网号码分析器。

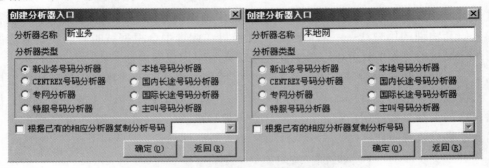

图 7-77 创建分析器入口界面

操作完毕之后，就能在分析器入口界面看到所增加的两个号码分析器，如图 7-78 所示。接下来，我们需要在号码分析器中进行号码分析规则的设定。选中本地网号码分析器，单击右侧边栏的【分析号码】，进入【本地网被分析号码】界面设定分析规则，如图 7-79 所示。这里已经有一个 0 被设置成了空号。

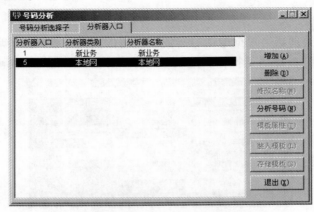

图 7-78 已新增两个号码分析器界面

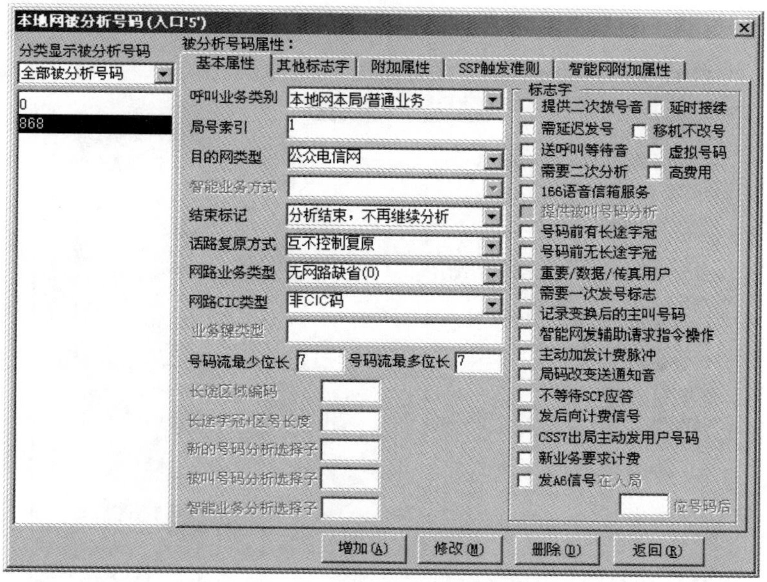

图 7-79　本地网被分析号码界面

如图 7-80 所示，这里的被分析号码需要大家输入的是局号，在这个任务中，我们采用的这个局号是 868。呼叫业务类别使用的是"本地网本局的普通业务"，局号索引即为刚才我们已经设定好的与我们这个被分析号码 868 一一对应的局号索引 1，而目的网类型选择公众电信网，分析结束后选择分析结束不再继续分析，我们的 MP 会根据这里的配置设定是否需要全部被分析的号码都已经被分析过了。而话务复原方式主要有 3 种：主叫控制复原、被叫控制复原、互不控制复原。假如我们选择了主叫控制复原，那么通话的时候即使被叫有挂机动作通话线路也不会被拆除，只有主叫挂机才能触发交换机的拆线动作，而被叫控制复原与主叫控制复原刚好相反。在这里我们选择"互不控制复原"方式，即主被叫任何一方挂机都能触发交换机的拆线动作。在网络业务类别这里选择"无网络缺省"，网络 CIC 类型选择"非 CIC 码"。号码流的位数这里规定的是此次分析的电话号码总长度，根据任务要求我们被分析号码局号是 868，用户号码固定 4 位，因而我们的位长不管是最多还是最少都是固定的 7 位。配置完以上分析规则后单击【确定】，返回即可看到设定好的分析规则。

接下来进入号码分析选择子中完成相应配置，那么在理论课的学习过程中，同学们已经知道了我们所说的号码分析选择子是包含了几种不同号码分析器的组合，对于某一个指定的号码分析选择子，我们的号码会严格按照固定的顺序经过选择子中规定的各种号码分析器，由号码分析器号码分析并输出相应的查找分析结果。

在图 7-81 中，单击【增加】，进入如图 7-82 所示的界面。

在这里，号码分析选择子的编号设置为 1，名称可以自定义，这个名称只用于自己识别，所以设置一个"本局"即可，不设置也不影响我们的实际操作。在分析器的入口需要选择分析器，由于只用到了新业务分析器和本地网号码分析器，因此需要把这两个分析器的入口选择出来，新业务分析器的入口选择 1，本地网号码分析器入口选择 5，单击【确定】，出现图 7-83 所示的内容，就完成了号码分析的所有配置。值得注意的是，号码分析选择子和号码分析器是要组合起来应用的，当交换机收到呼叫请求的时候处理器会根据号码分析选择子依次查询其中的号码分析器，再根据号码分析器中所配置的分析规则查找到被叫。

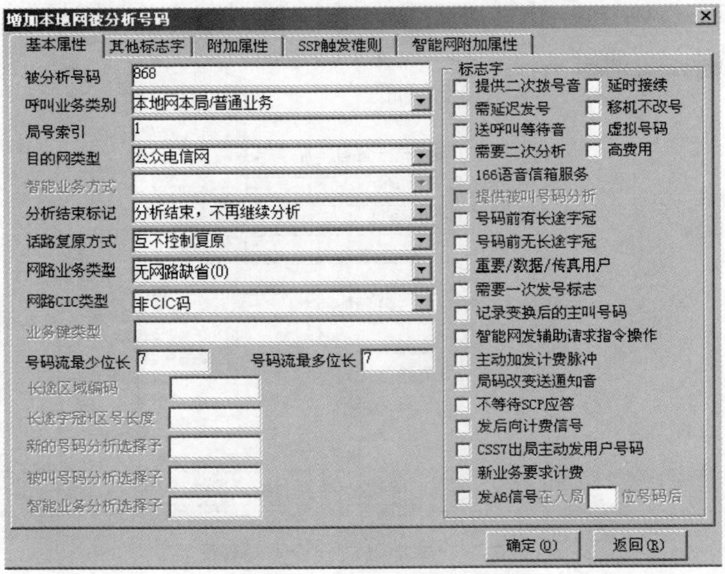

图 7-80　增加本地网被分析号码界面

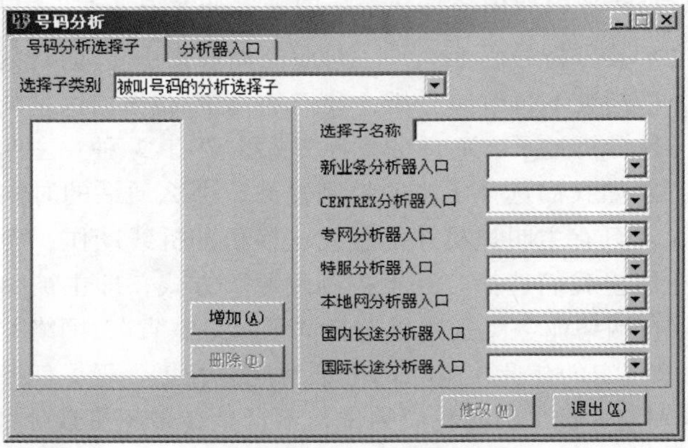

图 7-81　号码分析选择子界面

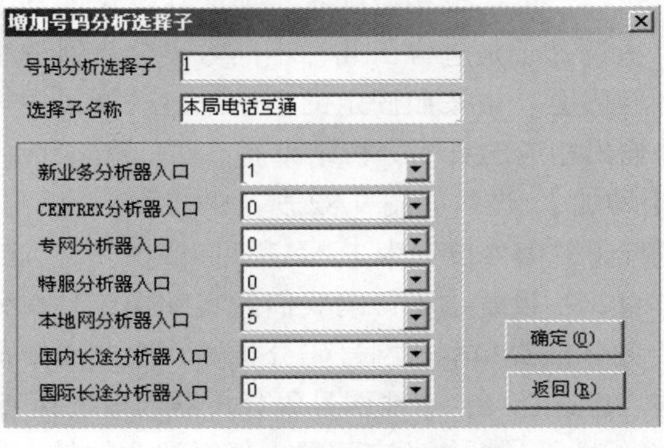

图 7-82　增加号码分析选择子界面

图 7-83　已配置号码分析选择子的号码分析界面

3. 用户属性设定

用户属性可以实现的功能包括用户停开机、用户呼叫权限的变更及新用户的登记和撤销等，它主要涉及与用户本身有关的用户数据及相关属性的配置问题，所以在我们制作了用户号码的数据之后，就需要对用户属性进行相应的定义，这样可以实现对通话发起方也就是主叫方是否有发起呼叫权限的相关事务进行统一的设定，如图 7-84 所示。

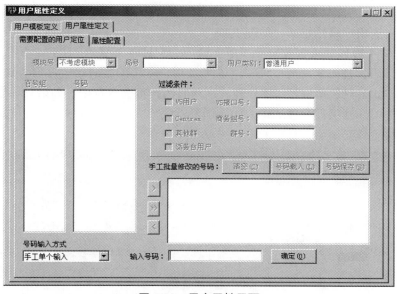

图 7-84　用户属性界面

首先选择用户的模板，然后根据属性要求添加用户属性，最后把任务所需的号码选择之后让所有的号码都采用相同的用户属性模板，即可实现所有用户属性的统一设定。

在用户模板定义中它也有一个指定的号码分析选择子，如图 7-85 所示，那么当处理器确定主叫用户号码之后，会根据对该用户的用户属性设置，来确定应该使用哪一个号码分析选择子，通过这个号码分析选择子包含的分析器里所分析到的号码，进而控制该用户哪些电话可以拨打，哪些电话不能拨打。如果在给指定用户的号码分析选择子中，没有对某个号码的分析，那么交换机处理器将无法找到该被叫号码对应的网络地址，主叫用户会听到被叫号码为空号的提示。在这里，我们把普通号码分析选择子选择为事先确定的号码分析选择子 1，进而把未开通的这个属性取消掉，让这些用户能够进行开通，最后把已经定义好的这个普通用户缺省的模板存储下来，就完成了用户属性定义的过程。

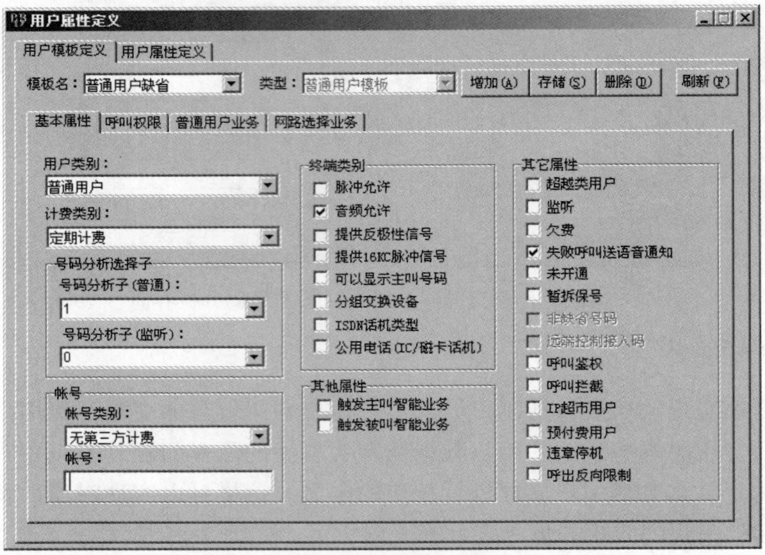

图 7-85　用户属性模板定义

　　紧接着进入到用户属性定义，如图 7-86 所示。左下角有手工单个输入、手工批量输入、列表选择输入 3 个号码输入方式。手工单个输入一次只能定位一个用户；手工批量输入可以一次输入多个号码，按照模块号、局号、百号及用户号码的方式定位；列表输入方式可以进行非手工输入，如果只选模块号，则该模块上所有用户都会被选中，如果只选模块号和局号，则所有满足条件的百号组都会被选中，如果选了模块号、局号和百号，不选特定的用户号码，则该百号中的所有号码都会被选中。

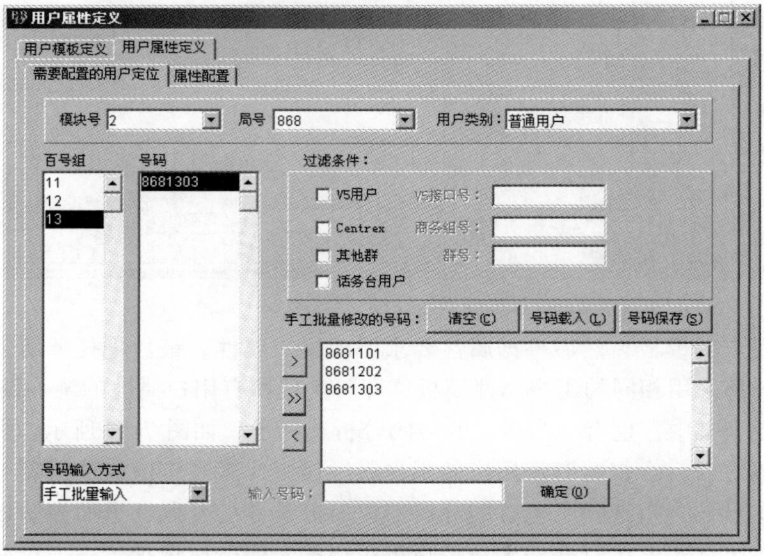

图 7-86　用户属性定义界面

在这里采用手工批量输入的方式把需要进行用户属性定义的所有用户全部选择。由于本任务的 3 台座机百号均不相同，需要一个一个地选中百号组，选中"号码"栏中的号码，单击">>"按钮，号码会出现在右侧下方的"手工批量修改的号码"一栏，单击【确定】，进入如图 7-87 所示的属性配置界面，为这 3 个用户选择事先定义好的模板——"普通用户缺省"模板，会看到出现在基本属性一栏的内容都是在"用户模板定义"事先定义好的内容，然后单击【确认】，出现如图 7-88 所示的界面，再次【确定】，用户属性修改成功，关掉用户属性定义页面即完成本阶段的配置任务。

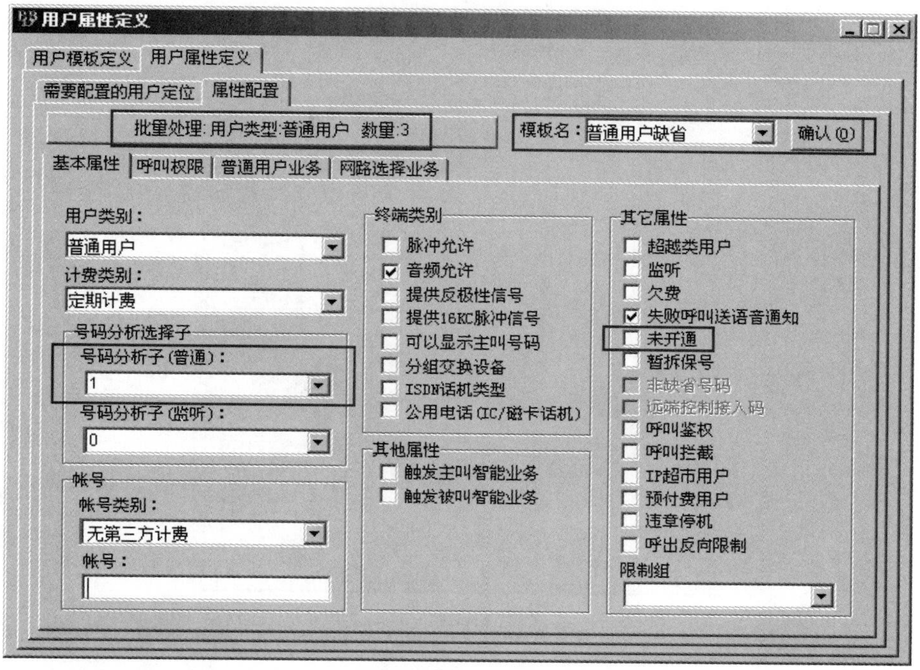

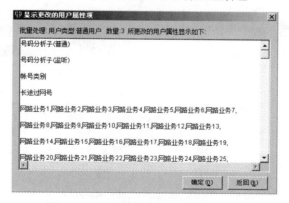

图 7-87　用户属性定义的属性配置界面

图 7-88　用户属性定义完成提示界面

4. 拨　测

把全部配置好的数据全部传送到程控交换机的前台 MP 中，单击确定之后，在桌面双击"本局电话"图标，打开本局的三部虚拟座机来进行最后的拨测，如图 7-89 所示。单击第一部虚拟座机，也就是连接到10号用户线的、号码为8681101的座机来拨打8681202的座机，测试电话配置是否成功。摘掉第一部虚拟座机的听筒，会听到拨号音，用鼠标单击号码按键来进行拨号，拨打8681202的座机，拨通之后，被叫未摘机接听前主叫侧会听到回铃音，此时单击第二部座机切换至主界面，会听到第二部座机处于被叫振铃状态。可以清晰地看到第二部座机的显示屏上显示了来电号码。摘掉第二部座机的听筒，两个本局的用户进入到通话状态，如图7-90所示。挂掉这两部座机，用第三部座机来测试拨打我们的第一部座机，可以看到这两部座机也可以互通了，如图7-91所示，这就说明本局电话互通的实验已经顺利完成。

图 7-89   本局电话主叫

图 7-90   本局电话 8681202 被叫拨通

图 7-91　本局电话 8681101 被叫拨通

【任务拓展】

实习生小陈接到了一个开通电话的任务,需要根据任务表的要求来配置交换机的数据(见表 7-3),实现 Jassy、Ada、Tina 几个用户的本局电话互通。单元配置要求:数字中继单元配置 12 槽位 DTI 板;模拟信令单元配置 25 槽位的 ASIG 板。

表 7-3　拓展任务数据

序号	用户	电话号码	电话线
1	Jassy	6761011	机房 3　机框 1　槽位 15　序号 03
2	Ada	7872022	机房 3　机框 1　槽位 15　序号 13
3	Tina	8983033	机房 3　机框 1　槽位 15　序号 14

思考:

(1)在一个交换局中若要配置多个局号,需要从哪方面进行考虑?

(2)是否每一个局号都要进行号码分析呢?

(3)用户属性设定里面能否批量输入 3 个不同局号的电话号码呢?

7.3　实训项目——本局呼叫故障排查

【实验目的】

学会使用呼叫数据观察与检索工具,利用维护工具进行呼损观察和故障定位。

【项目任务】

实习生小陈为大梅沙端局的 Jassy、Ada、Tina 等用户配置的本局通话数据,配置完成后,多次出现电话打不通的现象，请你运用呼叫数据观察与检索工具帮助小陈找到造成通话失败的原因，并协助其排查，实现本局用户的电话互通。

【任务分析】

很多同学在进行本局通话配置时，出现了电话打不通的情况，这种情况称为呼损。造成通话失败的原因有很多种（如数据配置或设备故障等），这时需要对故障进行定位和排除。前面已经学习过造成通话失败的三大典型故障，分别是收号器故障造成的通话故障、放号错误造成的通话故障、号码分析造成的通话故障。若想快速解决问题，首先要学习使用呼叫数据观察与检索工具，通过登记呼损观察参数来查看呼损记录，记录呼叫失败原因，缩小排查范围，再根据呼损记录中的注释对可能造成此种错误的位置进行一一检查，从而准确定位，迅速排除故障。

实验思路：登记呼损观察参数→跟踪呼叫并记录呼损原因→依次检查，排除故障。

【实验步骤】

（1）Jassy、Ada、Tina 3 位用户的电话未能互通，小陈将配置好的数据保存了一份，请你帮忙排查，并记录在排故任务书中，见表 7-4（见第 292 页）。

首先导入小陈保存好的数据 Jassy.sql，如图 7-92 所示。导入之后，将数据从后台传送至前台。

现在我们在桌面【业务管理】一栏打开【呼叫业务观察与检索】工具，如图 7-93 所示，单击【登记】，进入如图 7-94 所示的登记窗口，登记模块号为 2，选择呼叫类型为 AllType，单击【确定】。

图 7-92　导入故障包界面

图 7-93　呼叫业务观察与检索工具

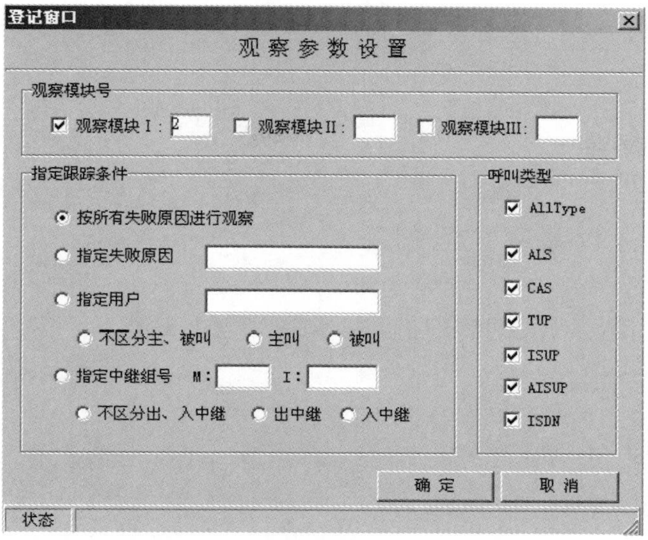

图 7-94 呼叫业务观察与检索工具登记窗口

这时，我们通过第一次拨测来检查本次通话中出现的第一个故障。打开本局电话，摘掉第一部座机的听筒，没有听到任何声音。此时还没有拨打任何号码，我们注意到了，呼损记录这里提示的是——"放音时 DB 得不到空闲的音资源"，如图 7-95 所示，是三大常见故障之一。

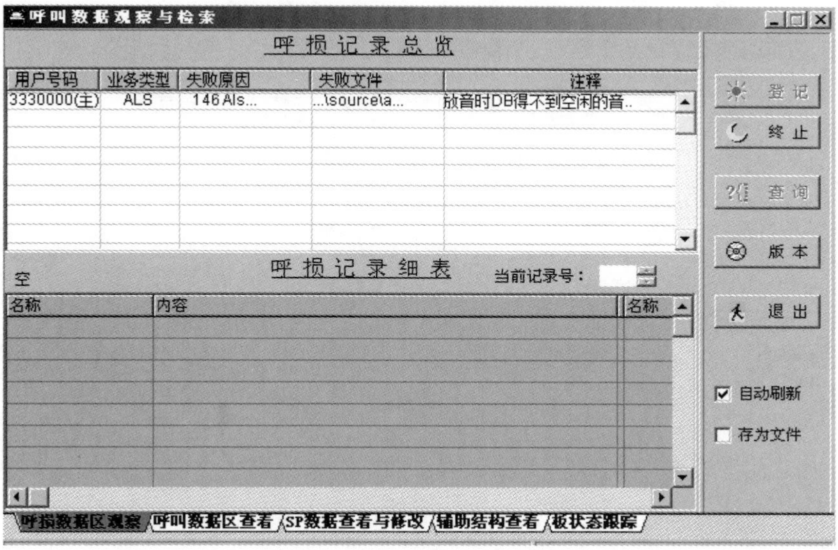

图 7-95 Jassy 故障包第一次拨测呼损记录

在这里还有一个问题我们不能忽略，我们的主叫用户号码是 3330000，此时做好记录，记录下第一部座机的电话号码。接下来我们解决第一个放音时 DB 得不到空闲的音资源问题。根据前面学习的知识，我们知道这个问题基本上就是来自单元配置中模拟信令单元的子单元，打开查看，如图 7-96 所示。

图 7-96　错误配置的模拟信令子单元界面

这里我们看到两个子单元都选择了双音多频，属于重复选择，却缺少了为我们提供忙音、拨号音、催挂音等音资源的 64M 音板。所以在其中一个子单元中，选择 64M 音板，保留另一子单元中的双音多频，如图 7-97 所示，单击【确定】，退出配置界面，进行数据传送，再一次进行呼损检测登记，并进行新一轮拨测。

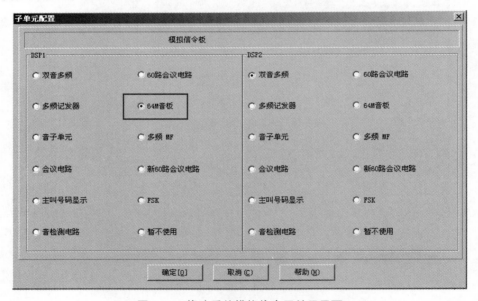

图 7-97　修改后的模拟信令子单元界面

此时，由于我们已经知道了第一部座机的电话号码是 3330000，摘取第二部座机的听筒，尝试拨打第一部座机 3330000 的号码，这个时侯，由于模拟信令单元的故障已经被准确排查了，在听筒中听到了正确的拨号音，但是拨打 3330000 号码之后，新的问题又在呼叫数据观察与检索工具中出现了——提示"号码分析是空号"，如图 7-98 所示。此时呼损记录显示了第二部座机的号码为 3330004。

图 7-98　Jassy 故障包第二次拨测呼损记录

当出现"号码分析是空号"的呼损原因时，根据所学知识，可以迅速判定故障的位置在涉及号码分析的配置环节中，所以现在进入号码分析看一下号码分析选择子和号码分析器是否处于正确配置的状态。如图 7-99 所示，号码分析器和号码分析选择子都处于未配置的状态，那么按照前面所学的本局电话互通的实操配置内容，我们知道首先应当增加新业务号码分析器，增加本地号码器并进行号码分析，最后在号码分析选择子中配置相应的号码分析选择子。

图 7-99　Jassy 故障包未配置号码分析的配置界面

在本地网的分析号码中，我们要增加相应的局号，由于在拨号的时候已经观察到了 3 部座机所处的交换局是 333 局，在这里要补充增加的局号则为 333，由于是本局通话，呼叫业务类别选择的本地网本局的普通业务。因为我们并不知道 333 局进行初始设置的时候究竟用的是局号索引 1 还是其他的设置，所以要暂停这里的号码分析配置，单击【返回】退出，然后进入号码管理，查看到这里的局号索引显示的是 1，如图 7-100，并且查看 3 部座机号码和用户线的对应关系，如图 7-101 所示。

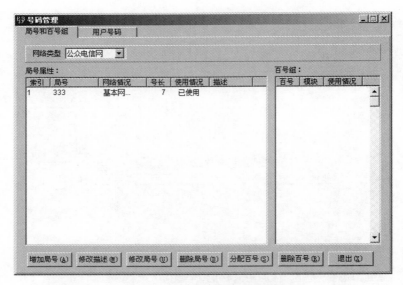

图 7-100　Jassy 故障包查询局号界面

图 7-101　Jassy 故障包用户号码分配界面

经查看，确认了 1 号用户线的号码是 3330000，5 号用户线的号码是 3330004，14 号用户线分配的号码是 3330013，即第三部座机的号码，做好记录。

现在继续完成号码分析部分，得到如图 7-102 所示的结果。

完成号码分析器的数据补充之后，接着增加号码分析选择子，编号设置为 1，选择新业务号码分析器的入口和本地网号码分析器的入口，单击【确定】，便完成了整个号码分析环节故障的相应补充和修改，如图 7-103 所示。

接下来发送数据，进行第三轮拨测，从图 7-104 中可以看出，电话能拨通了，说明故障排查成功，并且呼损记录提示"主叫用户听回铃音时挂机"，如图 7-105 所示，告知目前的座机是处于正常使用状态的。通过对两个故障的排查，顺利完成了 Jassy 故障包的相应故障定位。

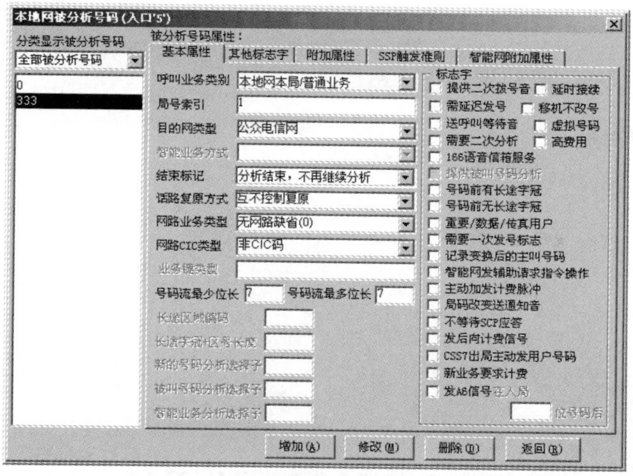

图 7-102 Jassy 故障包已完善本地网号码分析数据配置界面

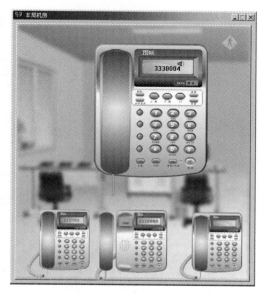

图 7-103 Jassy 故障包已完善号码分析选择子配置界面

图 7-104 Jassy 故障包拨测成功界面

图 7-105　主叫用户听回铃音时挂机呼损记录界面

（2）Lisa、Cindy、John 3 位用户的电话未能互通，小陈将配置好的数据传送给你，请你帮忙排查，并记录在排故任务书中，见表 7-4（见第 292 页）。

　　首先导入小陈传过来的数据 Lisa.sql。导入之后，传送数据。在呼叫记录观察与检索工具中做好登记之后，尝试第一次拨测。当摘机的时候听见了一串忙音，还未拨号，故障现象就提示"主叫用户无脉冲或音频允许未选择"，如图 7-106 所示，这样的故障提示在前期的故障排查练习中还从未遇到过。进行下一步操作前，先把第一部座机的电话号码 6660001 记录下来。

图 7-106　Lisa 故障包第一次拨测呼损记录

　　遇到音频方面的问题，可能很多同学都想到了模拟信令板，我们不妨去查看一下模拟信令板的子单元是否配置正确呢？经查看，两个子单元的选择无误，双音多频和 64M 音板都是已正确勾选的状态，这个时候应该考虑究竟哪个环节出现了问题呢？回想一下，其实在用户属性的终端类别里有一个【音频允许】选项，在以往的配置中，这个选项是自动勾选的，不需要对它额外操作，但是在小陈为 Lisa 等用户配置的数据包中，经过查看，音频允许被遗漏掉了，如图 7-107 所示，所以应重新选择它并且存储该模板，待存储完毕之后，让用户都用到这个预先设定的模板，即进行用户属性定义，如图 7-108 所示。单击【确定】，退出用户属性界面。

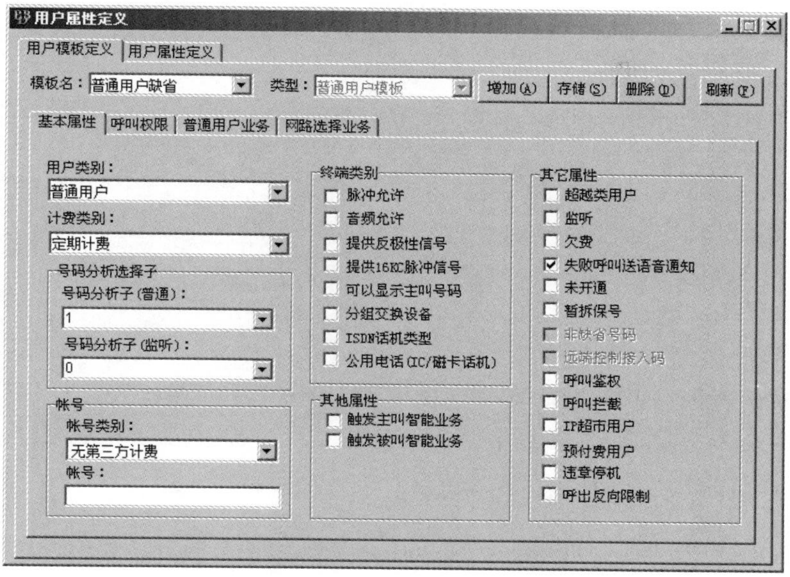

图 7-107　Lisa 故障包用户属性设定界面

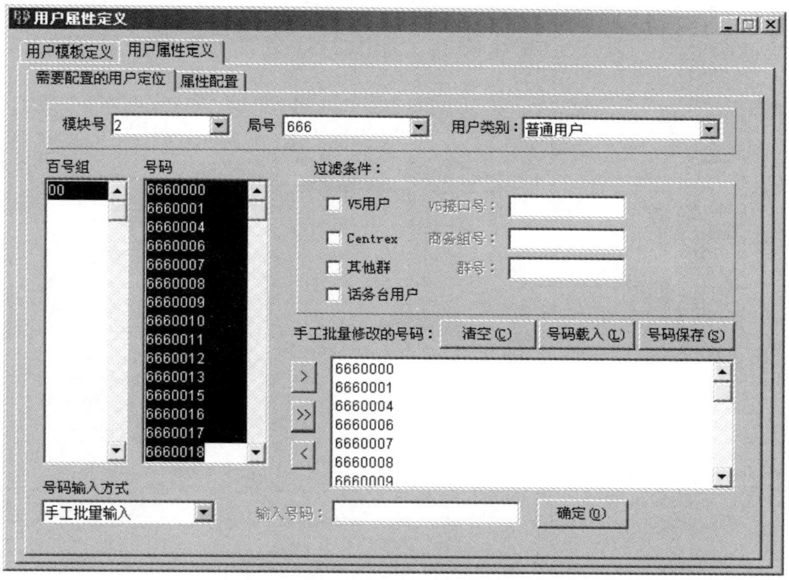

图 7-108　Lisa 故障包用户属性定义界面

在第一个故障之后排查完毕之后，将传输数据到前台，进行第二次的拨号测试。此时摘第二部机能正常地听到拨号音，已知第一部座机号码的情况下，拨打其号码 6660001 进行呼损测试，但是在拨完号码之后，听筒中语音提示号码是空号，并且呼损记录总览显示故障的原因是号码分析问题，如图 7-109 所示。此时记录下第二部座机的号码：6660002。

图 7-109　Lisa 故障包第二次拨测呼损记录

　　根据以往的经验,"号码分析是空号"的问题要进入号码分析环节去检查号码分析选择子,以及各个分析器的入口和相应的分析规则是否正确。经查看,号码分析选择子中两个号码分析器入口都是正确的,如图 7-110 所示,再进入号码分析器,查看本地网的分析规则。然而这个故障包的本地网分析规则配置也是正确的。那么问题究竟出在哪个环节呢?

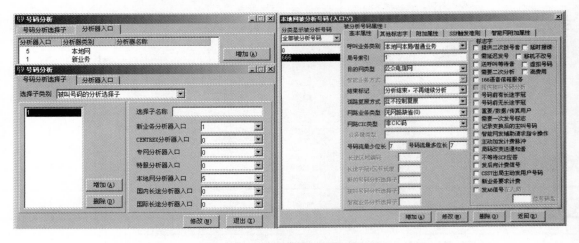

图 7-110　Lisa 故障包号码分析界面

　　事实上,在排查故障的过程中,还有一个环节被忽略了,那就是新业务号码分析器。在本局通话配置的时候,只设置了本地网号码分析器,而没有对新业务号码分析器作过多操作。问题会不会出现在这里面呢?我们并没有对业务号码分析器进行任何的设置、修改或者删除。接下来,进入新业务号码分析器界面进行观察,如图 7-111 所示。

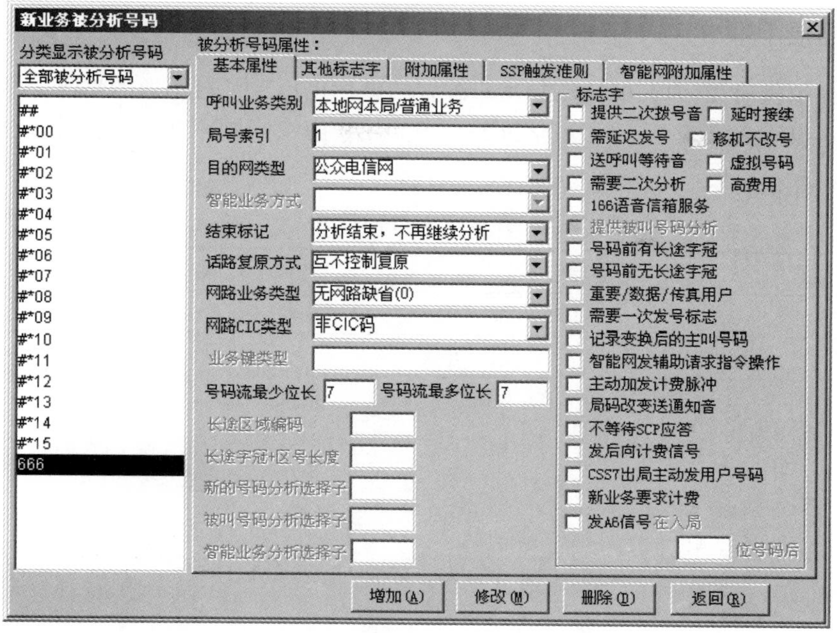

图 7-111　Lisa 故障包新业务号码分析器界面

在新业务号码分析器里，不需要对局号进行相应的号码分析规则设定，而图中出现了 666 局，这是多余的步骤，因此在"全部被分析号码"一栏选中 666 局，单击下方第三个按钮【删除】，再返回号码分析界面，关闭。之后再一次将修改好的数据从后台传输到前台，在呼叫数据观察与检索工具中登记好之后尝试拨测。

经过第三次拨测，图 7-112 显示通话已经能顺利进行，说明所有的故障都一一排除掉了。

图 7-112　Lisa 故障包拨测成功界面

【任务拓展】

小陈在虚拟机房 2 为大梅沙端局用户配置的电话也出现了打不通的情况，他将原始数据存储为机房 2 故障包.sql，请你利用学过的知识为用户解决问题，并记录在排故任务书中，见表 7-4。

表 7-4　排故任务书

姓名：		学号：	提交日期：
组名：		小组成员：	
排故方案			
排故过程记录			
总结分析			

7.4 实训项目——实现局间电话互通

【实验目的】

掌握局间通话流程，了解中继的作用和组成结构，信令系统的组成和工作方式，掌握 No.7 信令系统结构、组网方式和信令帧结构，并且使用维护工具对局间通信进行信令跟踪和故障排除。

【项目任务】

实习生小陈在熟练掌握本局通话故障排查技能之后，为大梅沙端局的用户顺利地开通了电话，然而大梅沙端局的用户还希望能够和其他交换局的用户进行通话，小陈接到了新任务，需要为大梅沙端局接入机房 2 的 Linda、Sarah、John 等用户配置交换机数据，使得他们可以和汇接局 A 的 Leslie、Tim、Joy 等用户实现通话，具体的配置要求见表 7-5。

表 7-5   配置任务表

序号	大梅沙端局用户	电话号码	汇接局 A 用户	对局电话号码	对局参数
1	Linda	8681101	Leslie	9990001	通过查看对局信息，与对局保持一致
2	Sarah	8681202	Tim	9990002	
3	John	8681303	Joy	9990003	
4	…	…	…	…	

【任务分析】

通过理论课的学习，我们已经了解了中继的作用和组成结构，也学习了信令系统的组成和工作方式，掌握了 No.7 信令系统结构、组网方式和信令帧结构等知识。在进行局间电话互通配置的过程中，要充分运用 No.7 信令系统的知识。

整个局间电话互通的配置过程包含了主要的八大步骤，如图 7-113 所示。

图 7-113   局间通话配置流程

【实验步骤】

局间电话互通配置是在完成了本局通话的基础上来实现的。现在先把数据恢复到已经配置完毕的本局通话的状态，并将后台数据传送至前台，先检查一下本局电话是否能够打通。拨测显示本局电话已经成功地打通了，接下来进入局间电话互通配置的第一步。

1. 交换局的配置

我们在前面任务中对交换局的数据进行了配置，但是在前面的配置中，只配置了本局的交换局数据。由于本任务需要实现局间电话互通，必须要知道与本局互通的对局信息，所以要配置本局的信令点数据和邻接交换局的数据。

在交换局配置界面，如图7-114所示，单击本交换局信令点配置数据，选中，然后单击【设置】，进入如图7-115所示的界面，把区域编码设置为755。区号前缀，设置为0。单击【确定】回到交换局配置界面。由于邻交换局体现的是和本局相连的交换局的数据，所以在配置它之前，首先要在桌面，如图7-116所示，查看对局信息。

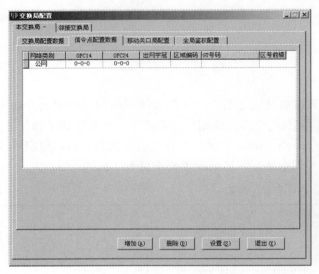

图 7-114　本交换局信令点配置数据

图 7-115　设置本交换局信令点配置数据

图 7-116　虚拟后台桌面——对局信息查看

在本局中配置的邻接局数据，要和对局的数据保持一致，这样才能实现预期业务，所以在桌面上双击【对局信息查看】，在出现的对接局属性界面查看对局信息，如图7-117所示。

图 7-117　对接局属性界面

应注意对局的信令点编码、连接方式、测试业务号，以及交换局的类别、信令点类型等数据，在本交换局上面进行邻接局数据配置的时候要和它保持一致。回到本交换局数据配置界面，单击增加，将交换局的局向设置为 1，交换局的名称可以设置为汇接局 A。其余内容都和对局保持一致即可，如图 7-118 所示。

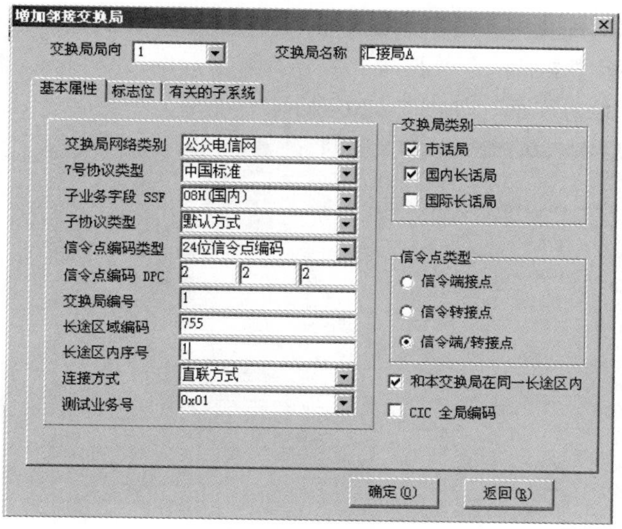

图 7-118　在本局增加邻接交换局界面

2. 初始化中继单元为共路中继

交换机与交换机之间进行通信时需要通过中继相连，ZXJ10 程控交换机的中继框提供了数字中继接口板 DTI，每一块 DTI 板为一个数字中继单元，对应每个 E1 称为一个子单元，即

PCM1、PCM2、PCM3 和 PCM4。数字中继是数字程控交换局与局之间或者数字程控交换机与数字传输设备之间的接口设备。前面进行物理配置的时候，由于没有涉及局与局之间的通信，我们把 4 个 PCM 子单元都设置为"暂不使用"状态，在局间通话任务中，需要将这几个子单元都配置成支持 No.7 信令的共路中继系统。

再一次进入到物理配置，选择模块 2，点击单元配置，找到数字中继单元，选择好 PCM1、2、3、4 四个子单元，采用共路信令的子单元类型，传输码型采用 HDB3 码，硬件接口采用 E1 接口，没有 CRC 校验，单击【确定】，便完成了共路中继的制作，如图 7-119 所示。

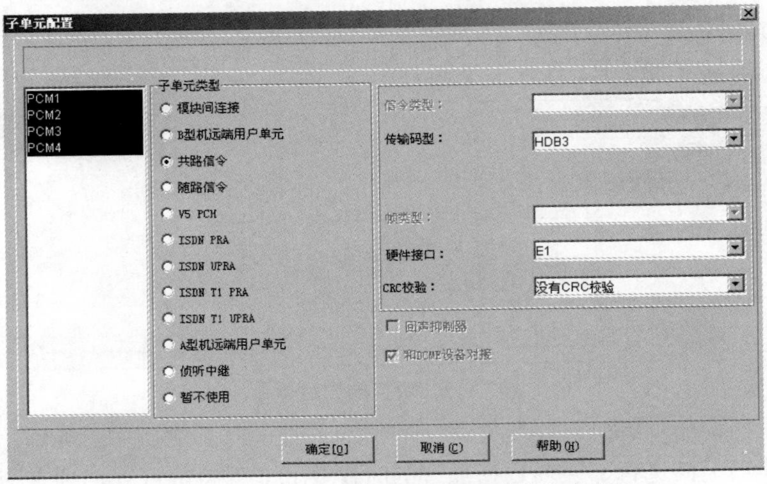

图 7-119　将 DTI 四个子单元配置成为共路中继

3. No.7 信令的配置

在 No.7 信令数据的配置中，很多数据要求和对端局是一致的。在仿真软件中，对局的数据是固定的，所以在配置本局信令数据时，要先查看对局的信令数据，仍然是点击对局信息查看，打开 MTP 管理信息界面，如图 7-120 所示。

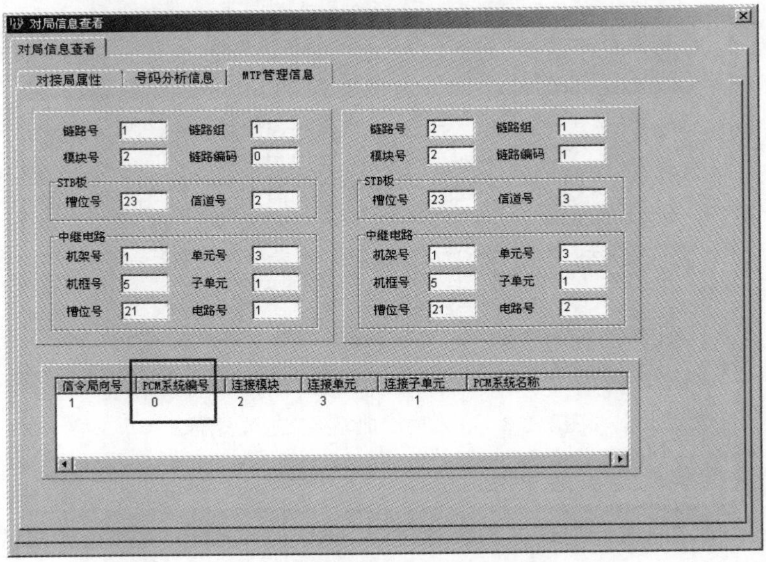

图 7-120　对接局 MTP 管理信息

这里就是我们所有的对局中的一些信令的具体体现。在这个界面可以看到，对局制作了两条信令链路，链路编码分别是 0 和 1，使用的电路号分别是 TS1 和 TS2。而对局连接至本局的中继线的 PCM 系统编号为 0，这些都是需要注意对局保持一致的数据。

接下来配置 No.7 信令系统的信令数据。

打开数据管理中的【七号数据管理】，选择【共路 MTP】（MTP 是 Message Transmission Protocol 信道传输协议的缩写）。

进入信令链路组的页面，单击增加按钮，增加信令链路组。信令链路组的名称，我们可以设置为 SL。然后，直联局向号设置为 1，差错校正方法，采用基本方法，单击【增加】，然后返回，在图 7-121 中可以看到已经增加好的信令链路组。

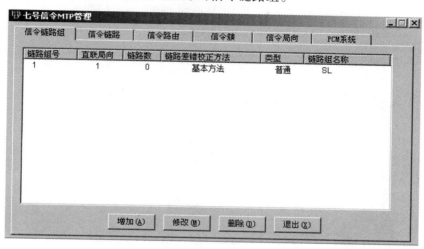

图 7-121　信令链路组

在这个设置界面中，直联局向是"邻接信令点设置"中所设的局向，表示直联局向。差错校正的方法是根据对接双方要求和链路传输时的时延来选取的，在绝大多数情况下都选择基本方法。

接下来增加信令链路。当进行信令链路增加的时候，一定不能忽略到对局的 MTP 管理信息，因为我们要和它保持一致，要和它采用相同的子单元、相同的电路号（时隙号）来实现在本交换局上的信令链路配置。

在增加信令链路的界面，左侧栏中显示可使用的通信信道有 8 个，是位于槽位 23 的 STB 通信板提供的，每一块 STB 通信板可以提供 8 个 No.7 信令的信道。在这里，选择其中的一条信道即可，结合对局信息提供的子单元 1 电路号 1 来配置本局的这一条信令链路，如图 7-122 所示。

增加完毕之后，在图 7-123 中，可以看到对局中一模一样的数据，保持了两者的一致。接下来我们要进行信令路由的配置。选择信令路由，单击【增加】，出现图 7-124 所示窗口。信令路由号设置为 1，名称可以设置也可以不设置，这里我们设置为 R1。信令链路组 1 设置为"1"，信令链路组 2 选择"无"。如果说这个局向有多组链路，那么需要在信令链路组 1 和组 2 中分别填入。单击【增加】，即可得到信令路由。

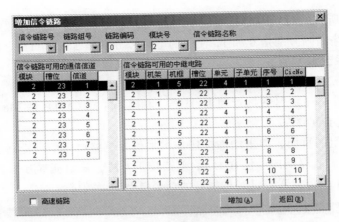

图 7-122　增加信令链路

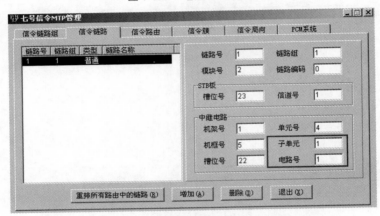

图 7-123　配置完毕的信令链路界面

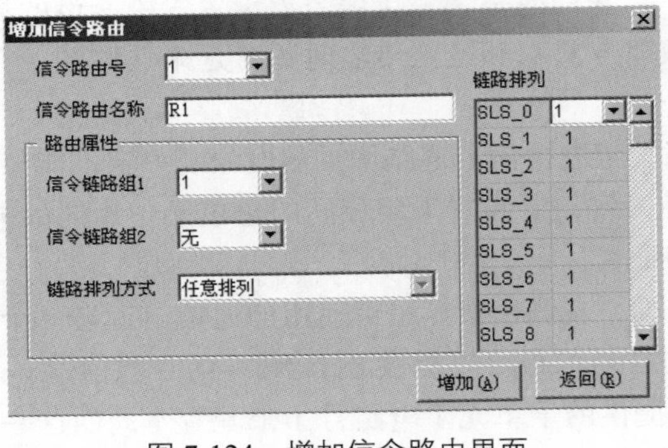

图 7-124　增加信令路由界面

　　信令簇在这里不需要配置。接下来进行信令局向的配置。信令局向是指向信令链路与本局直接相连的邻接交换局，一般情况下与话路中继局向一致。单击【增加】，信令局向号设置为 1，由于没有配置信令簇，所以选择无。信令局向名称设置为 D1。我们只需要增加一条正常路由，如果有迂回路由存在，可以一并填入。对于一个目的信令点，一般有 4 级路由可供选择，也就是这里看到的正常路由、第一迂回路由、第二迂回路由以及第三迂回路由。一般情况下，不需要迂回路由，所以在这里选无，如图 7-125 所示。单击【增加】，返回。

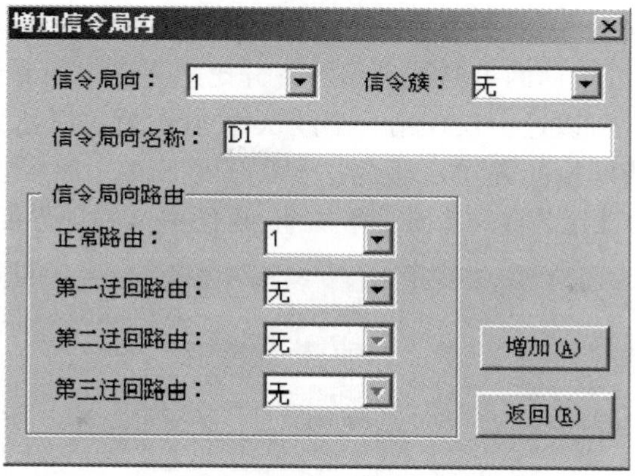

图 7-125　增加信令局向界面

最后进行 PCM 系统的配置。由于 PCM 系统必须与对局保持一致，根据刚才在对局信息中查看到的数据，对局 PCM 系统编号是 0，所以在这里，PCM 系统编号设置为 0，和对局保持一致，PCM 的名称直接设置为 PCM0 即可，如图 7-126 所示。由于本任务采用的信令链路是来自 PCM1 中的电路号 1，所以 PCM 系统连接到本局的子单元只要选择第一个子单元即可。单击【增加】，然后返回。这样就完成了 No.7 信令 MTP 的管理配置。

图 7-126　增加 PCM 系统界面

4. 中继管理配置

在中继管理中，首先要进行中继电路组的配置，单击【增加】，如图 7-127 所示。8K PSM 的模块号固定为 2，中继组号设置为 1。中继组的类别采用的是双向中继组，意思是通过这个中继组既可以呼出也可以呼入。而中继信道的类别采用的是数字中继 DT。入局线路信号标志选择 CCS7-TUP，意思是这里开的是 TUP 中继。如果要开 ISUO 中继，则选择 CCS7-ISUP。出局线路信号标志也选择 CCS7-TUP。邻接交换局局向这个部分我们要为邻接交换局建立局向，这里指向的是话音电路直接相连的邻接交换局，选择 1。数据业务号码分析选择子不需要设置，而入向号码分析选择子需要设置为 1，指的是该群入局呼叫时的号码分析选择子。下面的主叫号码分析选择子可以根据不同的主叫来寻找相应的号码分析选择子，由于这里没有使用它，所以选择 0。当中继组内的电路被占用的百分比达到设定的阈值时，即使有空闲的电路后面的呼叫也不能占用。所以这里仅仅用一个默认值 100 就可以达到本任务的要求了。中继选择的方法，本任设置为同抢的方式处理。名称可设可不设，由于虚拟机房所在城市是深圳，区号填入 755，长度自动设置为 3，单击【增加】，返回中继管理界面。

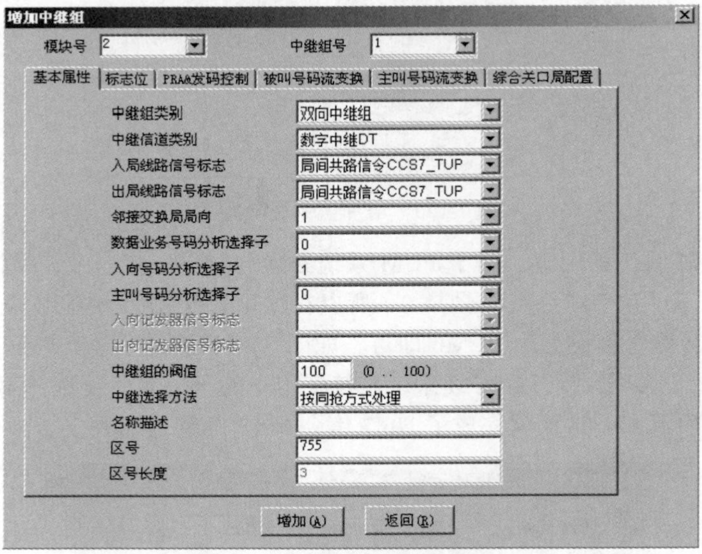

图 7-127　增加中继电路组

接下来要进行中继电路的分配，单击【分配】，先查看可供分配的中继电路，在这里面，子单元 1、2、3、4 中所有的中继电路，除了刚才被选作承载信令的 PCM1 的 TS1 时隙，和用作帧同步的 TS0 时隙，都在可供分配的中继电路中。因为本任务只用到了 PCM1 这个子单元，在这里只需要选中 PCM1 的所有时隙后单击【分配】，就可以满足本任务的需求，让这些中继电路承载话音，如图 7-128 所示。

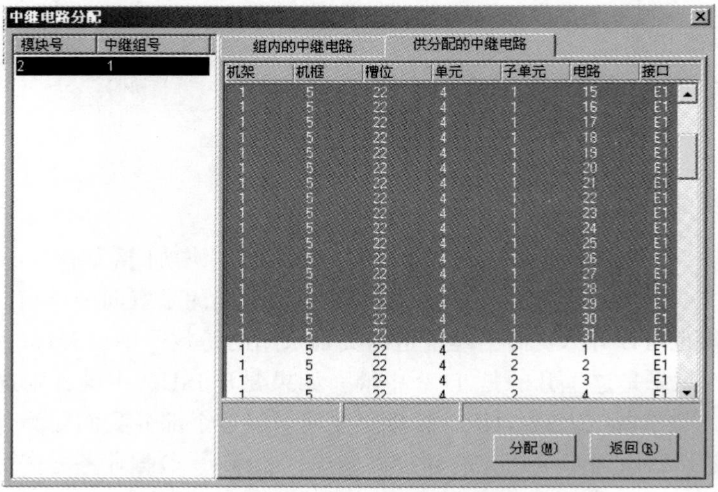

图 7-128　分配中继电路

如果在分配中继电路的时候发现某一条中继电路应该作为信令时隙而不是承载话音时，可以选中该电路，单击【释放】，再到【七号数据管理】的【共路 MTP 数据】中将其配置为信令链路，如图 7-129 所示。

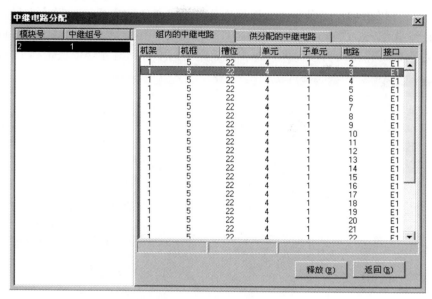

图 7-129　释放中继电路

接下来进行出局路由的配置。单击【增加】，路由编号设置为 1，模块号选择为 2，中继组号是刚才设置的 1，号码发送的方式选择默认的逐段转发方式。单击【增加】，于是便设置好了出局路由，如图 7-130 所示。

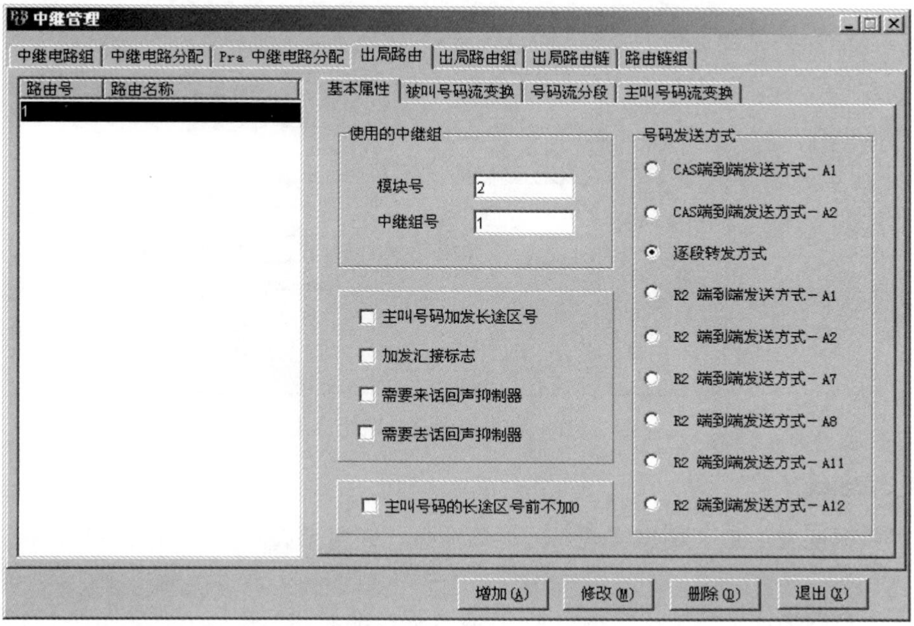

图 7-130　出局路由设置

出局路由组可以由一个或多个路由组成，各路由组之间为负荷分担的关系。在路由组中增加路由可以实现路由按比例负荷分担。选择【出局路由组】界面，将路由加入路由组中，如图 7-131 所示。

出局路由链可以由一个或多个路由组组成，在【中继管理】界面选择【出局路由链】界面，可以在此设置优先、次选路由组，如图 7-132 所示。在路由链中添加路由组时可以实现优选，即放在最前面的路由组会被优先选择，前面路由组不可用时才会依次选择下一个。

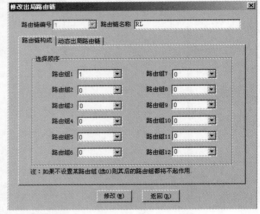

图 7-131　增加出局路由组　　　　　　　　图 7-132　增加出局路由链界面

最后配置出局路由链组，它可以由一个或多个路由链组组成，同样各路由链组也可以实现负荷分担，如图 7-133 所示。

图 7-133　增加出局路由链组界面

5. 硬件连线

完成了数据配置之后，要想实现局间通话业务，还需要在本局和对局中间连接一条物理中继电路。

在虚拟后台的桌面上单击【组网图】，查看大梅沙端局和汇接局 A，如图 7-134 所示。单击闪动的大梅沙端局，进入虚拟机房，根据提示一一点击，进入连线界面，如图 7-135 所示。

中继框背板中有很多块 DTI 单板，本任务所采用的是位于 22 槽位的 DTI 单板，它的 DTI 编号是多少呢？由于只有 3N 和 3N+1 的槽位才可以插入 DTI 单板，从第一个可以插入 DTI 单板的槽位开始往右边数，依次是 1，2，3…，所以在背板连线的时候，需要找到 DTI14，且找到 PCM 子单元 1 的两个接口，采用右侧对接线连接好这两个接口，如图 7-136 所示，组网图中大梅沙端局和汇接局 A 就实现了硬件的连线，如图 7-137 所示。

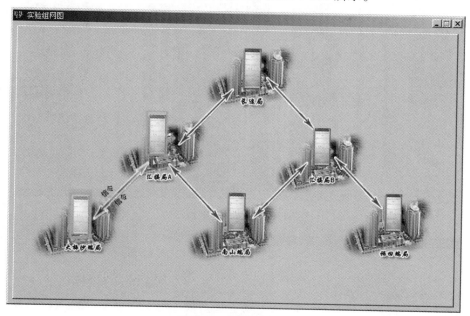

图 7-134　全局组网图

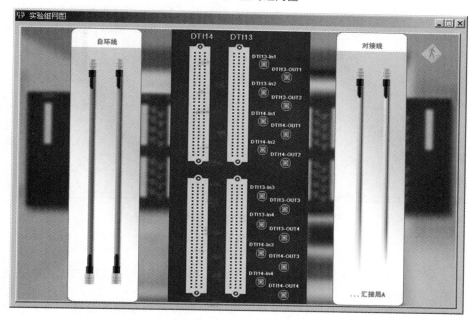

图 7-135　中继连线界面

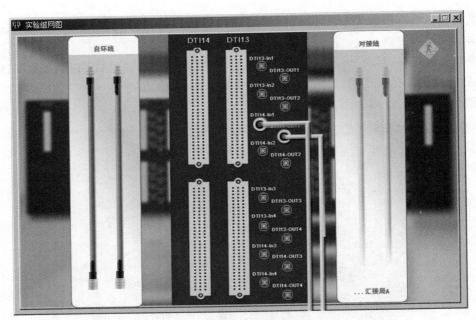

图 7-136　中继—对接线连线

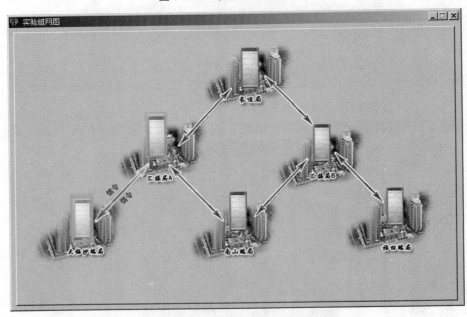

图 7-137　完成物理中继线连接的组网图

6. 号码分析

做完以上配置，还不能够实现最终的局间电话互通，剩下最后一步——号码分析的环节。

号码分析，找到本地网分析器的入口。在这里可以看到，本局通话中 868 局是已经设置好了，现在由于在仿真软件中对局信息是固定的，所以在配置数据的时候，一定要根据对信息进行配置。对局的局号是 999，3 个虚拟电话分别是 9990001、9990002、9990003，在这里，单击【增加】。添加对局 999 的局号，由于是局间通话，呼叫业务类别设置为本地网出局/市话业务。当我们拨打对局 999 的电话号码时，MP 进行号码分析时，会根据我们在这个号码分析规则里面的设定，从出局路由链组 1，一路选择下去，找到一个可用中继电路作为通话的话音电路。后续配置与本局通话号码分析配置相同，单击【确定】，便完成了对局电话号码的号码分析配置，如图 7-138 所示。

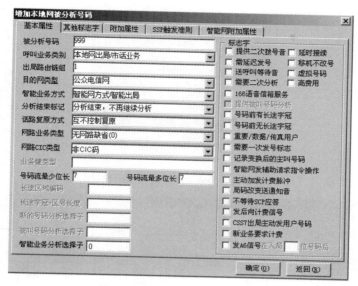

图 7-138　增加出局号码分析

7. 数据传送

传送数据之后，应拨打虚拟局间电话测试数据的配置正确与否。先打开本局的电话，再打开对局的电话。在两个机房中分别打开拨号界面。试着用本局的座机拨打对局 9990002 的电话，听到回铃音且对局机房听到了被叫振铃证明这个任务已经顺利完成，如图 7-139 所示。当被叫摘机，主叫这边停掉回铃音时，双方可以进入正常的通话状态。

图 7-139　局间通话拨测

8. 信令跟踪

根据号码跟踪信令。在桌面选择【业务管理】→【七号信令跟踪】，单击【信令跟踪】，选择【根据号码】选项，在图 7-140 中填入相应信息。在图 7-141 中单击绿色按钮，并进行拨打测试，即可进行信令跟踪。

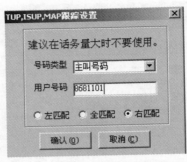

图 7-140　No.7 信令根据号码设置

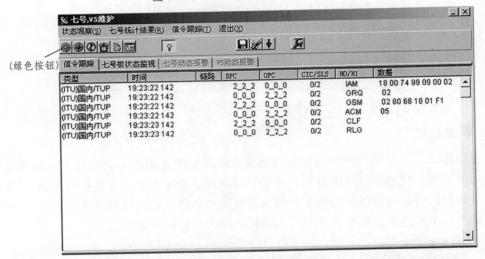

图 7-141　No.7 信令跟踪显示界面

五【任务拓展】

（1）为机房 1 的用户配置局间通话，其中本局号码为：5550101，5550202，5550303。
（2）为机房 3 的用户配置局间通话，其中本局号码为：3330001，3330002，3330003。

7.5　实训项目——实现自环功能

【实验目的】

掌握检测信令链路配置的方法和使用【七号信令跟踪】工具进行故障排查。

【项目任务】

小陈接到新任务，要求开通 No.7 信令和中继，连接大梅沙端局和汇接局 A，利用自环实验来检测局间信令是否有误。要求用数字中继单元的子单元 PCM2 和 PCM3 来进行测试，以 TS10 承载信令，本局 3 部座机号码分别是：6660001，6660002，6660003，用于测试的虚拟局局号为：777。

【任务分析】

检测信令链路是否有误，验证本交换机 No.7 信令的信令板、物理链路及信令数据设置是否正确，我们常常采用自环实验来验证。自环实验是网络工程师在 No.7 信令的开通测试中一个非常行之有效的方法。

自环实验和局间通话非常类似，也要从交换局数据配置开始进行配置。然后再初始化中继单元，紧接着对 No.7 信令进行配置，接下来还要进行中继配置、组网及号码分析。但是，自环实验比局间通话多了一个步骤，即动态数据管理。自环的配置过程包含了主要的八大步骤，如图 7-142 所示。

图 7-142　自环实验配置流程

【实验步骤】

在进行自环实验之前，首先进入机房 1，恢复到已经配置完本局通话的数据，并传送数据进行拨测，确认本局电话能够实现互通之后再开始着手自环实验的配置。

1. 交换局的配置

自环实验的交换局配置过程与局间通话配置一样，不同点在于邻接局的数据设置。由于自环实验中，邻接局是一个虚拟局，不是真实存在的，所以并不要求邻接局中配置的数据要和对局的信息一模一样。这里可以随意配置，也可参考对接局的数据。

2. 初始化中继单元

在自环实验中，由于涉及本局与虚拟对局的通信，需要将数字中继单元的 4 个 PCM 子单元全部设置为共路信令，以待使用。

3. 信令配置

在进行 No.7 信令配置的时候，局间通话只配置了一条 No.7 信令，但自环实验中本交换局是在和虚拟交换局进行通信的，所以这两条信令链路都由我们自身的交换局来提供，因此在增加一个信令链路组之后，在进行信令链路配置时，需要配置两条信令链路来实现双向信令的承载。

我们根据任务要求，采用 4 个 PCM 子中的 2 个子单元 PCM3 和 PCM4 来提供 2 条信令链路。但需要注意的是，在进行自环实验时，虽然采用了自身的 2 个 PCM 子单元，但是承载信令的这条电路号，其编号务必一致。根据任务要求，应选择子单元 3 和子单元 4 中的 TS10 来承载信令。在图 7-143 中，选择子单元 3 的电路号 10，单击【增加】，返回即可得到第一条信令链路。在 PCM 子单元 4 中也要选择 TS10 来进行信令的承载，必须保持两者的电路号一致。接下来进行信令路由、信令局向和局间通话的配置是一样的，不再赘述。

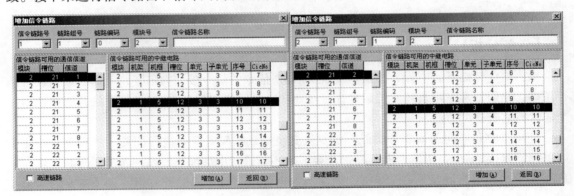

图 7-143　增加 2 条信令链路

值得注意的是，由于在信令链路里面采用了 2 个 PCM 子单元，所以在 PCM 系统中，要设置 2 个 PCM 系统，子单元 3 和子单元 4 都要被增加到相应的 PCM 子系统中，如图 7-144 所示，这样一来 No.7 信令 MTP 管理部分就完成了配置。

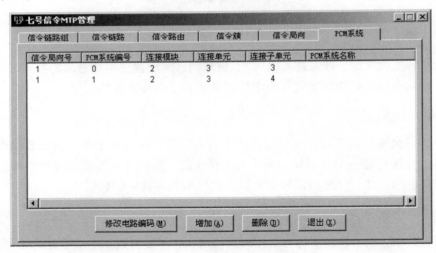

图 7-144　自环实验的 PCM 系统界面

4. 中继配置

在中继电路组中的配置和在局间通话的配置是一样的，但是在中继电路分配里面，需要注意的是，由于只用到了子单元 3 和子单元 4 来作信令链路及中继的承载，所以在这里用不到子单元 1 和 2，仅仅选择子单元 3 和 4 就可以满足需求。可以在图 7-145 中看到，子单元 3 的电路号 10 没有出现在可供分配的中继电路一栏里，因为它已经被分配到中继电路组中，这些将为我们提供承载话音的中继电路。

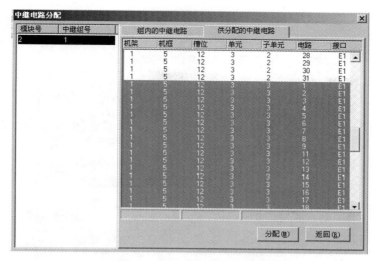

图 7-145　自环实验中继电路分配

接着配置出局路由。如图 7-146 所示，单击【增加】，路由的编号设置为 1，模块号设置为 2，中继组号设置为 1，这里和局间通话的配置内容一样。

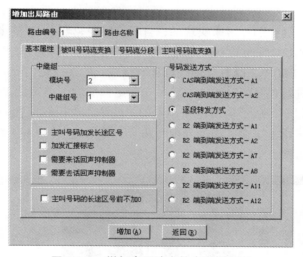

图 7-146　增加出局路由基本属性界面

因为本实验任务是自环，我们需要实现的是：拨打虚拟局的局号让本局的电话可以实现互通，从而判断局间信令是否有误。所以接下来需要进行被叫号码流的变换（见图 7-147），选择【出局号码流的变换】，将号码流的变换方式设置为修改号码，由于虚拟局的局号是 777，要将 777 变为 666，我们需要变换 3 位，也就是变换局号，所以从第 1 位开始变换，总共变换 3 位，因而需要修改的位长是 3 位。由于需要把虚拟对局的局号转换成本局的局号，因此在增加号码一栏里面输入的内容一定是本局的局号，千万要注意一定不要输错为虚拟对局的局号，否则电话无法打通，无法实现自环功能。变换后的号码类型选择"不变换"，单击【增加】。到此，局路由已经完成了所有的数据设置，被叫号码流的变换可以在这里查看到，后面的出局路由组、出局路由链、路由链组都和局间的配置是一样的，在这里我们也不再一个一个地讲解了。

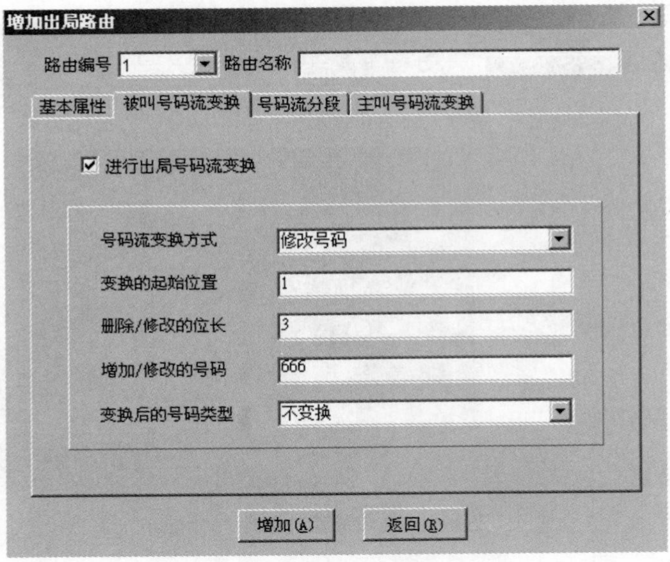

图 7-147　被叫号码流的变换

5．硬件连线

组网是通过物理中继线的连接来实现的，自环实验中，若 No.7 链路自环的数据与实际物理配置不一致，则引起出局呼叫找不到中继。机房 1 中，机框 5 的 DTI 单板是位于 12 号槽位，DTI 编号为 7，在图 7-148 中，既有自环线也有对接线，对接线是用于局间通话的，而自环线是用于自环实验。在进行连线的时候，一定要先确定采用的子单元是 PCM3 和 PCM4，那么连线应该怎么连呢？例如，从子单元 3 中出来的一些话音、控制信息，需要从子单元 4 的入口来输入，所以我们采用十字交叉法，分别将两个子单元的 IN 口和 OUT 口进行相连，这样便完成了自环实验的组网。

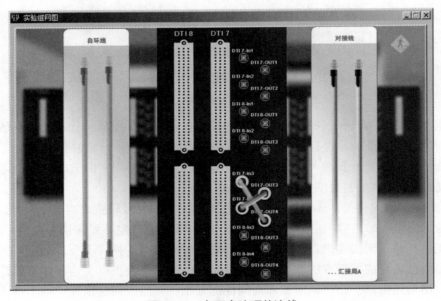

图 7-148　自环实验硬件连线

6. 号码分析

虚拟对局的号码为 777，所以在号码分析环节，被分析的号码需要增加 777 局，呼叫业务的类别是本地网出局/市话业务，剩下的部分都和在局间通话中配置的内容一模一样，如图 7-149 所示。

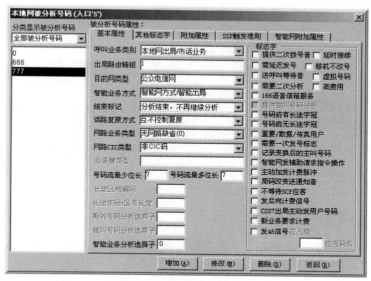

图 7-149　增加虚拟局号码分析

7. 动态数据管理

但是自环实验做到这一步，还不能传输数据，还有一个步骤——需要配置动态数据管理。在虚拟后台桌面，单击【数据管理】→【动态数据管理】→【动态数据管理】，选择 No.7 管理接口，如图 7-150 所示，找到 No.7 自环请求，在 No.7 中继线自环中选中两条 PCM 线，分别是 PCM3 和 PCM4，然后单击【请求自环】。再请求 No.7 链路自环，如图 7-151 所示。

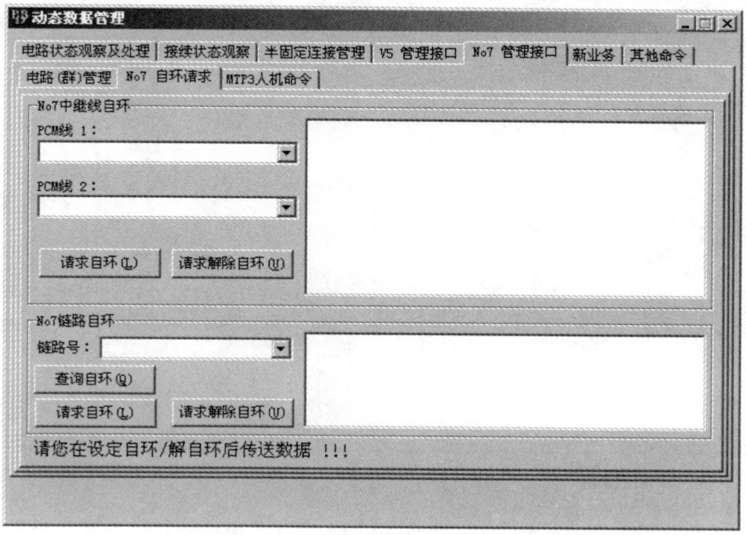

图 7-150　No.7 自环请求界面

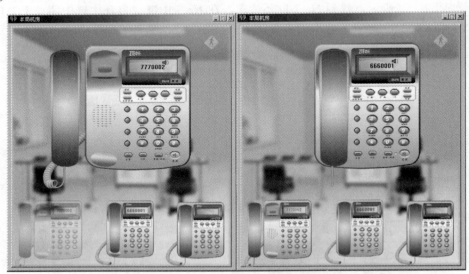

图 7-151　已请求自环界面

8. 传送数据

最后一步，传送数据并进行拨测。虚拟局的局号是 777，我们用 6660001 的座机去拨打7770002 这个电话号码，会产生什么样的现象呢？

当我们拨打 7770002 的时候，6660002 的这台座机响铃了，如图 7-152 所示，并且产生了来电提醒，这就是证明自环实验配置成功。我们成功地通过自环实验，用被叫号码流的转换实现了——在本局拨打虚拟对局的局号，让本局的座机能够发起振铃。通过这个实验来检测了信令链路是完全正确的，而且 No.7 信令的信令板、物理链路及信令数据的设置统统都没有任何问题。

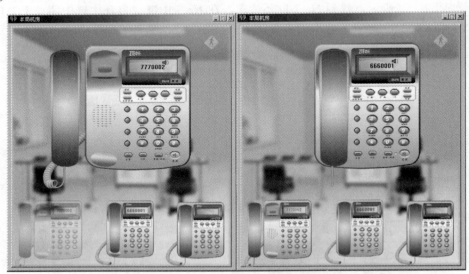

图 7-152　自环实验拨测

思考：假如用 6660001 的座机拨打 7770001 的号码，哪个座机会发起振铃呢？

【任务拓展】

（1）实习生小陈在虚拟机房2配置自环实验检测No.7信令链路，但是却遇到了很多问题，他将原始数据存储为机房2自环实验故障包.sql，请你利用学过的知识协助他解决问题，并记录在排故任务书中。

（2）通过前面一系列的学习，对局间电话互通及自环实验有了一定程度的了解。下面请同学们在机房3中先实现本局通话，再同时实现局间通话与自环实验。具体任务要求见表7-6～7-8。

表7-6　电话号码配置要求1

序号	机房3用户	电话号码	汇接局A用户	对局电话号码	对局参数
1	Rachel	3858101	Tina	9990001	通过查看对局信息，与对局保持一致
2	Max	4863202	Ross	9990002	
3	Anne	2534303	Joy	9990003	
4	…	…	…	…	

表7-7　信令链路配置要求

局间配置		自环配置	
对局局号	999	虚拟局局号	777
信令链路	PCM1 Ts1	信令链路	PCM3 Ts20 & PCM4 Ts20

表7-8　单元配置要求

数字中继单元	模拟信令单元
15 槽位	25 槽位

难点分析：

（1）本局通话3个号码局号、百号均不同。

（2）局间通话与自环实验都需要进行各自的号码分析。

（3）局间通话和自环实验的信令链路与中继配置各不相同。

（4）局间通话和自环实验的组网不得冲突。

思考与练习答案

第 1 章　绪　论

一、填空题

1. 终端设备、传输系统、交换系统、信令协议
2. 电路交换
3. IP 电话网
4. 转接段数多、传输损耗大
5. 来话汇接

二、单选题

1. A　　2. C　　3. C　　4. D　　5. C　　6. C　　7. B　　8. A

三、多选题

1. ABC　　2. ABC　　3. ABCD　　4. ABCD　　5. ABC　　6. ABC

四、判断题

1. ×　　2. √　　3. √　　4. √　　5. √　　6. ×　　7. √　　8. √　　9. √

五、简答题

1. 交换设备、传输设备、终端设备

2. 去话汇接、来话汇接、来去话汇接

3. 随着 C1、C2 间话务量的增加，C1、C2 间直达的电路增多，从而使 C1 局的转接作用减弱，当所有省会城市之间均有直达电路相连时，C1 的转接作用完全消失，因此，C1、C2 合并为省级（包括直辖市）交换中心以 DC1 表示，同时全国范围的地区扩大本地网的形成，即以 C3 为中心形成扩大本地网，C4 的长途作用已消失，C3、C4 合并为地市级交换中心以 DC2 表示。C5 构成本地网不变，因此，我国长途电话网已由四级转变为两级。因此，我国目前电话网是由长途二级网加本地网构成。

4. 目前，我国的电话网结构为长途二级网加本地网三级结构，如附图 1 所示。

其中，长途网结构如附图 2 所示。

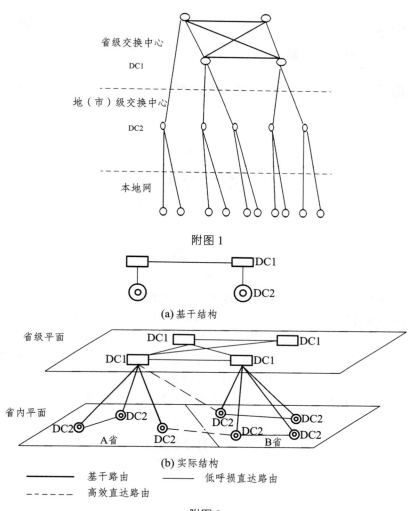

附图1

附图2

(a) 基干结构

(b) 实际结构

————— 基干路由　　————— 低呼损直达路由

- - - - - 高效直达路由

本地网结构为：

（1）一级结构：网状网结构。

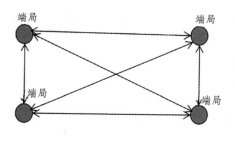

附图3

（2）二级结构分为以下三种组网方式：

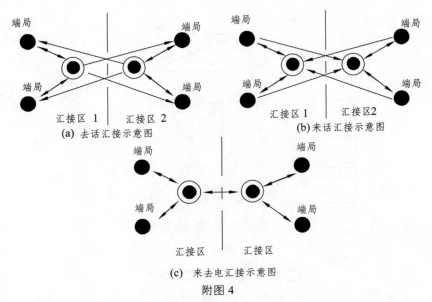

(a) 去话汇接示意图　　　　(b) 来话汇接示意图

(c) 来去电汇接示意图

附图 4

5. 请简述本地网的交换中心职能。本地网内可设置端局和汇接局，端局通过用户线与用户相连，它的职能是负责疏通本局用户的发话和来话话务，根据服务范围的不同，可以有市话端局，县城端局，卫星城镇端局和农话端局等。汇接局与所管辖的端局相连，以疏通这些端局间的话务。汇接局还可与长途交换中心相连，用来疏通不同汇接区端局间的话务，根据需要，汇接局还可与长途交换中心相连，用来疏通本汇接区内的长途转话话务，汇接局可包括市话汇接局、市郊汇接局，郊区汇接局和农话汇接局等几种类型。

第 2 章　　IPv4 编址

一、填空题

1. 回路环路测试

2. 0.0.0.0

3. 255.0.0.0

4. 10.63.255.254

二、选择题

1. D　　2. D　　3. C　　4. B　　5. A　　6. C

三、计算题

1. 子网网络地址：172.30.5.128

　　子网广播地址：172.30.5.191

　　第一台可用主机地址：172.30.5.129

　　最后一台可用主机地址：172.30.5.190

2. 255.255.255.240

3. 市场部分得了一级子网中的第 1 个子网，即 192.65.210.64，子网掩码 255.255.255.192，该一级子网共有 62 个 IP 地址可供分配。

技术部将所分得的一级子网中的第 2 个子网 192.65.210.128，子网掩码 255.255.255.192。又进一步划分成了 2 个二级子网。其中第 1 个二级子网 192.65.210.128，子网掩码 255.255.255.224 划分给技术部的下属分部——硬件部,该二级子网共有 30 个 IP 地址可供分配。技术部的下属分部——软件部分得了第 2 个二级子网 192.65.210.160，子网掩码 255.255.255.224，该二级子网共有 30 个 IP 地址可供分配。

分配示意图：

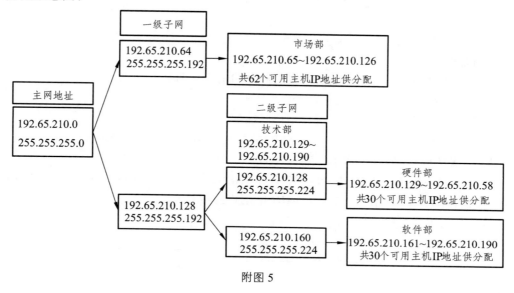

附图 5

第 3 章 走近 ZXJ10 程控交换机

一、单选题

1. B 　　 2. A 　　 3. D 　　 4. C

二、多选题

1. ABC 　　　 2. ACD

三、判断题

1. √ 　　 2. × 　　 3. √ 　　 4. ×

第 4 章 开通局内电话业务

一、填空题

1. 分析处理

2. SLC—SP—DSNI-S—DSN—DSNI-C—COMM—MP

3. 0、00、1

4. 新业务号码分析器、本地网业务分析器

5. 忙闲状态

6. 呼损

7. 号码分析

二、单选题

1. C　　2. B　　3. B　　4. A　　5. C　　6. D　　7. A　　8. C　　9. B

10. A　　11. B　　12. C

三、多选题

1. AB　　2. ABC　　3. BC　　4. AB　　5. ABCD

四、判断题

1. √　　2. ×　　3. √　　4. √　　5. √　　6. √　　7. √　　8. √

五、简答题

1. 本地电话网中，一个用户电话号码由局号和用户号两部分组成。

长途号码的构成：0+长途区号+本地电话号码。

2. 分配电话号码、进行号码分析、用户属性的设定

3. MP获取用户摘机信息→MP通知ASIG放拨号音→用户拨号→号码分析→双方通话(传递路径详见ZXJ10呼叫处理流程)

4. MP→COMM→DSNI-C→DSN→DSNI-S→ASIG（MP 通知 ASIG 放拨号音）ASIG→DSNI-S→DSN→DSNI-S→SP→ASLC（ASIG给用户放拨号音）

5. 号码分析子或号码分析器的配置有误

第5章　开通局间电话业务

一、填空题

1. 1 2个

2. 入向中继、双向中继

3. 信令转接点 (STP)、信令链路（SL）

4. 共路信令

二、单选题

1. B　　2. D　　3. A　　4. C　　5. B　　6. C　　7. B

三、多选题

1. ABD　　2. ABC　　3. ABC

四、判断题

1. √　　2. √　　3. ×　　4. ×　　5. √　　6. ×　　7. √　　8. √

五、简单题

1. 答：根据不同的分类方式信令可以分为不同的类型：

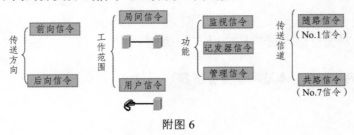

附图6

2. 信令的传送方式可以分为端到端的传送方式、逐段转发的传送方式及混合传送方式。

其中，端到端的传送方式是发端局仅向中间转接局发送收端局号（或长途号），转接局也只转接局号，直到接通最后的收端局，这时发端局才把被叫号码发送给收端局，供收端局找出被叫。

而逐段转发的传送方式是发端局将全部被叫号码发给转接局进行选路，并将话路接续到该转接局，直到将全部号码发给终端局以建立端到端的话路连接。混合方式是端到端传送方式与逐段转发传送方式的结合。

3. No.7 系统的功能结构如下：

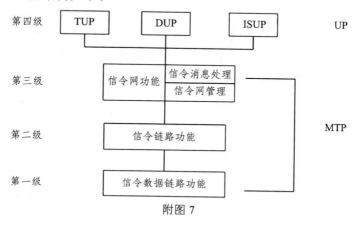

附图 7

第 6 章　认识下一代网络交换技术

一、填空题

1. 基站收发台 BTS　基站控制器 BSC　　2. 波长（频率）

3. 光分组交换　　　　4. ATM 控制部分　　　5. 呼叫传输　呼叫控制

二、单项选择题

1. B　　2. A　　3. A　　4. C　　5. A

三、多项选择题

1. ABC　2. ABC　3.（A）（B）　　4. AB　　　5. BCD

四、判断题

1. ×　　2. √　　3. √　　4. ×　　5. √

五、简答题

1. 答：（1）增设基站信令接口 BSI 和网络信令接口 NSI。BSI 传送与移动台通信的信息，以及基站控制和维护管理信息；NSI 向 PLMN 其他网络部件传送移动用户管理、频道转接控制、网络操作维护管理等信息。这些通道与话音传输通路是分开的。（2）增设 HLR、VLR 数据库。（3）撤除用户级设备。（4）增设码型变换和子复用设备 TCSM（可选）。（5）增设网络互通单元 IWF（可选）。在 GSM 系统与 PSTN 系统的接口处可设置此设备，用于两个系统之间信号的转换。

2. 答：（1）ATM 采用了分组交换中统计复用、动态按需分配带宽的技术。（2）ATM 将信息分成固定长度的交换单元——信元。信元长度为 53 个字节，其中 5 个字节用来标识虚通道（VPI）和虚通路（VCI）、检测信元正确性、标识信元的负载类型。由于采用短固定长度的信元，可用硬件逻辑完成对信元的接收、识别、分类和交换，保证 155~622 Mb/s 的高速通信。（3）ATM 网内不处理纠错重发、流量控制等一系列复杂的协议。减少网络开销，提高网络资源利用率。（4）在 ATM 网中可承载不同类型的业务，如话音、数据、图像和视频等，这在其他的网络中是不可能实现的。（5）ATM 提供适配层（AAL）的功能。不同类型的业务在该层被转换成标准信元。（6）ATM 是面向连接的。（7）ATM 是目前唯一具有 QOS（服务质量）特性的技术。（8）ATM 在专网、公网和 LAN 上都可以使用。

3. 答：IP 交换的工作过程可分为 4 个阶段。

（1）对默认信道上传来的数据分组进行存储转发。

在系统开始运行时，IP 数据分组被封装在信元中，通过默认通道传送到 IP 交换机。当封装了 IP 分组数据的信元到达 IP 交换控制器后，被重新组合成 IP 数据分组，在第三层按照传统的 IP 选路方式，进行存储转发，然后再被拆成信元在默认通道上进行传送。

（2）向上游节点发送改向消息。

在对从默认信道传来的分组进行存储转发时，IP 交换控制器中的流判识软件要对数据流进行判别，以确定是否建立 ATM 直通连接。对于连续的、业务量大的数据流采用 ATM 交换式传输，对于持续时间短的、业务量小的数据流采用传统 IP 存储转发方式。当需要建立 ATM 直通连接时，则从该数据流输入的端口上分配一个空闲的 VCI，并向上游节点发送 IFMP 的改向消息，通知上游节点将属于该流的 IP 数据分组在指定端口的 VC 上传送到 IP 交换机。上游 IP 交换机收到 IFMP 的改向消息后，开始把指定流的信元在相应 VC 上进行传送。

（3）收到下游节点的改向消息。

在同一个 IP 交换网内，各个交换节点对流的判识方法是一致的，因此 IP 交换机也会收到下游节点要求建立 ATM 直通连接的 IFMP 改向消息，改向消息含有数据流标识和下游节点分配的 VCI。随后，IP 交换机将属于该数据流的信元在此 VC 上传送到下游节点。

（4）在 ATM 直通连接上传送分组。

IP 交换机检测到流在输入端口指定的 VCI 上传送过来，并受到下游节点分配的 VCI 后，IP 交换控制器通过 GSMP 消息指示 ATM 控制器，建立相应输入和输出端口的入出 VCI 的连接，这样就建立起 ATM 直通连接，属于该数据流的信元就会在 ATM 连接上以 ATM 交换机的速度在 IP 交换机中转发。

4. 答：（1）语音编码技术：支持 G.711、G.728、G.729/A/B、G.723.1、GSM 全速率、GSM 半速率等多种语音编解码算法，满足不同的需求。视频 H.261、H.263、H.264 等支持静音检测、回声消除、分组丢失补偿等技术，以改善语音质量。（2）实时传输技术：支持 RTP/RTCP 协议来提供实时媒体传输。（3）网络协议技术：控制层接口协议：MGCP、H.248/Megaco；用户接入协议：V5.2、V5UA、DSS1、IUA；核心网接入协议：ATM、IP、DiffServ、RSVP；网络管理协议：SNMP。

5. 答：业务平面（SP）由业务和业务属性组成，它们可以进一步采用全局功能平面中的 SIB 来加以描述和实现。全局功能平面（GFP）将智能网视为一个整体，其中的每个 SIB 完成某种标准的网络功能。每个 SIB 的功能又是通过分布功能平面（DFP）上不同的功能实体之间协调工作来共同完成的。不同的功能实体之间的协调是通过标准的智能网应用协议接口来实现的。物理平面（PP）说明了各个功能实体在硬件设备上的定位关系。

参考文献

[1] 雒明世. 现代交换原理与技术[M]. 北京：清华大学出版社，2016.

[2] 敖珺，陈名松，敖发良. 光网络与交换技术[M]. 西安：西安电子科技大学出版社，2013.

[3] 张传福，等. 5G 移动通信系统及关键技术[M]. 北京：电子工业出版社，2018.

[4] 崔鸿雁，等. 现代交换原理[M]. 北京：电子工业出版社，2017.

[5] 管秀君，卢川英. TCP/IP 路由交换技术[M]. 西安：西安电子科技大学出版社，2018.

[6] 陈威兵，等. 移动通信原理[M]. 北京：清华大学出版社，2016.

[7] 许圳彬，王田甜，胡佳，等. 电话网交换技术[M]. 北京：人民邮电出版社，2012.

[8] 伍玉秀. 数据交换与路由技术[M]. 大连：东软电子出版社，2015.

[9] 劳文薇. 程控交换技术与设备[M]. 北京：电子工业出版社，2015.

[10] 刘振霞，马志强，钱渊，等. 程控数字交换技术[M]. 西安：西安电子科技大学出版社，2013.

[11] 赵尔丹，张照枫. 网络服务器配置与管理[M]. 北京：清华大学出版社，2016.

[12] 刘振霞，李云霞，蒙文. 光纤通信系统学习指导与习题解析[M]. 西安：：西安电子科技大学出版社，2019.

[13] 孙小红. 程控交换技术[M]. 北京：北京师范大学出版社，2018.

[14] 王卓鹏，王保华，逄明祥，等. 现代交换技术[M]. 北京：清华大学出版社，2014.

[15] 范兴娟. 交换技术[M]. 北京：北京邮电大学出版社，2016.

[16] 张继荣，屈军锁，杨武军，等. 现代交换技术[M]. 西安：西安电子科技大学出版社，2013.

[17] 马虹，张欢迎. 现代通信交换技术[M]. 西安：西安电子科技大学出版社，2018.

[18] 黄小虎. 现代通信原理[M]. 北京：北京理工大学出版社，2016.

[19] 赵瑞玉，赖小龙. 现代交换原理[J]. 北京：机械工业出版社，2018.

[20] 马忠贵，李新宇，王丽娜. 现代交换原理与技术[M]. 北京：机械工业出版社，2017.

[21] 李文海. 现代通信网[M]. 北京：北京邮电大学出版社，2017.

[22] 张轶. 现代交换原理与技术[M]. 北京：人民邮电出版社，2017.

[23] 韩冷，鲜继清. 现代通信系统[M]. 西安：西安电子科技大学出版社，2017.

[24] 史晓峰，张有光，林国钧. 通信技术基础[M]. 北京：机械工业出版社，2017.

[25] 穆维新. 现代通信网[M]. 北京：电子工业出版社，2017.

[26] 郭娟，杨武军. 现代通信网[M]. 西安：西安电子科技大学出版社，2016.

[27] 舒娜，白凤山. 现代通信技术[M]. 武汉：武汉大学出版社，2016.

[28] 赵新颖. 现代交换技术[M]. 北京：化学工业出版社，2018.

[29] 张中荃. 现代交换技术[M]. 3 版. 北京：人民邮电出版社，2013.

[30] 劳文薇. 程控交换技术与设备[M]. 3 版. 北京：电子工业出版社，2015.